实用电子爱好者初级读本

主　编　张　宪　张大鹏

副主编　郭振武　程　玮　刘小钊　白效松

参　编　韩凯鸽　杨冠懿　邹　放　吴子谦

　　　　赵建辉　李志勇　郭丽莉　刘欣妍

　　　　陈　影　赵　鹏　杨纯艳　沈　虹

主　审　谭允恩　付少波　赵慧敏　何宇斌

U0270731

金盾出版社

内 容 提 要

本书主要介绍常用电子元器件指标与检测、半导体器件指标与检测、集成电路指标与检测、基本放大电路识读、振荡与调制电路识读、直流稳压电源识读、集成运算放大器识读、集成数字电路识读,以及电子设备装配、常用电子仪器仪表使用等方面的知识。

本书为电子电路及元器件的初级读物,内容丰富、图文并茂、通俗易懂,适合于农村电工和广大电子爱好者阅读,也可供非电工电子专业的大中专院校师生参考。

图书在版编目(CIP)数据

实用电子爱好者初级读本/张宪,张大鹏主编. —北京:金盾出版社,2016.8
ISBN 978-7-5186-0850-8

Ⅰ.①实… Ⅱ.①张…②张 Ⅲ.①电子技术 Ⅳ.①TN

中国版本图书馆 CIP 数据核字(2016)第 066208 号

金盾出版社出版、总发行
北京太平路 5 号(地铁万寿路站往南)
邮政编码:100036 电话:68214039 83219215
传真:68276683 网址:www.jdcbs.cn
封面印刷:北京印刷一厂
正文印刷:双峰印刷装订有限公司
装订:双峰印刷装订有限公司
各地新华书店经销
开本:787×1092 1/16 印张:16.75 字数:402 千字
2016 年 8 月第 1 版第 1 次印刷
印数:1~3 000 册 定价:56.00 元

前　言

随着我国电子行业的飞速发展和人民生活水平的不断提高，我国已经进入了电子时代。电子产品与人们的联系从来没有像现在这样紧密。不论是工作还是生活，都有大量的电子产品出现在我们身边。人们在享受电子产品带来的财富、愉悦、方便、快捷，感受它的梦幻神奇的同时，也不时被它的故障搞得不知所措、焦头烂额。人们越来越认识到，在电子时代，如果没有电子知识，就会被时代远远地抛在后面。为此，加入电子爱好者的队伍，丰富自己的电子知识，探求电子世界的奥秘，正在成为很多人的现实需求。为了满足这部分读者的需求，在深入调查研究的基础上，我们编写了本书。

本书共十章，分为三个部分。第一部分为第一章至第三章，分别介绍常用电子元器件、常用半导体器件、常用集成电路的种类、结构、图形符号、主要参数、命名方法、检测方法等；第二部分为第四章至第八章，分别介绍了基本放大电路、振荡与调制电路、直流稳压电源、集成运算放大器、集成数字电路的电路结构、工作原理及识读方法，每一章均从基本电路开始介绍，经过单元电路，过渡到应用电路；第三部分为第九章和第十章，主要介绍电子设备装配和电子测量仪器使用方面的知识，包括整机电原理图和印制板图的识读方法和技巧，电子元器件的加工、线缆的加工、电子元器件及线缆的焊接以及万用表、示波器、频率计等测量仪器的结构和使用方法等，目的是提高电子爱好者对知识的综合运用能力和实际操作能力。

本书从广大电子爱好者的实际需要出发，在内容设置上注重实用性和可操作性；在内容安排上力争做到由浅入深、循序渐进、融会贯通；在文字叙述上，力求做到图文并茂、通俗易懂。

本书在编写过程中，得到金盾出版社和同行的指导和帮助，参考和借鉴了有关书刊和网络媒体的相关资料，在此一并表示感谢。

由于编者水平有限，书中错漏之处难免，恳请广大读者批评指正。

作　者

目　　录

第一章　常用电子元器件指标与检测

第一节　电　阻　器

一、电阻器的分类

电阻器是电路元件中应用最广泛的一种,在电子设备中约占元件总数的 30% 以上,其质量的好坏对电路工作的稳定性有极大影响。电阻器主要用途是稳定和调节电路中的电流和电压,其次还可作为分流器、分压器和消耗电能的负载等。

电阻器按结构可分为固定式、可变式和敏感式三大类。电阻器的分类详见表 1-1。

表 1-1　电阻器按结构分类

按结构	细　分　类　型	
固定式	膜式	碳膜电阻器(RT)、金属膜电阻器(RJ)、合成膜电阻器(RH)和氧化膜电阻器(RY)等
	实芯	有机实芯电阻器(RS)和无机实芯电阻器(RN)
	金属线绕(RX)	通用线绕电阻器、精密线绕电阻器、功率型线绕电阻器、高频线绕电阻器
	特殊电阻器	光敏电阻器、热敏电阻器、压敏电阻器、湿敏电阻器、气敏电阻器、力敏电阻器、磁敏电阻器
可变式	绕线式	大功率(滑线式)型、小功率型
	膜式	全密封式、半密封式、非密封式
敏感式	(同特殊电阻器)	光敏电阻器、热敏电阻器、压敏电阻器、湿敏电阻器、气敏电阻器、力敏电阻器、磁敏电阻器

图 1-1 所示为常用的几种电阻器实物图。常用电阻器的电路图形符号如图 1-2 所示。

（a）碳膜电阻器

（b）金属膜电阻器

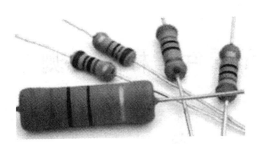
（c）金属氧化膜电阻器

（d）大功率涂漆线绕电阻器

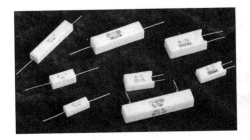
（e）水泥电阻器

（f）直插排电阻器

（g）贴片电阻器

（h）贴片排电阻器

图 1-1　几种常用的电阻器实物

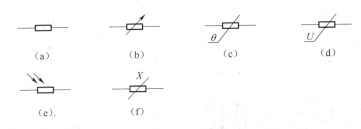

图 1-2　常用电阻器电路图形符号

（a）一般符号　（b）可变电阻器　（c）温度电阻器

（d）压敏电阻器　（e）光敏电阻器　（f）磁敏电阻器

二、电阻器的型号命名方法

国产电阻器的型号命名由三部分或四部分组成。第一部分为产品主称，用字母"R"表示电阻器；第二部分用字母表示电阻器的电阻体材料；第三部分用字母或数字表示电阻器的类别;第四部分用数字表示生产序号,以区别电阻器的外形尺寸和性能。电阻器型号中各部分字母及数字的具体含义见表1-2。

表1-2 电阻器的型号命名法

第一部分		第二部分		第三部分		第四部分
用字母表示主称		用字母表示材料		用数字或字母表示特征		用数字表示序号
符 号	意 义	符 号	意 义	符 号	意 义	
R	电阻器	T	碳膜	1,2	普通	包括:
		P	硼碳膜	3	超高频	额定功率
		U	硅碳膜	4	高阻	阻值
		C	沉积膜	5	高温	允许误差
		H	合成膜	7	精密	精度等级
		I	玻璃釉膜	8	电阻器—高压	
		J	金属膜(箔)		电位器—特殊函数	
		Y	氧化膜			
		S	有机实芯	9	特殊	
		N	无机实芯	G	高功率	
		X	线绕	T	可调	
		R	热敏	X	小型	
		G	光敏	L	测量用	
		M	压敏	W	微调	
				D	多圈	

示例:RJ71-0.125-5.1 k I 型的含义。

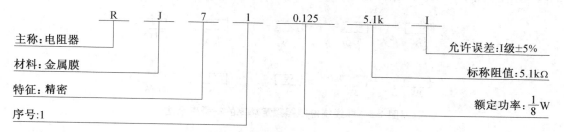

主称:电阻器
材料:金属膜
特征:精密
序号:1

允许误差:I级±5%
标称阻值:5.1kΩ
额定功率:$\frac{1}{8}$W

上述型号表示该产品为精密金属膜电阻器,其额定功率为1/8W,标称电阻值为5.1kΩ,允许误差为±5%。

三、电阻器的主要性能指标

电阻器的主要性能指标有:标称阻值和允许误差、额定功率、最大工作电压、温度系数、电压系数、高频特性、老化系数等。

1. 标称阻值

标称阻值是指电阻体表面标示的电阻值,对热敏电阻器则指环境温度为25℃时的阻值。其单位为欧(Ω)、千欧(kΩ)、兆欧(MΩ)。标称阻值系列见表1-3。

任何固定电阻器的阻值都应符合表 1-3 所列数值乘以 $10^n\,\Omega$。其中, n 为整数。

表 1-3　电阻器的标称阻值系列

允许误差	系列代号	标称阻值系列
±5%	E24	1.0　1.1　1.2　1.3　1.5　1.6　1.8　2.0　2.2　2.4　2.7　3.0　3.3　3.6 3.9　4.3　4.7　5.1　5.6　6.2　6.8　7.5　8.2　9.1
±10%	E12	1.0　1.2　1.5　1.8　2.2　2.7　3.3　3.9　4.7　5.6　6.8　8.2
±20%	E6	1.0　1.5　2.2　3.3　4.7　6.8

2. 允许误差

一个电阻器的实际阻值不可能绝对等于标称阻值,总有一定的偏差。允许误差是指电阻器实际阻值对于标称阻值的最大允许偏差。它表示产品的精度。一般允许误差小的电阻器,其阻值精度就高,稳定性也好,但价格也就贵些。

电阻器的允许误差等级如表 1-4 所示。

表 1-4　电阻器的允许误差等级

级　别	005	01	02	I	II	III
允许误差	±0.5%	±1%	±2%	±5%	±10%	±20%

3. 额定功率

电阻器的额定功率是在规定的环境温度和湿度条件下,假定周围空气不流通,在长期连续负载而不损坏或基本不改变性能的情况下,电阻器允许消耗的最大功率。当超过额定功率时,电阻器的阻值将发生变化,甚至发热烧毁。电阻器的额定功率与外形尺寸及应用的环境温度有关。

额定功率分 19 个等级,电阻器的额定功率系列见表 1-5。常用的有 1/4W、1/2W、1W、2W。在电路图中,非线绕电阻器额定功率的符号表示法如图 1-3 所示。

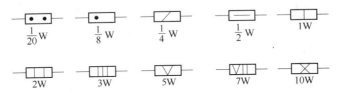

图 1-3　非线绕电阻器额定功率的符号表示法

表 1-5　电阻器的额定功率系列　　　　　　　　　　　　（W）

类　别	额定功率系列
线绕电阻器	0.05　0.125　0.25　0.5　1　2　4　8　10　16　25　40　50　75　100　150　250 500
非线绕电阻器	0.05　0.125　0.25　0.5　1　2　5　10　25　50　100

四、电阻器参数的标注方法

电阻器参数的标注方法主要有直标法和色标法,有时也采用文字符号法。

1. 直标法

采用直标法的电阻器,其电阻值用数字、允许误差用百分数直接标注在电阻器的表面。额定功率较大的电阻器,将额定功率也直接标注在电阻器上。

例如:2.2kΩ±5%,5W 4.7Ω±10%等。

2. 色标法

色标法用印制在电阻器表面不同颜色的色环来表示电阻值和允许误差。其中:普通电阻器用四道色环表示,精密电阻器用五道色环表示,如图1-4所示。对于普通电阻器而言,第一道色环表示第一位数字,第二道色环表示第二位数字,第三道色环表示10的倍数,第四道色环表示允许误差。对于精密电阻器而言,第一道色环与第二道色环的含义与普通电阻器相同,第三道色环表示第三位数,第四道色环、第五道色环的含义分别与普通电阻器第三、四道色环的含义相同。每种色环的具体含义见表1-6。

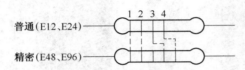

图 1-4　电阻器的色环标记

表 1-6　电阻器表面色环颜色的含义

颜色 数值	黑	棕	红	橙	黄	绿	蓝	紫	灰	白	金	银	本色
代表数值	0	1	2	3	4	5	6	7	8	9			
允许误差	(±1%)	(±2%)				(±0.5%)	(±0.25%)	(±0.1%)			(±5%)	(±10%)	±20%

例如,四色环电阻器的第一、二、三、四道色环分别为棕、绿、红、金色,则该电阻器的阻值和误差分别为:

$$R = (1 \times 10 + 5) \times 10^2 \Omega = 1500\Omega \quad \pm 误差为 5\%$$

即该电阻器的阻值和误差是:1.5kΩ±5%。

3. 文字符号法

采用文字符号法标注的电阻器,阻值用数字与字母组合在一起表示。其由两部分组成:一部分表示阻值,由数字和字母组成,通常,字母R、K、M前面的数字表示电阻值的整数值,文字符号后面的数字表示电阻值的小数值。另一部分表示允许误差,用符号表示,其中:B为±0.1%,C为±0.25%,D为±0.5,F为±1%,G为±2%,J为±5%,K为±10%,M为±20%,N为±30%。

例如:标注为3R3K的电阻器,表示该电阻器的阻值为3.3Ω,允许误差为±10%;标注为4K7J的电阻器,表示该电阻器的阻值为4.7kΩ,允许误差为±5%。

五、用万用表对固定电阻器进行测试

用万用表测试固定电阻器,主要是测量电阻器的实际电阻值。测量方法称为开路测试法。测量时先将选择开关置于适当量程(例如:测量50Ω以下的电阻器置于"×100"档,测量1～100kΩ的电阻器置于"×1k"档,测量200kΩ以上电阻器置于"×10k"档等),再将万用表调零,使万用表指针准确地指零,如图 1-5(a)所示,然后如图 1-5(b)所示将表笔并联在被测电阻器的两个引脚上,读取电阻值。例如,把万用表的选择开关拨至 R×100Ω 档,此时若万用表指针指示在"50"上,则该电阻器的阻值为 50×100Ω=5kΩ。

（a）将红、黑表笔短接调零使指针指零　　　　　　（b）表笔并联在电阻器两个引脚上测量

图 1-5　用万用表对固定电阻器进行测试

若测出的电阻值与标称值不符,说明该电阻器的误差较大或已变值。测试时如果万用表指针摆动幅度太小,说明选择的量程太大,应转换量程,直到指针指示在表盘刻度的 2/3 位置。此时读出阻值较为准确。

在测试过程中如果发现在最高量程时万用表指针仍停留在无穷大处不摆动,表明被测电阻器内部开路。反之,若万用表在最低量程时,指针仍指在零处,则说明被测电阻器内部短路。

六、用数字万用表对固定电阻器进行测试

用数字万用表测试固定电阻器,所得阻值更为精确。用数字万用表测固定电阻器阻值的方法是:将数字万用表的红表笔插入"V·Ω"插孔,黑表笔插入"COM"插孔,之后将选择开关置于电阻档,再将红表笔与黑表笔分别与被测电阻器的两个引脚相接,显示屏上便能显示出被测电阻器的阻值,图 1-6 所示。本例中所测阻值为 5.056 kΩ。显然,阻值的读数比指针式万用表更为精确。

如果数字万用表显示屏左端显示"1"或者"-1",这时应选择稍大量程进行测试。

需要指出的是,用数字万用表测试电阻器时无需调零。

七、用万用表在路测试固定电阻器

在路测试电阻器的方法如图 1-7 所示。采用此方法测印制电路板上电阻器的阻值时,印制电路板不得带电(即断电测试),而且还应对电容器等电路中的储能元件进行放电。通常,需

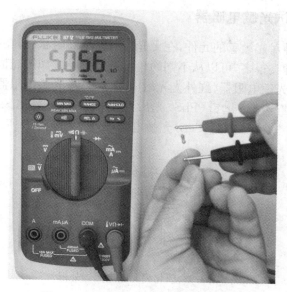

图 1-6　用数字万用表测试固定电阻器

对电路进行详细分析,估计某一电阻器有可能损坏时,才能进行测试。

例如,当怀疑印制电路板上的某一只阻值为 10kΩ 的电阻器烧坏时,可以将数字万用表的选择开关拨至电阻档,在排除该电阻器没有并联大容量电容器或电感器等元件的情况下,把万用表的红、黑表笔分别并联在 10kΩ 电阻器引脚的两个焊点上,若指示值接近(通常是略低一点)10kΩ(图 1-7 所示测量值为 9.85kΩ),则可认为该电阻器正常;若指示的阻值与 10kΩ 相差较大,则该电阻器有可能已经损坏。为了证实判断是否正确,还可将这只电阻器的一个引脚从焊点上焊脱,进行开路测试。

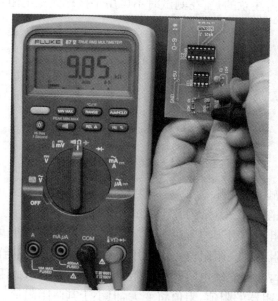

图 1-7　用数字万用表在路测试电阻器

八、用万用表测试光敏电阻器

光敏电阻器是一种对光敏感的元件,在无光照射时呈高阻状态,在有光照射时其阻值迅速减小。光敏电阻器的种类很多,可以从不同的角度进行分类。如按光谱特性分,可以分为可见光光敏电阻器、紫外光光敏电阻器、红外光光敏电阻器等;按光敏电阻器的制作材料分,可分为硫化镉(CdS)光敏电阻器、硫化铅(PbS)光敏电阻器、硒化铅(PbSe)光敏电阻器、锑化铟(InSb)光敏电阻器等。几种硫化镉(CdS)光敏电阻器外形如图1-8所示。光敏电阻器广泛应用于各种控制电路中。

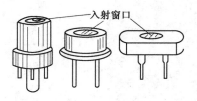

图1-8　硫化镉光敏电阻器外形

光敏电阻器的主要技术参数有:亮电阻、暗电阻、最高工作电压、亮电流、暗电流、时间常数、电阻温度系数、灵敏度等。其中:亮电阻是指光敏电阻器受到光照射时的电阻值,暗电阻是指光敏电阻器在无光照射(黑暗环境)时的电阻值。

1. 对光敏电阻器暗阻的测试

光敏电阻器暗阻测试方法如图1-9所示。为严密遮住光敏电阻器,不让光线照射其入射窗口,可制作一个遮光筒,也可用黑布将光敏电阻器盖严。万用表测出的读数即为被测光敏电阻器的暗阻阻值。光敏电阻器的暗阻阻值很大,通常为几兆欧姆。因光敏电阻器无极性,所以不必考虑表笔的极性。需注意的是,在测试时不可用手接触光敏电阻器的引脚,以免造成测试误差。

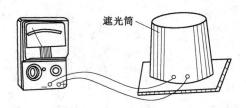

图1-9　对光敏电阻器暗阻的测试

2. 对光敏电阻器亮阻的粗测

光敏电阻器的亮阻阻值较小,常为几千欧或几十千欧。

测试时,将光敏电阻器的引脚与万用表表笔接牢,然后用灯光照射光敏电阻器,此时万用表的读数,即为光敏电阻器的亮阻阻值。用万用表对光敏电阻器亮阻的测试方法如图1-10所示。用不同的光源照射,被测光敏电阻器的亮阻阻值不同。因此,此阻值仅是个粗测值。如果将灯光移开再测光敏电阻器的阻值,阻值将变大,但小于其暗阻阻值。由此可判断出被测光敏电阻器性能的好坏。

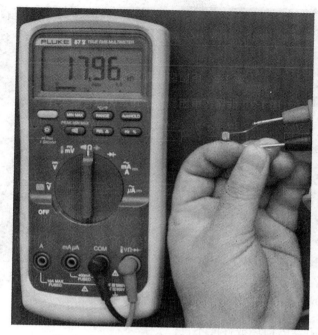

图 1-10　万用表对光敏电阻器亮阻的粗测

九、用数字万用表测试热敏电阻器

热敏电阻器是一种对温度反应比较敏感,阻值随着温度变化而变化的非线性电阻器。热敏电阻器根据不同的需要,有多种多样的类型。如:按对温度变化的灵敏度分类,可以分为高灵敏度(突变型)热敏电阻器和低灵敏度(缓变型)热敏电阻器;按热敏电阻器的结构和形状分类,可以分为圆片形(片状)热敏电阻器、圆柱形(柱状)热敏电阻器、圆圈形(垫圈状)热敏电阻器;按阻值随温度变化的特性分类,可以分为正温度系数热敏电阻器(PTC)和负温度系数热敏电阻器(NTC)等。

热敏电阻器的主要技术参数有:标称电阻、额定功率、允许偏差等。除此之外,还有测量功率、电阻温度系数、热时间常数、标称电压、工作电流、最高工作温度等。需要说明的是:热敏电阻器的标称电阻是在 25℃条件下用专用的测量仪器测得的,由于热敏电阻器对环境温度比较敏感,因此,在常温条件下测得的电阻值,与电阻器的标称电阻往往会有一定的误差。

1. 用数字万用表测试负温度系数热敏电阻器

负温度系数热敏电阻器也称 NTC 热敏电阻器。其主要特性是电阻值与温度变化成反比,即当温度升高时,电阻值却随之减小。它是应用较广泛的一种热敏电阻器,常用于温度检测、温度补偿、温度控制等。用数字万用表测试负温度系数热敏电阻器的方法如图 1-11 所示。

测试时根据电阻器的标称电阻将选择开关置于适当档位,先用测试表笔分别连接热敏电阻器的两只脚,如图 1-11(a)所示,记下此时的阻值。然后用手捏住热敏电阻器,使它温度慢慢升高,观察万用表,会看到热敏电阻器的阻值在逐渐减小。减小到一定数值时,指针停下来,如图 1-11(b)所示,说明热敏电阻器的性能良好。若气温接近体温,用这种方法就不灵了,这时可用电烙铁或用电吹风机靠近热敏电阻器进行加热。若电阻器的阻值不随温度的升高而下

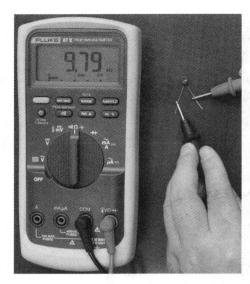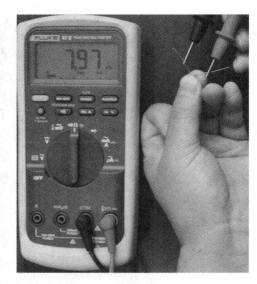

（a）加热前测量　　　　　　　　　　　（b）加热后测量

图 1-11　负温度系数热敏电阻器测试

降,则说明该热敏电阻器已损坏或性能不良。

2. 用数字万用表测试正温度系数热敏电阻器

正温度系数热敏电阻器也称 PTC 热敏电阻器。其主要特性是电阻值与温度变化成正比,即当温度升高时电阻值随之增大。正温度系数热敏电阻器在常温下阻值只有几欧姆至十几欧姆。当流经它的电流超过额定值时,其阻值能在几秒钟之内迅速增加至数百欧姆至数千欧姆。根据它的这一特性,其常作为无触点开关元件,普遍应用于电冰箱的起动电路中,具有起动时无接触电弧、无噪声、起动性能可靠等优点。

用数字万用表对正温度系数热敏电阻器的测试方法如图 1-12 所示。测试时,根据热敏电

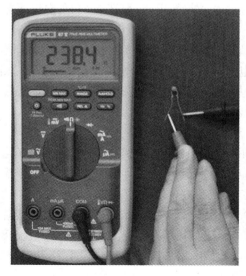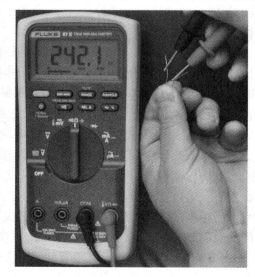

（a）加热前测量　　　　　　　　　　　（a）加热后测量

图 1-12　正温度系数热敏电阻器的测试

阻器的标称电阻,先将数字万用表的选择开关拨至电阻档的适当量程,然后用红、黑两表笔分别与热敏电阻器的两个引脚相接(因热敏电阻器无极性,所以可任意连接),并记录其阻值,如图 1-12(a)所示。将万用表的示数与热敏电阻器的标称值进行比较,若误差不超过 20%,则此热敏电阻器是正常的。如果测得的电阻值为零或无穷大,则说明该电阻器已短路或已开路。

之后用手捏着 PTC 热敏电阻器,测量加温以后的阻值,如图 1-12(b)所示。若电阻值随温度(体温)的升高而增大,则说明此正温度系数热敏电阻器的性能良好。

第二节　电　位　器

一、电位器的分类及图形符号

1. 电位器的分类

电位器是可变电阻器的一种,通常由电阻体和转动或滑动触点两部分组成。通过改变动触点在电阻体上的位置,改变动触点与任一个固定端之间的电阻值,从而改变电压与电流的大小。由此可见,电位器是一种具有三个接头的可变电阻器,其阻值在一定范围内连续可调。电位器的分类见表 1-7。

表 1-7　电位器的分类

分类根据	细 分 类 型
按电阻体材料分	薄膜电位器,细分为碳膜电位器、合成碳膜电位器、有机实芯电位器、精密合成膜电位器和多圈合成膜电位器等
	线绕电位器,细分为通用线绕电位器、精密线绕电位器、大功率线绕电位器、预调式线绕电位器
按调节机构的运动方式分	旋转式电位器
	直滑式电位器
按结构分	单联电位器
	多联电位器
	带开关电位器,开关形式有旋转式、推拉式、按键式等
	不带开关电位器
按用途分	普通电位器
	精密电位器
	功率电位器
	微调电位器
	专用电位器
按阻值随转角变化关系分	线性电位器
	非线性电位器(指数式电位器、对数式电位器)

2. 常用电位器的外形和图形符号

常用电位器的实物如图 1-13 所示。常用电位器在电路中的图形符号如图 1-14 所示。

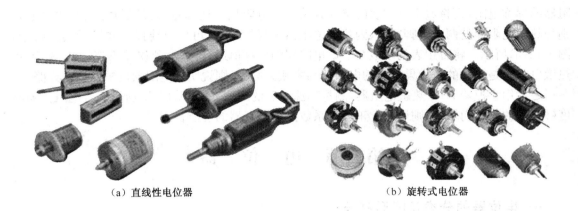

（a）直线性电位器　　　　　　　　（b）旋转式电位器

图 1-13　常用电位器的实物图

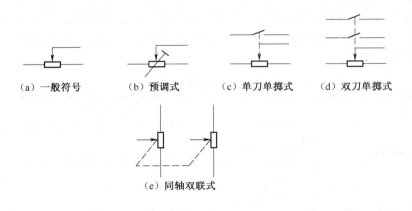

（a）一般符号　　（b）预调式　　（c）单刀单掷式　　（d）双刀单掷式

（e）同轴双联式

图 1-14　常用电位器图形符号

二、电位器的型号和主要参数

1. 电位器型号的命名方法

根据中华人民共和国行业标准（ST/T 10503—94）——电子设备用电位器型号命名方法，电位器产品型号一般由下列四部分组成：

（1）第一部分为产品代号，用字母表示。电位器代号用字母"W"表示。

（2）第二部分为电阻体材料代号，也用字母表示。电阻体材料代号及其含义见表1-8。

表 1-8　电阻体材料代号及其含义

代号	H	S	N	I	X	J	Y	D	F	T
材料名称	合成碳膜	有机实芯	无机实芯	玻璃釉膜	线绕	金属膜	氧化膜	导电塑料	复合膜	碳膜

（3）第三部分为类别代号，用字母表示。电位器类别代号及其含义见表1-9。

表1-9 电位器类别代号及其含义

代 号	类 别	代 号	类 别
G	高压类	D	多圈旋转精密类
H	组合类	M	直滑式精密类
B	片式类	X	旋转低功率类
W	螺杆驱动预调类	Z	直滑式低功率类
Y	旋转预调类	P	旋转功率类
J	单圈旋转精密类	T	特殊类

（4）第四部分为生产序号，用阿拉伯数字表示。

（5）其他代号。

对规定失效率等级的电位器，其型号除包含第一部分至第四部分外，还应在第三部分与第四部分之间，即在类别代号与生产序号之间加"K"。

例：某电位器的型号为 WHX-1，则该电位器为小型合成碳膜电位器；另一电位器型号为 WS2，则该电位器为有机实芯电位器。

2. 电位器的主要参数

电位器的主要参数有：标称阻值、额定功率、分辨率、滑动噪声、阻值变化规律、温度系数等。

（1）标称阻值。电位器上标注的阻值叫标称阻值。它等于电位器电阻体两个固定端之间的阻值。其单位有欧姆（Ω）、千欧（$k\Omega$）和兆欧（$M\Omega$）。为了规范电阻器的生产和使用，国家规定了电位器的标称阻值系列，同时也规定了电位器的允许偏差等级。电位器的标称阻值系列见表1-10；电位器的允许偏差共有五个等级：$\pm 1\%$，$\pm 2\%$，$\pm 5\%$，$\pm 10\%$，$\pm 20\%$。

表1-10 电位器标称阻值系列

标称阻值 E12 系列（$\pm 10\%$）		标称阻值 E6 系列（$\pm 20\%$）	
1.0	3.3	1.0	3.3
1.2	3.9		
1.5	4.7	1.5	4.7
1.8	5.6		
2.2	6.8	2.2	6.8
2.7	8.2		

注：①允许偏差为$\pm 1\%$、$\pm 2\%$在线绕电位器中和允许偏差$\pm 5\%$在非线绕电位器中必要时才选用；

②下面画"＿"的数值表示在非线绕电位器中可优先采用。

（2）额定功率。电位器的额定功率，是指在直流或交流电路中，当大气压为 $87\sim107kPa$ 时，在规定的温度下，电位器长期连续负荷所允许消耗的最大功率。线绕和非线绕电位器的额定功率系列见表1-11。

表 1-11　　线绕和非线绕电位器的额定功率系列　　　　　　　　　（W）

额定功率系列	线绕电位器	非线绕电位器	额定功率系列	线绕电位器	非线绕电位器
0.025	—	0.025	3	3	3
0.05	—	0.05	5	5	—
0.1	—	0.1	10	10	—
0.25	0.25	0.25	16	16	—
0.5	0.5	0.5	25	25	—
1	1	1	40	40	—
1.6	1.6	—	63	63	—
2	2	2	100	100	—

注:当系列数值不能满足时,允许按表内的系列值向两头延伸。

三、电位器的作用

电位器的主要作用是调节电压(包括直流电压和信号电压)和电流。电位器的典型分压电路如图 1-15 所示。

当外加电压 U_i 加在电阻体 R_o 的 1 端与 3 端时,动触点 2 端即把电阻体的阻值分成 R_x 和 R_o-R_x 两部分,两端的输出电压分别为 U_x 和 U_i-U_x。移动动触点 2,电阻体两端的阻值也改变,两端的电压值随之改变,从而达到调节电压和电流的目的。

四、用万用表测试电位器

用万用表测试电位器的方法如图 1-16 所示。

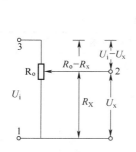

图 1-15　典型的分压电路

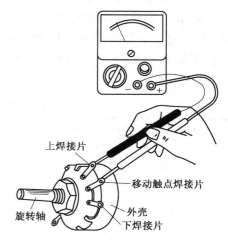

图 1-16　电位器及其测试方法

测试电位器时,应首先根据被测电位器的标称电阻,将选择开关置于合适的档位。再用红、黑表笔分别与电位器的上、下两个焊接片相接触,观察万用表指示的阻值是否与电位器外壳上的标称值一致。然后,检查电位器的移动触点焊接片与电阻体的接触情况。即一只表笔接移动触点焊接片,另一只表笔接上焊接片(或下焊接片),慢慢地将转轴从一个极端位置旋转至另一个极端位置,被测电位器的阻值应从零(或标称值)连续变化到标称值(或零)。

在旋转转轴的过程中,若万用表指针平稳移动,则说明被测电位器是正常的;若指针抖动(左右跳动),则说明被测电位器有接触不良现象。若被测电位器的全程阻值为零(或无穷大),则说明电位器已短路(或开路)。若被测电位器的全程阻值与标称值相差悬殊则说明该电位器已损坏。

用数字万用表测电位器的方法与指针式万用表相似。

第三节　电　容　器

电容器是组成电路的基本元件之一,广泛应用于各种电路中。电容器是由两个相互靠近的平行金属电极板,中间夹一层绝缘介质构成的。它可以储存电能,具有充电、放电及通交流、隔直流的作用。

一、电容器的分类

电容器的用途广泛,品种繁多,有多种分类方法。

1. 电容器按照电容量是否可调分类

根据电容器的电容量是否可以调整,可将电容器分为三大类:

(1)固定电容器(包括电解电容器)。其电容量是固定不可调的。图 1-17 所示为几种常用固定电容器的实物图。

（a）电解电容器

（b）高压电解电容器

（c）引线钽电容器

（d）贴片钽电容器

图 1-17　几种常用固定电容器的实物图

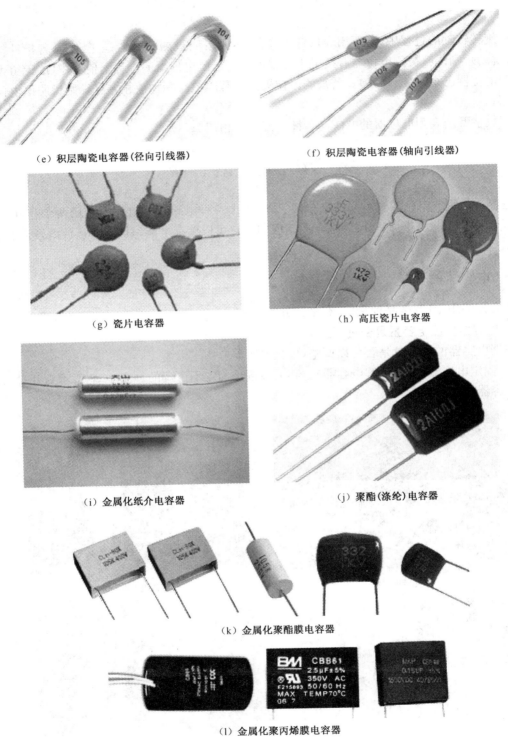

（e）积层陶瓷电容器(径向引线器)　　　　　　（f）积层陶瓷电容器(轴向引线器)

（g）瓷片电容器　　　　　　　　　　　（h）高压瓷片电容器

（i）金属化纸介电容器　　　　　　　　　　（j）聚酯(涤纶)电容器

（k）金属化聚酯膜电容器

（l）金属化聚丙烯膜电容器

图 1-17　几种常用固定电容器的实物图(续)

(2)可变电容器。其电容器容量可在一定范围内连续变化。常有"单联"、"双联"之分。它们由若干片形状相同的金属片并接成一组定片和一组动片,其外形如图 1-18 所示。动片可以通过转轴转动,以改变动片插入定片的面积,从而改变电容量。一般以空气作介质,也有用有机薄膜作介质的,但后者的温度系数较大。

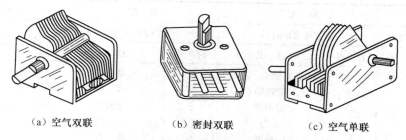

（a）空气双联　　　　　　（b）密封双联　　　　　　（c）空气单联

图 1-18　单、双联可变电容器外形

（3）半可变电容器(又称微调电容器或补偿电容器)。电容器容量可在小范围内调节。其可变容量范围为几皮法至几十皮法,最高达一百皮法,适用于整机调整后电容量不需经常改变的电路。常以空气、云母或陶瓷作为介质。其外形如图 1-19 所示。

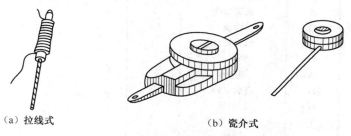

（a）拉线式　　　　　　　　　（b）瓷介式

图 1-19　半可变电容器外形

2. 电容器按照电介质材料分类

电容器的电性能、结构和用途在很大程度上取决于所用电介质的材料。电容器按照电介质材料分类见表 1-12。

表 1-12　电容器按照电介质材料分类

电介质材料类型	电容器类型
有机介质	纸介电容器及有机薄膜介质电容器等
无机介质	玻璃釉电容器、玻璃膜电容器、云母电容器、陶瓷电容器等
电解电容器	铝电解电容器、钽电解电容器、钛电解电容器、铌电解电容器等
气体介质	空气电容器、充气电容器、真空电容器等
液体介质	介质采用矿物油或合成液体,这种电容器应用较少

二、电容器的型号及图形符号

1.电容器的型号命名方法

电容器型号由四部分组成,各部分的含义见表 1-13。

第一部分用字母表示产品主称代号。电容器代号用字母 C 表示。

第二部分用字母表示电容器介质材料。如:用 C 表示瓷介质,用 Y 表示云母介质,用 Z 表示纸介质等。

第三部分表示电容器类别,一般用字母表示,个别类型用数字表示。如:字母 G 表示高功率型电容器;字母 W 表示微调电容器等。

表 1-13　电容器型号命名方法

第一部分		第二部分		第三部分		第四部分
用字母表示主称		用字母表示材料		用字母表示特征		用字母或数字表示序号
符　号	意　义	符　号	意　义	符　号	意　义	
C	电容器	C	瓷介	T	叠片式	包括品种、尺寸代号、温度特性、直流工作电压、标称值、允许误差、标准代号
		I	玻璃釉	W	微　调	
		O	玻璃膜	J	金属化	
		Y	云　母	X	小　型	
		V	云母纸	S	独　石	
		Z	纸介	D	低　压	
		J	金属化纸	M	密　封	
		B	聚苯乙烯	Y	高　压	
		F	聚四氟乙烯	C	穿心式	
		L	涤纶(聚酯)			
		S	聚碳酸酯			
		Q	漆膜			
		H	纸膜复合			
		D	铝电解			
		A	钽电解			
		G	金属电解			
		N	铌电解			
		T	钛电解			
		M	压敏			
		E	其他电解材料			

第四部分用阿拉伯数字表示产品序号。

示例:CJX-250-0.33-±10％电容器的命名含义:

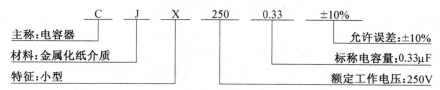

主称:电容器　　　　　　　　　　　　　　　　允许误差:±10%
材料:金属化纸介质　　　　　　　　　　标称电容量:0.33μF
特征:小型　　　　　　　　　　　　额定工作电压:250V

2. 电容器的图形符号

不同类型的电容器在电路图中使用不同的图形符号,几种常用电容器的电路图形符号如图 1-20 所示。

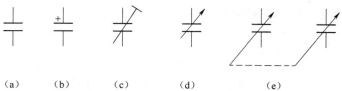

　　（a）　　　　（b）　　　　（c）　　　　　（d）　　　　　（e）

图 1-20　常用电容器电路图形符号

（a）一般符号　（b）电解电容器　（c）微调电容器　（d）单联可变电容器　（e）双联可变电容器

三、电容器的主要参数

电容器的主要参数有：标称容量、允许误差、额定电压、绝缘电阻、漏电流、频率特性、温度系数等。

1. 电容量与标称电容量

电容器加上电压后贮存电荷的能力，称为电容量。贮存的电荷数愈少，电容量愈小，贮存的电荷数愈多，电容量愈大。电容器的电容量，因其介质的厚薄、介电常数的大小及电极面积的大小、电极之间的距离不同而不同。介质愈薄（也就是电极之间的距离愈小），电容量愈大；介质的介电常数愈大，电容量愈大；电极面积愈大，电容量愈大。

电容量的单位是法拉，简称法，符号为 F。在实用中这个单位太大，常用它的百万分之一作单位，称为微法，符号为 μF，或用微法的百万分之一作单位，称为皮法，符号为 pF。

即 $1F = 10^6 \mu F = 10^{12} pF$

为了生产和选用的方便，国家规定了各种电容器电容量的系列标准值，电容器大都是按 E24、E12、E6、E3 优选系列进行生产的，使用时通常应按系列标准要求选择。否则可能难以购到。

将国家规定的电容量系列标准值标注在电容器上，称为标称电容量。E24 ～ E3 系列固定电容器标称容量见表 1-14。实际应用的标称容量，可按表列数值再乘以 10^n。其中，幂指数 n 为正整数或负整数。

表 1-14　电容器的标称容量值

系列	标　称　容　量　值											
E24	1.0	1.1	1.3	1.6	2.0	2.4	3.0	3.6	4.3	5.1	6.2	7.5	
		1.2	1.5	1.8	2.2	2.7	3.3	3.9	4.7	5.6	6.8	8.2	9.1
E12	1.0	1.2	1.5	1.8	2.2	2.7	3.3	3.9	4.7	5.6	6.8	8.2	—
E6	1.0	—	1.5	—	2.2	—	3.3	—	4.7	—	6.8	—	—
E3	1.0	—	—	—	2.2	—	—	—	4.7	—	—	—	—

2. 允许误差

在生产和使用中，实际电容量常与标称电容量存在一定的偏差，称为电容量误差（或偏差）。电容器实际电容量对于标称电容量的允许最大偏差范围，称为电容量允许误差。电容器的容量偏差与电容器类型、介质材料及容量大小等多种因素有关。一般地说，电解电容器的允许误差大于 ±10%，而云母电容器、玻璃釉电容器、瓷介电容器等的允许误差小于 20%。普通电容器的允许误差分为八个等级，每个误差等级所对应的允许误差见表 1-15。

表 1-15　普通电容器允许误差等级

级别	01	02	I	II	III	IV	V	VI
允许误差	±1%	±2%	±5%	±10%	±20%	+20%～−30%	+50%～−20%	+100%～−10%

3. 额定电压

额定电压是指电容器在规定的温度范围内，能够长期可靠地工作而不被击穿所能承受的最大直流工作电压。

电容器的耐压程度除和电容器中介质的种类及其厚度有关外，还和使用的环境温度、湿度有关。例如用云母介质就比用纸和陶瓷介质的耐压高；介质愈厚，耐压愈高；湿度愈大，耐压愈低。

四、电容器参数的标识

电容器表面标注的参数，主要有标称电容量及允许偏差、额定电压等。

固定电容器的参数表示方法有多种，主要有直标法、色标法、字母数字混标法、三位数表示法和四位数表示法等多种。

1. 直标法

直标法在电容器的参数标注中应用最广泛。其使用方法是在电容器表面用数字直接标注出标称容量、额定电压、允许误差等。

图 1-21 所示是采用直标法的电容器示意图。

2. 三位数表示法

在电容器的三位数表示法中，用三位数字表示电容器的标称容量，再用一个字母来表示允许偏差。

在三位数字中，前两位数表示有效数，第三位数表示倍乘数，即表示是 10 的 n 次方。三位数表示法中标称电容量的单位是 pF。电容器三位数表示法如图 1-22 所示。

图 1-21　采用直标法的电容器示意图

图 1-22　三位数表示法

在图 1-22 中，"33"表示标称容量的有效数，"2"表示 10 的倍乘数，具体含义为 33×10^2 pF，即该电容器标称容量为 3300pF。在一些体积较小的电容器中，因为采用直标法标出的参数字太小，容易磨掉，所以普遍采用三位数表示方法。

3. 四位数表示法

四位数表示法有两种表示形式。

(1)用小数(有时不足四位数字)来表示标称容量，此时电容器的容量单位为 μF。如 0.22μF 电容器。

(2)用四位整数来表示标称容量，此时电容器的容量单位是 pF。如 3300pF 电容器。

4. 色标法

色标法是用在电容器表面标注色环或色点的方法来表示标称容量及允许误差。采用色标法的电容器称色标电容器。色标电容器有两种：一种是三色标，另一种是四色标。在三色标中，第一、二条色标表示电容器标称容量的有效值，第三条色标表示倍率；在四色标中，前三条色标的含义与三色标法相同，第四条色标表示电容器的允许偏差。第一、二、三条色标各种颜色的具体含义见表 1-16；第四条色标各种颜色的具体含义见表 1-17。色标法表示的电容器标称容量单位是 pF。

图 1-23 所示电容器表面有三条色带,色带从顶部向引脚方向读,依次为棕、绿、黄三色。根据读码规则和色标含义可知,该电容器的标称容量为 $15 \times 10^4 \, \mathrm{pF} = 150000 \mathrm{pF} = 0.15 \mu \mathrm{F}$。

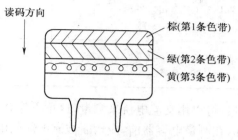

图 1-23　色标电容器示意图

表 1-16　第一、二、三色标的具体含义

色标颜色	黑色	棕色	红色	橙色	黄色	绿色	蓝色	紫色	灰色	白色
表示数字	0	1	2	3	4	5	6	7	8	9

表 1-17　第四条色标的具体含义

色标颜色	紫	蓝	绿	棕	红	金	银	无色(不标注)	白
允许误差(%)	±0.1	±0.25	±0.5	±1	±2	±5	±10	±20	−20～+50

当色标要表示两个重复的数字时,可用宽一倍的色带来表示,如图 1-24 所示。该电容器前两位色标颜色相同,用宽一倍的红色带表示,这一电容器的标称容量为 $22 \times 10^4 \, \mathrm{pF} = 220000 \mathrm{pF} = 0.22 \mu \mathrm{F}$。

五、用指针万用表 对电容器质量进行简单测试

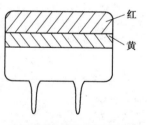

图 1-24　色标电容器特殊情况示意图

一般条件下,利用指针万用表的欧姆档就可以简单地测量出电解电容器是否存在漏电、容量衰减或失效的情况。具体方法是:将选择开关置于"R×1k"或"R×100"档,将黑表笔接电容器的正极,红表笔接电容器的负极。若表针摆动大,且返回慢,返回位置接近∞,说明该电容器正常,且电容量大;若表针摆动大,但返回时,表针显示的阻值较小,说明该电容器漏电流较大;若表针摆动很大,阻值接近于 0Ω,且不返回,说明该电容器已击穿;若表针不摆动,则说明该电容器已开路。

该方法也适用于辨别其他类型的电容器。测试时,应根据被测电容器的容量来选择万用表的电阻档,见表 1-18。如果电容器容量较小,应选择万用表的"R×10k"档测量。

另外,当需要对电容器再一次测量时,必须将其放电后方能进行。

表 1-18　测量电容器时对万用表电阻档的选择

电容量等级	电容量范围	所选万用表档位
小容量	5000pF 以下、0.02μF、0.033μF、0.1μF、0.33μF、0.47μF 等	R×10kΩ 档

续表 1-18

电容量等级	电容量范围	所选万用表档位
中等容量	4.7μF、3.3μF、10μF、33μF、22μF、47μF、100μF	R×1kΩ 档或 R×100Ω 档
大容量	470μF、1000μF、2200μF、3300μF 等	R×10Ω 档

如果要求更精确的测量,可以用交流电桥来测量,这里不作介绍。

注意:为避免仪表损坏,在测量电容器前,应切断被测电路的电源并将高压电容器放电。

六、用数字万用表对电容器进行测试

1. 用数字万用表测普通电容器的容量

用 MS8215 型数字万用表测量普通固定电容器,可按以下步骤进行:

(1)将选择开关置于"┨┠"档位。

(2)分别把黑色表笔和红色表笔连接到"COM"输入插座和"┨┠"输入插座。

(3)用表笔另两端测量待测电容器并从液晶显示器读取测量值。

图 1-25 为用 MS8215 数字万用表实际测量标称容量为 47nF 无极性电容器示意图。

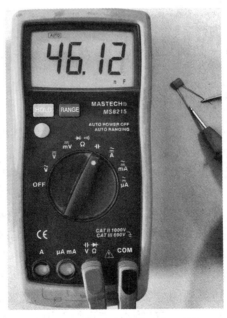

图 1-25 MS8215 数字万用表测量普通固定电容器示意图

另外,FLUKE87V 型数字万用表测量电阻器和电容器用同一个档位,测量电容器时,需按下黄色按键,如图 1-26 所示。

2. 用数字万用表测普通电容器的稳定性

如果要检测普通电容器对外力与温度的稳定性,可采用如下方法:

图 1-26 按下 FLUKE87V 数字万用表测量电阻器和电容器转转按键

(1)检测电容器对外力的稳定性。用竹制晒衣夹或塑料夹,夹住待测电容器壳体(即在电容器上施加外力),观察显示屏数字的变化。正常时,容量不应发生变化。如果被测电容器容量发生变化,则表明其质量不佳,其内部叠片间存在着空隙。注意:测量时不可用金属夹去夹电容器,因为这样做会影响对电容器的检测效果。

(2)检测电容器的热稳定性。用电吹风对准被测电容器逐步加温至 $60℃ \sim 80℃$,同时观察数字万用表的读数是否有变化。合格的电容器,这样的温度变化对它影响不大,数字万用表的电容值读数是稳定的。若在逐步加温的过程中,数字万用表的读数有明显的跳变,则说明此电容器内部存在着缺陷,数字万用表的读数变化越大,则说明该电容器的性能越差。

3. 用数字万用表检测电解电容器的容量

用数字万用表检测电解电容器容量的方法与普通固定电容器基本一样。值得注意的是,因为电解电容器是有极性的,所以测量时,应将被测电容器的正极接红表笔、负极接黑表笔。

第四节 电 感 器

一、自感与互感

当线圈中有电流通过时,线圈的周围就会产生磁场。当线圈中的电流变化时,其周围的磁场也产生相应的变化,磁场的变化可使线圈产生自感电动势,这就是自感。

当两个电感线圈相互靠近时,一个电感线圈磁场的变化将影响另一个电感线圈,并在另一个电感线圈中产生互感电动势,这就是互感。互感电动势的大小取决于电感线圈的自感量和两个电感线圈的耦合程度。

二、电感器及其基本组成

凡能产生电感作用的元件统称电感器。一般的电感器是用绝缘导线(漆包线,纱包线或镀银铜线等)在绝缘骨架或磁心、铁心上绕一定的圈数而构成的。

其中:线圈是电感器的基本组成部分。绕制时根据需要有单层、多层以及分层平绕、乱绕等多种绕制方法。骨架泛指绕制线圈的支架。骨架通常采用塑料、胶木、陶瓷等材料制成。

空心电感器不用骨架，而是先在模具上绕好后再脱去模具即可。磁心或铁心的作用是增加电感量和缩小电感器的体积。磁心一般采用镍锌铁氧体或锰锌铁氧体材料制成，有棒形、工字形、环形、柱形、E 字形等。铁心一般采用硅钢片、坡莫合金等材料制成，其外形多为 E 字形。此外，为了避免电感器在工作时产生的磁场影响其他电路正常工作，有的电感器外面增加了屏蔽罩。还有些小型电感器（如色码电感器等），制好后用塑料、环氧树脂等封装材料密封起来。

电感器的主要作用是对交流信号进行调谐、耦合、滤波、阻流等。

分布电容的存在，会使线圈的品质因数（电感器参数，详见本节四、2）降低，为使分布电容尽可能地小，人们设计出了各种绕线圈的方法，如蜂房式绕法和分段式绕法等。

三、电感器的分类

电感器的分类方法很多，可以按结构分类，还可以按电感量是否可调分类，按频率分类，按用途分类等。

根据电感器的电感量是否可调，电感器分为固定电感器、可变电感器和微调电感器。

1. 固定电感器

固定电感器是指具有固定不变电感量的电感器。固定电感器又分为空心电感器、磁心电感器、铁心电感器，还可以分为大中型电感器和小型电感器、片状电感器。很多小型电感器制好后用塑料环氧树脂封装起来，表面标上色环或色码。根据封装的形式，又可细分为色环电感器、色码电感器、工字电感器、塑封工字电感器等。几种常用固定电感器如图 1-27 所示。

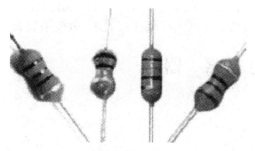

（a）色环电感器

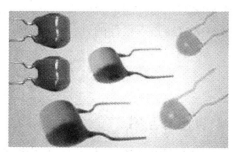

（b）色码电感器

（c）工字电感器

（d）塑封工字电感器

图 1-27　常用固定电感器的实物图

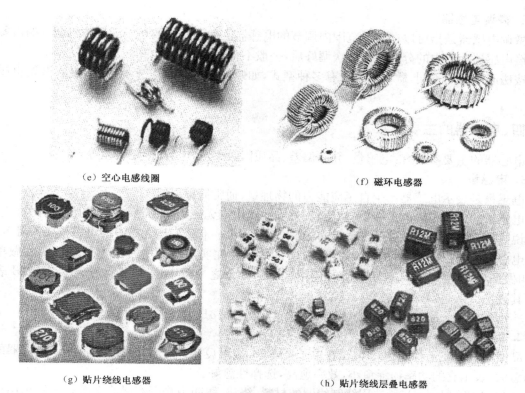

（e）空心电感线圈　　　　　　　　　　　　（f）磁环电感器

（g）贴片绕线电感器　　　　　　　　　　　（h）贴片绕线层叠电感器

图 1-27　常用固定电感器的实物图（续）

2. 可调电感器

可调电感器是指电感量可在较大的范围内调节的电感器。可调电感器又可分为磁心可调电感器、铜心可调电感器、滑动接点可调电感器、串联互感可调电感器、多抽头可调电感器。它们按电感量调节方式的不同分为两类：一类利用磁心在线圈内位置的变化进行调节；另一类通过改变电感线圈的匝数进行调节。几种常用可调电感器结构如图 1-28 所示。

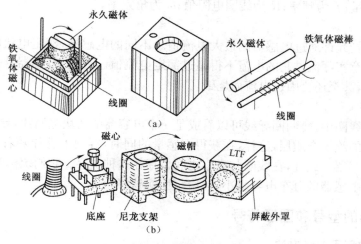

图 1-28　常用可调电感器结构

(a)行线性线圈　　(b)收音机振荡线圈

3. 微调电感器

微调电感器是指可以在较小范围内调节的电感器。微调的目的在于满足整机调试的需要和补偿电感器生产中的分散性。一次调好后,一般不再变动。

按磁心结构的不同,微调电感器有多种型式,如螺纹磁心微调电感器、罐形磁心微调电感器等。

四、电感器的主要参数

电感器的主要参数有:电感量、允许偏差、品质因数、分布电容、额定电流等。

1. 电感量

电感量是表示电感器产生自感应能力的物理量,通常简称电感。

电感量的大小与线圈的圈数、形状、尺寸和线圈中有无磁心以及磁心材料的性质有关。一般地说,线圈的直径愈大,绕的圈数愈多,则电感量愈大。有磁心比无磁心的电感量要大得多。

电感量的单位是亨利(简称亨),用字母 H 表示。在实际应用中常用千分之一亨利做单位,叫做毫亨,用字母 mH 表示。有时还用毫亨的千分之一做单位,叫做微亨,用字母 μH 表示。其进位关系是:

$$1H = 10^3\,mH = 10^6\,\mu H$$

2. 品质因数

品质因数习惯上称之为 Q 值。在电子技术中,常用 Q 值来评价电感器的质量。电感器的 Q 值愈大,表示它的功率损耗愈小,效率愈高,选择性愈好。

线圈 Q 值的大小,与所选用绕制线圈的材料、绕法、线圈中是否有磁心有关。一般选用绝缘性能良好的材料做骨架,用较粗的镀银导线或多股绞合导线,采用间绕法或蜂房式绕法,并在线圈中加入磁心的线圈,它的 Q 值较大。

在数值上,品质因数 Q 等于线圈在某一频率的交流电压下工作时,线圈所呈现的感抗和线圈的直流电阻的比值。即

$$Q = \frac{2\pi f L}{R} = \frac{\omega L}{R}$$

式中　L 为电感量;f 为频率;R 为线圈电阻值;ω 为角频率。

3. 额定电流

额定电流是指允许通过电感器的最大电流值。不同的电感器,额定电流的大小不同。选用电感器时要注意实际流过它的电流不得超过额定电流值。否则,电感器就会因发热而使性能参数发生改变,甚至还会因过电流而烧毁。

4. 分布电容

在电感器的线圈中,每两圈导线可以看成是一个电容器的两块金属片,导线之间的绝缘材料相当于电容器的绝缘介质层,这样,在获得电感量的同时,客观上就伴随着形成了一只只沿线轴分布的小电容器。此外,在线圈与磁心之间也存在这种电容。它们统称为"分布电容",又叫"寄生电容"。电感器的分布电容越小,其稳定性就越好。

五、电感器的型号和图形符号

1. 电感器的型号命名方法

目前我国对电感器的型号尚无统一的命名方法。对于小型固定电感器,其型号一般由五

部分组成：

第一部分由字母表示产品主称，用"L"表示电感器。

第二部分用字母表示产品的特征和类型。产品特征代号有的用一个字母表示，有的用两个字母组合起来表示。如用字母"G"表示高频，用字母"X"表型小型，用字母"A"表示超小型等。

第三部分用阿拉伯数字表示产品生产序列代号。

第四部分用数字或用字母与数字混合表示电感量。如用"2.2"表示 $2.2\mu H$，用"10"表示 $10\mu H$，用"1000"表示 1000mH 等；再如，用"2R2"表示 $2.2\mu H$，用"100"表示 $10\mu H$，用"101"表示 $100\mu H$，用"102"表示 1mH，用"103"表示 10mH 等。

第五部分用罗马数字或字母表示允许偏差。如用罗马数字Ⅰ、Ⅱ、Ⅲ，分别表示允许误差 $\pm5\%$、$\pm10\%$、$\pm20\%$，或用英文字母 J、K、M 分别表示允许误差 $\pm5\%$、$\pm10\%$、$\pm20\%$。

2. 电感器的图形符号

电感器的一般电路图形符号和常用电感器电路图形符号如图 1-29 所示。

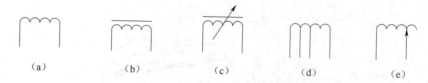

图 1-29　电感器一般图形符号及常用电感器图形符号
(a)一般图形及空心电感器　(b)磁心或铁心电感器　(c)磁心可调电感器
(d)多抽头可调电感器　(e)滑动接点可调电感器

六、电感器参数的标注方法

为了方便使用和维修，电感器的主要参数一般都标注在电感器的外壳上，电感器主要参数的标注方法主要有两种：直标法和色标法。

1. 直标法

直标法是将电感器的标称电感量、额定电流、允许偏差等参数用数字、字母或数字加字母直接标注在电感器的外壳上。

如电感器外壳上标有 C、Ⅱ、$10\mu H$，表明电感线圈的电感量为 $10\mu H$、额定电流为 300mA、允许误差为 $\pm10\%$。

2. 色标法

对于小型或超小型固定电感器，体积较小，在这些电感器的外壳上用直标法标注参数难度较大，阅读也不方便，一般都采用色标法。即在电感器的外壳上，使用色环或色点表示标称电感量和允许误差。而采用这种标注方法的电感器就称色码电感器。

各颜色环所表示的数字与色环电阻器的标注方法相同，可参阅电阻器色环标注法，不再赘述。

若图 1-30 所示电感器的色环依次为蓝、灰、红、银四色，则表明此电感器的电感量为 $6800\mu H$，允许误差为 $\pm10\%$。

七、电感器的测量

1. 用指针万用表对电感量进行测试

取一只调压器 TA 和一只电位器 RP，与被测电感器 L_x 按图 1-31 所示电路进行接线，便构成了一个电感量测试电路。

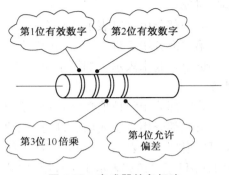

图 1-30　电感器的色标法

调节电位器 RP 使得其阻值为 3140Ω，闭合开关 S，调节调压器 TA，使 $U_R=10V$。将万用表置于"V"档，测量电感器 L_x 两端的电压为 U_L，则被测电感量 L_x 即可通过下式计算出来。其电感量的单位为 H。

$$L_x = \frac{RP}{100\pi} \cdot \frac{U_L}{U_R} = \frac{3140}{100 \times 3.14} \times \frac{U_L}{10}$$

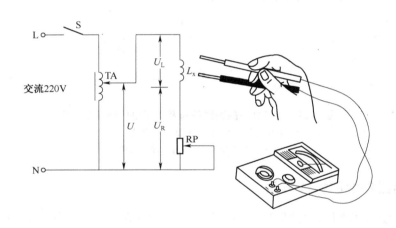

图 1-31　用指针万用表对电感量的测试

2. 用数字万用表对电感器的好坏进行测试

在电器维修中，如果怀疑某个电感器的品质有问题，常用简单的测试方法判断它的好坏，如图 1-32 所示。首先将数字万用表的选择开关拨至电阻档通断蜂鸣符号"·))"处，再用红、黑表笔分别接触电感器两端，如果阻值较小（本例为 0.4Ω），表内蜂鸣器则会鸣叫，表明该电感器可以正常使用。

当怀疑电感器在印制电路板上开路或短路时，在断电的状态下，可利用万用表测试电感器 L_x 两端的阻值。一般高频电感器的直流电阻在零点几欧姆到几欧姆之间；低频电感器的电阻在几百欧姆至几千欧姆之间；中频电感器的电阻在几欧姆到几十欧姆之间。如果被测电感器按其类型电阻值大致在上述范围内，则可认为该电感器基本是好的。如果所测阻值为无穷大或接近于零，则大致可认为该电感器开路或短路。

测试时应注意，有些电感器在线使用时间较长，或使用环境比较恶劣，引脚有可能被氧化，这时可先用小刀轻轻刮去氧化物再测试，如图 1-33 所示。

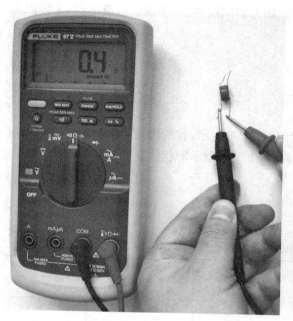

图 1-32　用万用表对磁环电感器好坏的测试

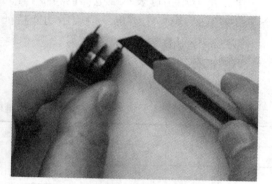

图 1-33　小刀轻轻刮去引脚氧化物

第五节　继 电 器

继电器在电路中起控制和隔离作用,在控制电路中可以用低电压、小电流控制高电压、大电流。

一、继电器的分类

继电器的品种繁多,可以从不同的角度分类。从有无触点的角度分类,可以分为有触点继电器和无触点继电器两大类。在有触点继电器中常用的有电磁继电器和舌簧继电器。在无触点继电器中,应用最广的是固态继电器。

电磁继电器(简称 EMR)是应用最广的有触点继电器。电磁继电器一般由线圈、铁心、带触点的簧片和衔铁等组成。根据其线圈中通过电流的类型,可分为交流电磁继电器和直流电磁继电器。根据其触点负荷的大小,可分为小功率、中功率、大功率电磁继电器。其中:直流纯电阻功率负载为 5～50W、交流功率负载为 15～120VA,属于小功率继电器;直流纯电阻负载功率为 50～150W、交流功率负载为 120～500VA,属于中功率继电器;直流纯电阻功率负载大于 150W、交流功率负载大于 500VA,属于大功率继电器。根据电磁继电器的功能特点,电磁继电器还可以分为常开继电器、常闭继电器、缓吸继电器、缓放继电器、极化继电器、时间继电器、热继电器、快速继电器、高灵敏度继电器等。

舌簧继电器根据舌簧管的不同,分为干簧继电器和湿簧继电器。干簧继电器由干簧管和绕在其外部的电磁线圈等组成;湿簧管继电器由湿簧管、永久磁铁和电磁线圈等组成。

固态继电器(简称 SSR)通常由输入电路、光电耦合器、驱动电路、开关输出电路和瞬态抑制电路等组成。根据控制负载电源的不同,分为直流固态继电器和交流固态继电器。根据固态继电器的功能,可以分为多功能开关型继电器、固态时间继电器、参数固态继电器、无源固态温度继电器等。

二、继电器型号的命名方法

电磁继电器的型号一般由四部分组成:

第一部分用字母 J 表示继电器。

第二部分用字母表示继电器的特征,有的用一个字母表示,有的用两个字母表示。当用两个字母表示时,第一个字母一般表示功能特征,第二个字母表示形状特征。

第三部分用数字表示产品序号。

第四部分用字母表示防护特征。

各部分字母或数字的含义见表 1-19。

表 1-19　电磁继电器型号命名及含义

第一部分		第二部分				第三部分	第四部分	
字　母	含　义	字母 1	含　义	字母 2	含　义		字母	含　义
J	继电器	R	小功率继电器	W	微型	用数字表示产品序号	F	封闭式防护
		Z	中功率继电器					
		Q	大功率继电器					
		L	交流电磁继电器					
		C	磁电式继电器	X	小型		M	密封防护
		E	电热式继电器					
		U	温度继电器					
		T	特种继电器					
		SC	电磁时间继电器	C	超小型			
		SB	电子时间继电器					
		AG	干簧继电器					
		AS	湿簧继电器					
		G(DC)	直流固态继电器					
		G(AC)	交流固态继电器					

例如:

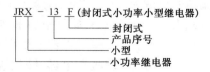

JRX - 13 F (封闭式小功率小型继电器)
　　　　　　　　封闭式
　　　　　　　产品序号
　　　　　　小型
　　　　　小功率继电器

三、继电器及电磁继电器触点的电路图形符号

1. 继电器的电路图形符号

继电器的一般电路图形符号和常用继电器的电路图形符号如图 1-34 所示。

继电器在电路中用字母 K 或 KR、KA 等表示。

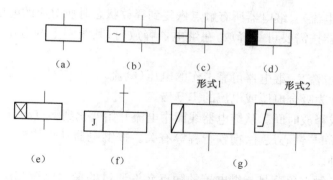

图 1-34　继电器的电路图形符号

(a)一般符号　(b)交流继电器　(c)快速继电器　(d)缓放继电器
(e)缓吸继电器　(f)极化继电器　(e)剩磁继电器

2. 电磁继电器触点的图形符号

电磁继电器触点的新旧图形符号对照见表 1-20。在电路图中,触点组是以线圈不通电时的原始状态画出的。动合(常开)触点的符号为"＼"或"━—",此符号也可作为开关符号,动断(常闭)触点的符号为"╱"或"╲—"。

表 1-20　电磁继电器触点的常用图形新旧符号对照

新符号(GB4728)		旧符号(GB312)	
名　　称	图形符号	名　　称	图形符号
延时闭合 的动合触点		延时闭合 的动合触点	
延时断开 的动合触点		延时断开 的动合触点	
延时闭合 的动断触点		延时闭合 的动断触点	
延时断开 的动断触点		延时断开 的动断触点	
速度继电器动合触点		速度继电器动合触点	
速度继电器动断触点		速度继电器动断触点	

四、电磁继电器的主要参数

(1)吸合电压(电流)。继电器所有触点从释放状态到达工作状态所对应的电压或电流的最小值。该电参量不能作为可靠工作值。为了能够使继电器的吸合动作可靠,必须给线圈加上稍大于吸合电压(电流)的工作(额定)电压。

（2）释放电压（电流）。继电器所有触点恢复到释放状态时所对应的电压或电流最大值。为能保证继电器按需要可靠释放，在继电器释放时，其线圈上的电压必须小于释放电压（电流）。

（3）额定电压（电流）。继电器可靠工作的电压（电流）。工作时输入继电器的电参量应该等于这一数值，通常为吸合电压或电流的1.5倍。

（4）吸合时间或释放时间。从继电器线圈中电流开始变化到触点闭合或释放的时间间隔。吸合时间或释放时间与铁心尺寸、衔铁行程等有关。按继电器动作快慢，一般分为快动作、正常动作、慢动作三种。

（5）触点负荷。触点负荷是指继电器的触点允许通过的最大电流和所加的最高电压。即触点能够承受的负载大小。超过此电流值和电压值时，就会影响继电器正常工作，甚至损坏继电器触点。

（6）直流电阻。线圈的直流电阻，一般允许有±10％的误差。它与线圈的匝数及线圈的额定工作电压成正比。

（7）线圈电源与线圈功率。线圈电源是指继电器线圈使用的工作电源类型（用来说明使用的是交流电还是直流电）。线圈功率是指继电器线圈所消耗的额定电功率。

五、用万用表检测电磁继电器

电磁继电器（EMR）简称继电器。它是由控制电流通过线圈所产生的电磁吸力驱动磁路中的可动部分而实现触点开、闭或功能转换的。其中，JR系列小功率继电器和JQ系列大功率继电器是常见的一类。由于它灵敏度高、驱动电流小、耗电省、体积小、控制能力强，因此被广泛用于磁控、光控、温控等领域。典型产品有JRW、JRC、JRX、JQX等品种，额定直流电压分3、6、9、12、15、18、24、27、36、48V等规格。

本节以用MF30型万用表测量一只JQX-4型大功率小型继电器为例，介绍电磁式继电器的检测方法。

1. 测量直流电阻

电磁继电器电磁线圈的电阻值与额定电压的高低有关。额定电压较低的电磁继电器，其电磁线圈的阻值较小；额定电压较高的继电器，其电磁线圈的阻值较大。本例中JQX-4型继电器的额定电压为12V，电磁线圈电阻值 R_J＝450Ω，允许误差为±10％。测量时将万用表置于R×1k档，若实测电阻值在误差范围内，则认为该继电器符合要求。若实测电阻值为无穷大或低于正常值很多，则说明电磁线圈存在开路或短路故障。

2. 测量吸合电流及吸合电压

JQX-4型继电器要求吸合电流 I_X≤20mA。测量吸合电流电路如图1-35所示。测量时使用24V直流电源，万用表拨至50mA档，调节电位器RP可以改变电路中电流的大小，R是保护电阻。逐步减小RP的电阻值，当继电器从释放状态刚刚转入吸合状态时的电流值，就是吸合电流。若实测吸合电流 I_X小于20mA的标准值，则认为该继电器符合要求。

测量吸合电压的方法有两种，一种是在继电器

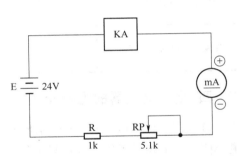

图1-35　测量继电器的吸合电流

线圈两端并入直流电压表测量,另一种是按图 1-35 所示线路首先测得吸合电流,然后按公式 $U_X = I_X R_J$ 进行计算。式中,U_X 为吸合电压,I_X 为实测吸合电流,R_J 为线圈电阻。若计算的电压值小于标准值,则认为该继电器的吸合电压符合要求。

3. 测量释放电压 U_{SH} 和释放电流 I_{SH}

测量电磁继电器释放电流 I_{SH} 与释放电压 U_{SH} 的电路与测量吸合电压和吸合电流的电路相同。测量时先将电位器的阻值逐渐调小,待电磁继电器的触点吸合后,再逐渐将电阻器的阻值调大,当继电器触点由吸合状态突然释放时,电流表的示数即为继电器的释放电流。如果在继电器电磁线圈两端增加一只直流电压表,则此时直流电压表的示数即为释放电压。最后将实测结果与标准值进行比较,即可判断出继电器的好坏。

4. 估算额定电压与额定电流

一般情况下,电磁继电器的额定电压为吸合电压的 1.3~1.5 倍,继电器的额定电流为吸合电流的 1.5~1.8 倍,即

$$U_{JN} = (1.3 \sim 1.5) I_X R_J = (1.3 \sim 1.5) U_X$$
$$I_{JN} = (1.5 \sim 1.8) I_X$$

根据以上的经验公式和实测结果,即可以大致估算出电磁继电器的额定电压和额定电流。

六、用万用表检测固态继电器

现以 SP2210 型交流固态继电器为例,介绍用万用表检测固态继电器的方法。该器件的额定电流为 10mA~20mA,测试电路如图 1-36 所示。选 $V_{CC} = 6V$,RP 为输入限流可调电阻,将一只万用表置于 50mA 档测输入电流,将另一只万用表置于 R×10 档测输出端电阻。检测时调节 RP 使 $I_1 = 20mA$,测得电阻值为 95Ω,说明内部相当于继电器吸合。再断开 V_{CC},将万用表调至 R×1k 档测输出端电阻为无穷大(相当于继电器释放)。

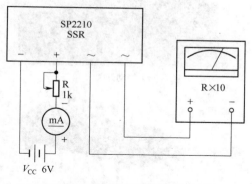

图 1-36　检测固态继电器的电路

一般情况下,固态继电器导通时电阻应为十几欧至几十欧,关断时电阻为无穷大。若实测值在此范围内,可认为固态继电器良好;若实测值均为零或均为无穷大,则认为固态继电器内部短路或开路。

第六节　开　　关

开关,在电子装置中是不可缺少的元件之一,在电路中起连接、控制、选择等作用。

一、开关的分类和图形符号

1. 开关的分类

开关有多种,可以根据结构特点、材质、极数、位数、用途等进行分类。按结构特点分类,可分为按钮开关、拨动开关、薄膜开关、杠杆开关、行程开关、微动开关等;按极数、位数分类,可以

分为单极单位开关、双极双位开关、单极多位开关、多极单位开关、多极多位开关等;按用途分类,可以分为电源开关、波段开关、录放开关、限位开关、转换开关、控制开关、隔离开关等。常用开关的实物如图 1-37 所示。

2. 开关的电路图形符号

常用开关电路图形符号见图 1-38。在电路中,开关用字母"S"或"SA"、"SB"表示,在旧标准中用"K"表示。

（a）拨动开关

（b）推推开关

（c）微动开关

（d）波段开关

（e）直键开关

（f）录放开关

（g）按钮开关

（h）跷板开关

图 1-37　常用开关的实物图

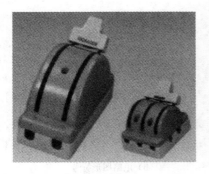
　　　　　（i）闸刀开关

　　　　　（j）推拉开关

图 1-37　常用开关的实物图（续）

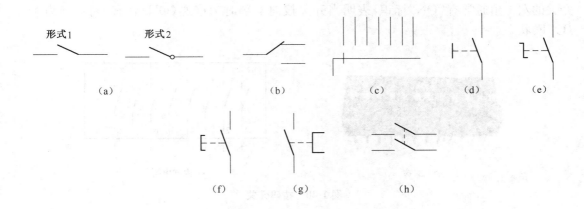

图 1-38　常用开关电路图形符号
（a）开关的一般符号　（b）单刀双掷开关　（c）单刀多位开关
（d）手动开关　（e）旋转开关　（f）按钮开关　（g）拉拔开关　（h）双刀双掷开关

二、几种常用开关结构简介

1. 单刀多位开关

它是指一把刀按顺序轮换接通多条电路的开关。用一把刀接通七条电路的开关,简称单刀七位开关,如图 1-38（c）所示。这种开关可向左拨动,也可向右拨动。为了区分方便,图中各静触点依次用 S_{1-1}、S_{1-2}……S_{1-7} 表示。

2. 波段开关

图 1-39（a）、（b）所示分别是波段开关实物外形和电路符号。由图可知,该波段开关是一只三刀四掷式开关,共有 S_1、S_2 和 S_3 只动触片和三组与之对应的静触片,而且均能够转换四个工作位置。三只动触片必须联动,各组开关同步转换。各动触片对应的静触片分别为 S_{1-1}、S_{1-2}、S_{1-3}、S_{1-4}；S_{2-1}、S_{2-2}、S_{2-3}、S_{2-4}；S_{3-1}、S_{3-3}、S_{3-3}、S_{3-4}；S_{4-1}、S_{4-2}、S_{4-3}、S_{4-4}。

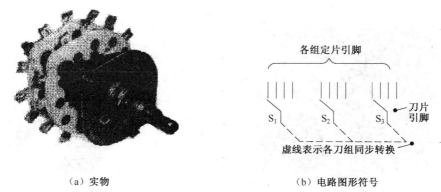

（a）实物　　　　　　　　　　　（b）电路图形符号

图 1-39　三刀四波段开关

3. 拨码开关

图 1-40 所示是拨码开关实物和内部电路。常见的拨码开关有 3 位、5 位、8 位和 12 位等。开关的左上角通常有"ON"标识，表明当开关拨向上部时为接通（ON）状态，向下则为断开（OFF）状态。

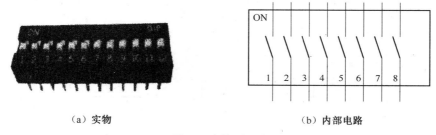

（a）实物　　　　　　　　　　　（b）内部电路

图 1-40　拨码开关

开关两排引出焊片的距离与标准双列直插式集成电路相同，可以很方便地插在集成电路插座上。这类开关的主要作用是作为跳线来使用，即电路的通断通过开关的拨动来加以控制或设定。

4. 导电橡胶开关

导电橡胶是一种特殊的导电材料，主要用在电视机的遥控器和电子计算器键盘中作按键开关。每个按键就是一小块导电橡胶，再用绝缘性能好的橡胶把它们连成一体。导电橡胶的特点是各个方向的导电性能基本相同。

5. 薄膜按键开关

薄膜按键开关又称薄膜开关或轻触开关。它是近年来流行的一种集装饰与功能为一体的新型开关。与传统的机械开关相比，它具有结构简单、外形美观、密闭性好、性能稳定、寿命长等优点，被广泛使用于用单片机控制的电子设备中。薄膜按键开关分为软性薄膜按键开关和硬性薄膜按键开关两种类型。

薄膜按键开关采用 16 键标准键盘，为矩阵排列方式，有 8 根引出线，分成行线和列线。

三、常用开关的主要参数

常用开关的主要参数见表 1-21。

表 1-21　开关的主要参数

主要参数	说　明
额定电压	是指开关在正常工作时所允许的安全电压。若加在开关两端的电压大于此值,便会造成两个触点之间打火击穿
额定电流	是指开关在正常工作时所允许通过的最大电流。当电流超过此值时,开关的触点就会因电流太大而烧毁
绝缘电阻	是指开关的导体部分(金属构件)与绝缘部分的电阻值。开关的绝缘电阻值应在 $100M\Omega$ 以上
接触电阻	是指在导通状态下,开关每对触点之间的电阻值。一般要求接触电阻值在 $0.1\sim0.5\Omega$ 以下,此值越小越好
耐压	是指开关对导体及地之间所能承受的最低电压值
寿命	是指在正常工作条件下,开关能正常操作的次数。一般要求在 5000~35000 次

四、开关的正确选用与检测

1. 开关的正确选用

正确选用开关要考虑的主要因素见表 1-22。

表 1-22　开关正确选用

序号	正　确　选　用
1	根据电路的用途,选择不同类型的开关
2	根据电路数和每个电路的状态,来确定开关的刀数和掷数
3	根据开关安装位置,选择外形尺寸、安装尺寸及安装方式
4	根据电路的工作电压与通过的电流等,选择开关的额定电压和额定电流,在选用时,其额定电压、额定电流都要留有裕量,一般为正常工作电压或电流的1~2倍
5	当在维修中要更换开关、又没有原型号可换时,则需考虑引脚的多少、安装位置的大小及引脚之间的间距大小等问题

2. 开关的检测

开关的检测项目和检测方法见表 1-23。

表 1-23　开关的检测项目和检测方法

检测项目	检测方法及内容
检测开关的手柄	用直观检测法。观察开关的手柄是否能活动自如,是否有松动现象,能否转换到位。观察引脚是否有折断,紧固螺钉是否有松动等现象
测量触点间的接触电阻	用测量方法。将万用表置于 R×1 档,一只表笔接开关的动触点引脚,另一只表笔接与其相关的静触点引脚,让开关处于接通状态,所测阻值应在 $0.1\sim0.5\Omega$ 以下。如大于此值,表明触点之间有接触不良的故障
测量开关的断开电阻	用测量方法。将万用表置于 R×10k 档,一只表笔接开关的动触点引脚,另一只表笔接与其相关的静触点引脚,让开关处于断开状态,此时所测的电阻值应大于几百千欧姆。如小于此值,表明开关触点之间有漏电现象
测量各触点间绝缘电阻	用万用表的 R×10k 档测量各组独立触点间的电阻值,应为∞,各触点与外壳之间的电阻值也应为∞。若测出一定的阻值,则表明各独立触点间或触点与外壳间有击穿或漏电现象

续表 1-23

检测项目	检测方法及内容
导电橡胶开关的检测	用万用表 R×10 档在导电橡胶的任意两点间测量时均应该呈导通状态,如测得的阻值很大或为无穷大,则说明导电橡胶已经失效
薄膜按键开关的检测	将万用表置于 R×10 档,两只表笔分别接一个行线和一个列线,当用手指按下该行线和列线的交点键时,测得的电阻值应为零;当松开手指时,测得的电阻值应为无穷大。再将万用表置于 R×10k 档,不按薄膜按键开关上的任何键,保持全部按键均处于抬起状态。先把一只表笔接在任意一根线上,用另一只表笔依次去接触其他的线,循环检测,可测量各个引线之间的绝缘情况。在整个检测过程中,万用表的指针都应停在"∞"位置上不动。如果发现某对引出线之间的电阻不是无穷大,则说明该对引出线之间有漏电故障

第二章　半导体器件指标与检测

第一节　二　极　管

二极管又称半导体二极管，是由一个 PN 结组成的半导体器件。本节重点介绍二极管的结构、分类、命名方法、电路图形符号和检测方法等。

一、二极管的结构

二极管的管芯是一个 PN 结。在管芯两侧的半导体上分别引出电极引线，其正极由 P 区引出，负极由 N 区引出，用管壳封装后制成二极管。

按结构分，二极管有点接触型和面接触型两类，其结构及特点见表 2-1。

表 2-1　常用二极管的结构

分　类	结　　构	特　　点
点接触型二极管	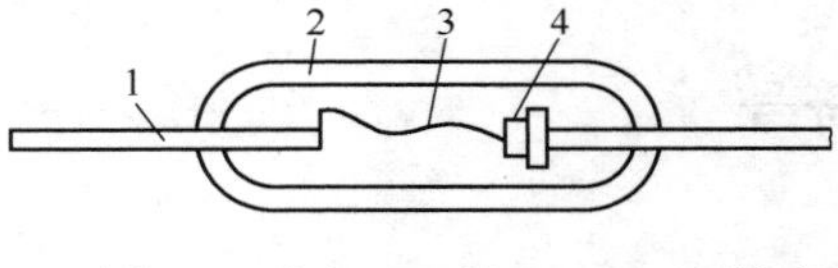 1—引线　2—外壳　3—触丝　4—N 型锗片	点接触型二极管的 PN 结结面积小，不能通过较大电流，但高频性能好，一般适用于高频或小功率电路
面接触型二极管	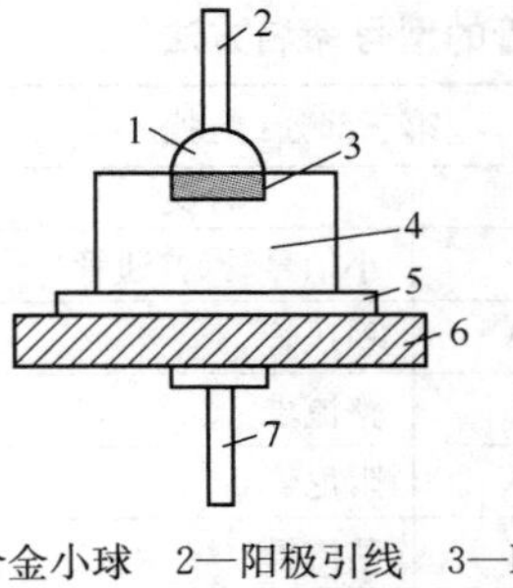 1—铝合金小球　2—阳极引线　3—PN 结　4—N 型硅　5—金锑合金　6—底座　7—阴极引线	面接触型二极管的 PN 结结面积大，允许通过的电流大，但工作频率低，多用于整流电路

二、二极管的分类

二极管有多种类型，可以从不同角度分类，除按结构分类外，还可以从使用的半导体材料、功能和用途、封装的类型、工作频率等方面分类。

1. 按使用的半导体材料分类

可以分为锗（Ge）二极管、硅（Si）二极管、砷化镓（GaAs）二极管、磷化镓（GaP）二极管等。

2. 按用途和功能分类

可以分为普通二极管、精密二极管、整流二极管、检波二极管、开关二极管、稳压二极管、发光二极管、光敏二极管、激光二极管、磁敏二极管等。

3. 按封装形式分类

可以分为塑料封装(简称塑封)二极管、玻璃封装(简称玻封)二极管、金属封装(简称金封)二极管等。

4. 按通过的电流容量分类

可以分为大功率二极管(电流为 5A 以上)、中功率二极管(电流为 1～5A)和小功率二极管(电流为 1A 以下)。

5. 按工作频率分类

可以分为高频二极管和低频二极管。

常用二极管外形如图 2-1 所示。

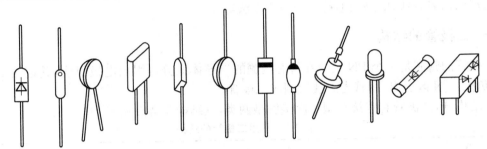

图 2-1　常用二极管外形

三、二极管的命名和电路图形符号

1. 二极管的命名方法

我国国家标准将二极管的型号命名分为五部分,各部分的表示方法及其含义见表 4-2。

表 2-2　二极管的型号命名方法

第一部分:主称		第二部分:材料		第三部分:类别		第四部分:序号	第五部分:规格
数字	含义	字母	含义	字母	含义	用数字表示同一类产品的序号	用字母表示产品的规格
2	二极管	A	N 型锗材料	P	小信号管(普通管)		
				W	稳压管		
				L	整流堆		
		B	P 型锗材料	N	阻尼管		
				Z	整流管		
				U	光电管		
		C	N 型硅材料	K	开关管		
				B 或 C	变容管		
				V	混频检波管		
		D	P 型硅材料	JD	激光管		
				S	隧道管		
				CM	磁敏管		
		E	化合物材料	H	恒流管		
				Y	体效应管		
				EF	发光管		

第一部分用数字"2"表示产品的主称为二极管。

第二部分用字母表示二极管的材料。

第三部分用字母表示二极管的类别。

第四部分用数字表示二极管的产品序号。

第五部分用字母表示二极管的规格。

例如：2AP9 —— N 型锗材料普通二极管；

2CW56 —— N 型硅材料稳压二极管。

2. 二极管的电路图形符号

常用二极管的电路图形符号如图 2-2 所示。

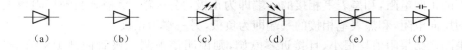

图 2-2　常用二极管电路图形符号

(a)一般图形符号及普通二极管　(b)稳压二极管　(c)发光二极管
(d)光敏二极管　(e)双向击穿二极管　(f)变容二极管

在电路中，二极管用"V"或"VD"表示。在旧标准中，二极管用"D"表示。

四、二极管的主要参数

不同用途、不同功能的二极管，其主要电参数也不同。如：稳压二极管的主要电参数是稳定电压，变容二极管的主要参数是结电容，双向触发二极管和开关管的主要参数是转折电压，快恢复二极管的主要参数是反向恢复时间等，普通二极管的主要参数有两个，即最大整流电流与最高反向电压。二极管的主要参数见表 2-3。

表 2-3　二极管的主要参数

参　数	说　明
最大整流电流	又称额定正向工作电流，指二极管长时间工作时，允许流过的最大正向电流平均值，使用时不能超过这个数值，否则会损坏二极管
最高反向电压	指保证二极管不被击穿而给出的反向峰值电压，一般是反向击穿电压的 1/2 或 2/3
反向电流	指在规定的反向电压和环境温度下，二极管的反向漏电流，此电流值越小，表明二极管的单向导电性能越好
正向电压降	指二极管导通时其两端产生的正向电压降，在一定的正向电流下，二极管的正向电压降越小越好
最高工作频率	指二极管工作频率的最大值

必须指出：当温度升高时，由于二极管的正向电流增加，反向击穿电压会降低，所以二极管在高温条件下使用时其工作电压必须降低，否则就有被击穿的危险。

五、用万用表对普通二极管进行检测

1. 用万用表检查二极管的好坏及正、负极性

二极管是由一个 PN 结组成的半导体器件。根据 PN 结正向导通电阻值小,反向截止电阻值大的特性可以简单确定二极管的好坏和极性。

当用万用表测量时,将万用表置于 R×100 或 R×1k 档(对于面接触型的大电流整流管可用 R×10 档),用黑表笔接二极管正极,红表笔接二极管负极,这时测得的结果为二极管的正向电阻值,一般应在几十欧到几百欧之间。将红、黑表笔对调,测得的结果为二极管的反向电阻值,应在几百千欧以上。测量结果如符合上述情况,则可初步判定该被测二极管是好的。

如果不知道二极管的极性,也可用上述方法判断二极管的正、负极。当测得阻值小时,即为二极管的正向电阻,和黑表笔相接的一端即为正极,另一端为负极。当测得阻值大时,即为二极管的反向电阻,和黑表笔相接的一端即为负极,另一端为正极。

如果测量结果阻值均很小,且接近零欧姆,则说明该被测二极管内部 PN 结击穿或已短路。反之,如阻值均很大(接近∞),则说明该二极管内部已断路。以上两种情况均说明该被测二极管已损坏,不能再使用。

2. 用万用表区分硅二极管与锗二极管

由于硅二极管的正向导通电压比锗二极管高,而反向饱和电流比锗二极管小,反映在直流电阻上,硅二极管的正、反向电阻值都比锗二极管大。通常,硅二极管的正向电阻为 5kΩ 左右,反向电阻为无穷大;锗二极管的正向电阻为 1kΩ 左右,而反向电阻为 300kΩ 左右。据此便可通过对正、反向电阻值的测试来判断所测二极管到底是硅二极管还是锗二极管。

区分硅二极管、锗二极管的方法如图 2-3 所示。将万用表的选择开关置于 R×1kΩ 档,测试二极管的正向电阻值,根据表头指针的示数来进行判断。若指针指示在 4～8kΩ,表明被测二极管是硅二极管,如图 2-3(a)所示;若指针指示在 1kΩ 附近的位置,则表明被测二极管是锗二极管,如图 2-3(b)所示。

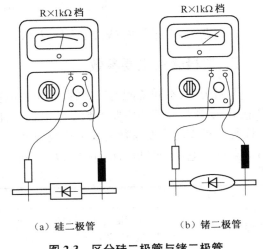

（a）硅二极管　　　　　（b）锗二极管

图 2-3　区分硅二极管与锗二极管

六、稳压二极管

稳压二极管利用其被反向击穿后,在一定反向电流范围内反向电压不随反向电流变化的特性,在电路中起稳压作用。它既具有普通二极管的单向导电性,又可以工作于反向击穿状态。当反向电压较低时,稳压二极管截止;当反向电压达到一定数值时(稳定电压),反向电流突然增大,稳压二极管进入击穿区,此时即使反向电流在很大的范围变化,稳压二极管两端的反向电压也能基本保持不变,此时若去掉反向电压,稳压二极管即可恢复正常状态;但当反向电流继续增大到超过允许数值时,稳压二极管会被彻底击穿而损坏。稳压二极管的电路图形符号参见图 2-2(b)。

1. 稳压二极管的主要参数

稳压二极管除需具备普通二极管的参数外，根据自身的工作特点，还要增加以下几个参数：

（1）稳定电压。是指稳压二极管的稳压值，即稳压二极管的反向击穿电压。

（2）稳定电流。是指稳压二极管正常稳压工作时的反向电流，一般为其最大允许反向电流的 1/2 左右。

（3）额定功率。是指稳压二极管稳定工作时所产生的耗散功率。

（4）动态电阻。是指稳压二极管两端电压随电流变化的比值。

2. 稳压二极管的检测

（1）正、负极及好坏的判别。判别稳压二极管的正、负极有两种方法：

第一种方法是从外形上判别。金属封装稳压二极管管体正极一端为平面，负极一端为半圆形面；塑料封装稳压二极管的管体上印有彩色标记的一端为负极，另一端为正极。

第二种方法是用万用表测量其正、反向电阻。测量方法与检测普通二极管的方法相同。即将万用表置于 R×1k 档，先用红、黑两表笔分别接稳压二极管的两个电极，测出一个结果后，再对调两表笔进行测量。在两次测量结果中，阻值较小的那一次，黑表笔接的是稳压二极管的正极，红表笔接的是稳压二极管的负极。

如果测得稳压二极管的正、反向电阻值均很小或均为无穷大，则说明该稳压二极管已击穿或开路。

（2）稳定电压的测量。稳定电压是稳压二极管的基本参数。测量稳压二极管的稳定电压前，应大致了解稳压二极管稳定电压的范围。若稳定电压在 20V 左右，则可接入一只 0～30V 的可调直流电源进行测试。若稳定电压较高，可接入一只低于 1000V 的绝缘电阻表（旧称兆欧表、摇表）做测试电源进行测试。

接入一只 0～30V 连续可调直流电源的测试电路如图 2-4 所示。电源正极先接入一只 1.5kΩ 的限流电阻器，再与被测稳压二极管的负极相连，电源的负极与稳压二极管正极相连。用万用表电压档测量稳压二极管两端的电压值。测量时，逐渐调高可调电源的电压，当稳压二极管被反向击穿、两端电压值趋于稳定时，即为稳定电压值。

如果稳压二极管的稳定电压高于 30V，可用绝缘电阻表代替连续可调电源。其测试电路如图 2-5 所示。测试时按规定匀速摇动绝缘电阻表，并观察万用表的示数。待万用表的示数稳定时，此电压值即是稳压二极管的稳定电压。

测试时，若稳压二极管的稳定电压忽高忽低，则说明该稳压二极管的性能不稳定。

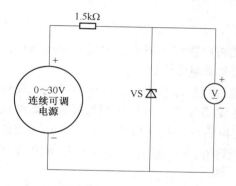

图 2-4 用可调电源测稳定电压

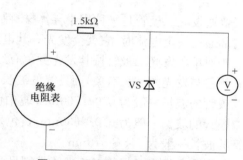

图 2-5 用绝缘电阻表测稳定电压

七、变容二极管

变容二极管是利用 PN 结之间电容可变的原理制成的半导体器件,在高频调谐、通信等电路中作可变电容器使用。变容二极管电路图形符号参见图 2-2(f)。

变容二极管属于反偏压二极管,改变其 PN 结的反向偏压,即可改变 PN 结的电容量。反向偏压越高,结电容越小。

变容二极管有玻璃外壳封装、塑料封装、金属外壳封装和无引线表面封装等多种封装形式。通常,中、小功率变容二极管采用玻璃外壳封装、塑料封装或表面封装,而功率较大的变容二极管则多采用金属外壳封装。

1. 变容二极管的主要参数

变容二极管除需具备普通二极管的主要参数外,还需根据自身的工作特点,具备特殊的参数,主要包括:

(1)结电容。指变容二极管 PN 结的电容量,其值随变容二极管所受反向偏压的大小而改变。即结电容与反向偏压成反比。

(2)品质因数。是指在规定频率和偏压下,变容二极管储存能量与消耗能量的比值。它反映了变容二极管的回路损耗特性。通常用 Q 表示。其值从几十到一二百之间。当 Q 值等于 1 时,相应的频率称为截止频率(f_0)。

(3)电容温度系数。指在规定的频率、偏压和温度范围内,变容二极管的结电容随温度相对变化率。

(4)击穿电压。指变容二极管被击穿时的电压值。它决定了变容二极管控制频率的上限,也就决定了最小结电容。

2. 变容二极管正、负极的判别

有的变容二极管一端涂有黑色标记,这一端即为负极,另外一端为正极。还有的变容二极管管壳两端分别涂有黄色环和红色环,红色环的一端为正极,黄色环的一端为负极。

也可以用数字万用表的二极管档,测量其正、反向电压降来判断其正、负极。正常的变容二极管在测量正向电压降时,表的读数为 0.58～0.65V;测量反向电压降时,表的读数显示溢出符号"1"。在测正向电压降时,红表笔接的是变容二极管的正极,黑表笔接的是变容二极管的负极。

八、普通单色发光二极管

普通发光二极管是一种用半导体材料制成的、能将电能转换成光能的发光显示器件。当其内部通过一定电流时,它就会发光。其电路图形符号参见图 2-2(c)。

普通单色发光二极管按其发光颜色有红色、黄色、橙色、绿色等。普通单色发光二极管的发光颜色与发光的波长有关,而发光的波长又取决于制造发光二极管所用的材料。如红色发光二极管的波长一般为 650～700nm,琥珀色发光二极管的波长一般为 630～650nm,橙色发光二极管的波长一般为 610～630nm,黄色发光二极管的波长一般为 585nm 左右,绿色发光二极管的波长一般为 555～570nm。

普通单色发光二极管属于电流控制型半导体器件,可以用直流、交流、脉冲等电源驱动,使用时需串接合适的限流电阻。普通单色发光二极管广泛用于各种电子电路中,作为电源指示或电平指示。

1. 普通单色发光二极管的主要参数

普通单色发光二极管除具备普通二极管的主要参数外,还需具备其工作性质应具备的特殊参数,主要包括:

(1)发光强度。用于表示发光二极管发光亮度的大小,是发光二极管的光学指标。其单位为 mcd(毫坎德拉)。

(2)发光波长。是指发光二极管在一定工作条件下,其发射光的峰值所对应的波长。其单位为 nm(纳米)。

2. 普通单色发光二极管的检测

(1)正、负极的判别。将发光二极管置于光源下,观察两个金属片的大小,通常,金属片大的一端为负极,金属片小的一端为正极。

(2)性能好坏的判断。将万用表置于 R×10k 档,测发光二极管的正、反向电阻值。正常时,正向电阻值(黑表笔接正极)约为 $10\sim20k\Omega$,反向电阻值为 $250k\Omega\sim\infty$。

也可以用 3V 直流电源,在电源正极串接一只 33Ω 电阻器后接发光二极管正极,将电源负极接发光二极管负极。若发光二极管发光则说明其是好的;若不发光则说明其是坏的。

九、硅整流桥

硅整流桥亦称全波桥式整流器。它是将 4 只硅整流二极管接成桥路形式,再用塑料封装而成的半导体器件。它具有体积小、使用方便、各整流管参数的一致性好等优点,可广泛用于单相桥式整流电路。硅整流桥有 4 个引出端,其中交流输入端、直流输出端各两个。硅整流桥的电路图形符号如图 2-6 所示。硅整流桥实物如图 2-7 所示,硅整流桥的内部电路如图 2-8 所示。

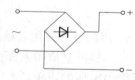

图 2-6　硅整流桥的电路图形符号

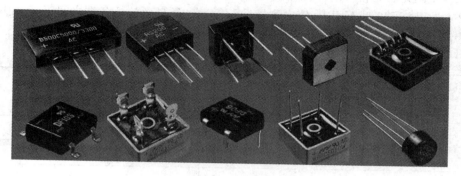

图 2-7　部分硅整流桥实物

硅整流桥的主要电参数有两个:正向工作电流和最大反向电压。常用硅整流桥的正向工作电流有 0.5A、1A、1.5A、2A、2.5A、3A、5A、10A、20A 等规格,常用的硅整流桥最大反向电压有 25V、50V、100V、200V、300V、400V、500V、800V、1000V 等规格。图 2-9 分别是进口 PM104M 型 1A/400V 硅整流桥和国产 QSZ 2A/50V、MB 25A/800V 硅整流桥的外形。

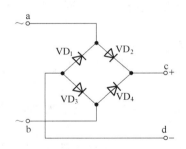

图 2-8　整流桥的内部电路

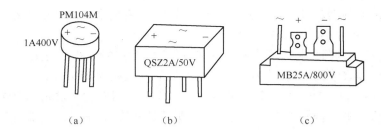

图 2-9　几种硅整流桥的外形

(a)PM104M 型　(b)QSZ 型　(c)MB 型

1. 用指针式万用表检测硅整流桥的好坏

大多数硅整流桥表面都标有"＋"、"－"、"～"的符号,很容易确定其电极。其中:"＋"为整流后输出电压的正极,"－"为整流后输出电压的负极,两个"～"为交流电压的两个输入端。检测时,可仿照检测普通二极管好坏的办法,分别测量"＋"极与两个"～"端、"－"极与两个"～"端的正反向电阻是否正常,即可判断硅整流桥的好坏。

表 2-4 是用 MF30 型万用表,依次测量 QSZ 2A/50V 硅整流桥各端之间正、反向电阻的数据。因为测出的正向电阻均较小而反向电阻均很大,证明被测硅整流桥的质量良好。

表 2-4　用指针万用表测量硅整流桥的正、反向电阻

测　量　端	正向电阻(kΩ)	反向电阻
～～ ＋	10	∞
～～ －	10	∞
～～ ＋	9.5	∞
～～ －	11	∞

2. 用数字万用表对硅整流桥进行检测

当用数字万用表检测硅整流桥的好坏时,可将选择开关置于二极管档,按顺序测量"＋"、"－"极与两个"～"端之间的正向压降和反向压降,如图 2-10 所示。

表 2-5 是用 FLUKE 87V 型数字万用表对硅整流桥的实际检测数据。

从表 2-5 中可见,组成硅整流桥的各二极管的正向压降均在 0.530～0.544V 范围内。若

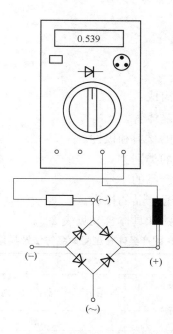

图 2-10　数字万用表对硅整流桥的检测

测反向压降时二极管均截止,则表明被测硅整流桥的质量是好的。但是从实际测量结果可以看到,当红表笔接"－"极、黑表笔接"～"端时,电压出现"OL",表明"－"极与"～"端之间的这只二极管断路,因此这只硅整流桥是坏的。

表 2-5　用数字万用表测试硅整流桥的正、反向压降

测试端	二极管正向压降(V)	二极管反向压降(V)
－—～	0.530	
～—＋	0.533	
－—～	"OL"	显示溢出符号"OL"
～—＋	0.544	

第二节　晶　体　管

　　晶体管也称晶体三极管。它是内部包含两个 PN 结,外部通常为三个引出电极的半导体器件。它的出现给电子技术的应用开辟了广阔的空间,其应用十分广泛。

一、晶体管的分类

　　晶体管的分类方法很多。如:按制作材料分类,可以分为硅材料晶体管和锗材料晶体管;按极性的不同,可以分为 NPN 型晶体管和 PNP 型晶体管;按用途和功能的不同,可以分为放大型晶体管、开关型晶体管、光敏晶体管、磁敏晶体管等;按电流容量大小的不同,可以分为大功率、中功率、小功率晶体管;按工作频率的不同,可以分为低频、高频、超高频晶体管;按封装形式的不同,可以分为塑料封装、金属封装、玻璃壳封装、陶瓷封装、表面封装等类型。除此之外,晶体管还有其他分类方法。

二、晶体管的型号命名

1. 国产晶体管型号命名方法

国产晶体管的型号由五部分组成:

第一部分用数字 3 表示主称晶体管。

第二部分用字母表示晶体管的材料和极性。

第三部分用字母表示晶体管的类别。

第四部分用数字表示同一类产品的序号。

第五部分用字母表示同一型号产品的档次。

国产晶体管各部分的表示方法和具体含义见表 2-6。

表 2-6　国产晶体管型号命名方法及具体含义

第一部分		第二部分		第三部分		第四部分	第五部分
用数字表示器件的主称		用字母表示器件的材料和极性		用字母表示器件的类别		用数字表示器件的序号	用字母表示规格号
符号	意义	符号	意义	符号	意义	意义	意义
3	晶体管	A B C D E	PNP 型锗材料 NPN 型锗材料 PNP 型硅材料 NPN 型硅材料 化合物材料	U K X G D A T B J CS FH PIN	光电器件 开关管 低频小功率管 ($f_a<$3MHz　$P_c<$1W) 高频小功率管 ($f_a\geq$3MHz　$P_c<$1W) 低频大功率管 ($f_a<$3MHz　$P_c>$1W) 高频大功率管 ($f_a\geq$3MHz　$P_c>$1W) 半导体闸流管 (可控整流器) 雪崩管 阶跃恢复管 场效应器件 复合管 PIN 管	反映极限参数、直流参数和交流参数等的差别	反映承受反向击穿电压的程度。用 A、B、C、D……表示,其中 A 承受的反向击穿电压最低,B 稍高……

示例:

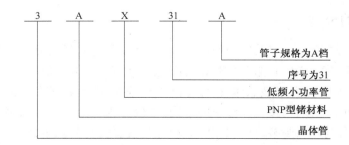

由型号可知,该管为 PNP 型低频小功率锗晶体管。

2. 日本产晶体管型号命名方法

根据日本工业标准(JIS—C—7012)规定,日本产晶体管型号由五部分组成。

第一部分用数字"2"表示晶体管(由两个 PN 结组成的半导体器件)。

第二部分用字母"S"表示该产品已在日本电子工业协会(JEIA)注册登记。

第三部分用字母表示晶体管的类别。

第四部分用数字表示该产品在日本电子工业协会(JEIA)登记的顺序号。

第五部分表示产品的改进序号。

日本产晶体管型号命名方法及各部分具体含义见表 2-7。

表 2-7　日本产晶体管型号命名方法及具体含义

第一部分		第二部分		第三部分		第四部分	第五部分
数字	含义	字母	含义	字母	含义		
2	表示由两个 PN 结组成的晶体管	S	表示已在日本电子工业协会注册登记	A	PNP 型高频管	用两位以上数字表示在日本工业协会登记的顺序号	用字母 A、B、C、D…表示产品改进的顺序号
				B	PNP 型低频管		
				C	NPN 型高频管		
				D	NPN 型低频管		

示例:

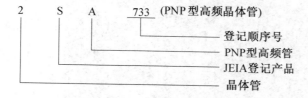

常见晶体管的外形如图 2-11 所示。

3. 美国产晶体管型号命名方法

美国产晶体管的型号由四部分组成:

第一部分用数字"2"表示产品的类别——有 2 个 PN 结的晶体管。

第二部分用字母"N"表示该产品已在美国电子工业协会(EIA)注册登记。

第三部分用多位数字表示该产品注册登记的顺序号。

第四部分用字母 A、B、C、D……表示同一型号产品的不同档次。

示例:

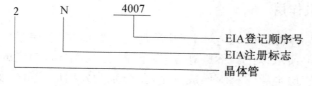

常见晶体管的外形如图 2-11 所示。

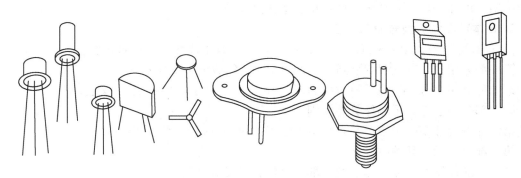

图 2-11　常见晶体管的外形

常见晶体管的实物如图 2-12 所示。

图 2-12　常见晶体管的实物

三、晶体管的结构及各电极作用

晶体管由三层 N 型和 P 型半导体材料构成。对于 NPN 型晶体管而言,三层半导体材料的排列顺序为 N、P、N,如图 2-13(a)所示;对于 PNP 型晶体管而言,三层半导体材料的排列顺序为 P、N、P,如图 2-13(b)所示。三层半导体材料构成三个区,分别为发射区、基区、集电区。由三个区分别引出一根电极,即发射极、基极和集电极,分别用字母 E、B 和 C 表示(也可以用小写字母 e、b、c 表示)。

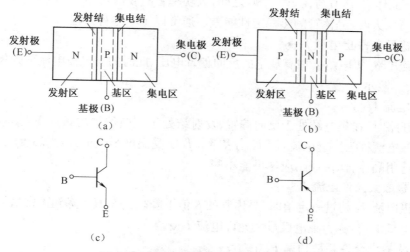

图 2-13 晶体管的结构和电路图形符号

(a)NPN 型晶体管结构 (b)PNP 型晶体管结构
(c)NPN 型晶体管图形符号 (d)PNP 型晶体管图形符号

发射极的功用是发出多数载流子以形成电流。发射极中掺入的杂质多,浓度大。

基极起控制多数载流子流动的作用。基极与发射极之间的 PN 结叫发射结。

集电极的功用是收集发射极发出的多数载流子。集电极中掺入的杂质比发射极少。基极与集电极之间 PN 结的面积大,这个 PN 结叫集电结。

晶体管的电路图形符号分别如图 2-13(c)、(d)所示。在晶体管的电路图形符号中,发射极所标箭头方向为电流流动方向。从图中可以看出,由于 NPN 型晶体管和 PNP 型晶体管的结构不同,所以两种类型晶体管发射极(E 极)箭头的方向也不同。PNP 型晶体管发射极的箭头向内,NPN 型晶体管发射极的箭头向外。

在电路图中晶体管常用字母"V"或"VT"表示。

四、晶体管的主要参数

1. 电流放大系数 β

晶体管的电流放大系数包括静态电流放大系数和动态电流放大系数。静态电流放大系数也称直流电流放大系数,动态电流放大系数也称交流电流放大系数。

晶体管接成共发射极电路(参见本书第四章第一节二),当输入信号为零时,集电极电流 I_C 与基极电流 I_B 的比值,称为静态(直流)电流放大系数,即

$$\overline{\beta} = \frac{I_C}{I_B}$$

当输入信号不为零时,在保持 U_{CE} 不变的情况下,集电极电流的变化量 ΔI_C 与基极电流的变化量 ΔI_B 的比值,称为动态(交流)电流放大系数,即

$$\beta = \frac{\Delta I_C}{\Delta I_B} \bigg|_{U_{CE}=\text{常数}}$$

$\overline{\beta}$ 与 β 具有不同的含义。但在输出特性的线性区,两者数值较为接近,一般不作严格区分。

常用的小功率晶体管,β 值约在 30~200 之间,大功率管的 β 值较小。β 值太小时,晶体管的放大能力差;β 值太大时,晶体管的热稳定性能差。通常以 100 左右为宜。

2. 集电极反向截止电流 I_{CBO}

将发射极开路,集电结上加有规定的反向偏置电压,此时的集电极电流称为集电极反向截止电流,用 I_{CBO} 表示。

3. 穿透电流 I_{CEO}

当基极开路时,在集电结处于反向偏置、发射结处于正向偏置的条件下,集电极与发射极之间的反向漏电流称为穿透电流,用 I_{CEO} 表示。I_{CEO} 受温度影响很大,当温度上升时,I_{CEO} 增加得很快。选用晶体管时,I_{CEO} 应尽可能小些。

4. 集电极最大允许电流 I_{CM}

当集电极电流 I_C 超过一定值时,晶体管的 β 值下降。当 β 值下降到正常值的三分之二时所对应的集电极电流,称为集电极最大允许电流 I_{CM}。

5. 集电极最大允许耗散功率 P_{CM}

集电极电流通过集电结时,产生的功率损耗使集电结温度升高,当结温超过一定数值时,将导致晶体管性能变坏,甚至烧毁。为使晶体管的结温不超过允许值,规定了集电极最大允许耗散功率 P_{CM}。P_{CM} 与 I_C 和 U_{CE} 的关系为

$$P_{CM} = I_C \cdot U_{CE}$$

6. 反向击穿电压 $U_{(BR)CEO}$

当基极开路时,集电极与发射极之间的最大允许电压称为反向击穿电压 $U_{(BR)CEO}$。在使用过程中,当实际值超过此值时,将会导致晶体管击穿和损坏。

7. 特征频率

当晶体管工作频率高到一定程度时,电流放大系数 β 将下降。当 β 值下降到 1 时的频率称为特征频率。

晶体管还有其他参数,使用时,可根据需要查阅器件手册。

五、晶体管管脚极性的识别

晶体管的型号不同,封装形式不同,其管脚排列顺序也不相同。这里仅介绍几种常用晶体管管脚的识别方法。

1. 小功率晶体管管脚极性的识别

小功率晶体管,有金属封装和塑料封装两种形式。

对于采用金属封装的小功率晶体管,如果管壳上带有定位销[见图 2-14(a)中形式 1],那么将管底朝上,从定位销起,按顺时针方向,三根电极依次为 E、B、C。如果管壳上无定位销,且三根电极在半圆内[见图 2-14(a)中形式 2],将有三根电极的半圆置于上方,按顺时针方向,三根电极依次为 E、B、C。

对于塑料外壳封装的小功率晶体管,面对平面,三根电极置于下方,从左到右,三根电极依次为 E、B、C,如图 2-14(b)所示。

2. 大功率晶体管管脚极性的识别

对于大功率晶体管,外形一般分为 F 型和 G 型两种,分别如图 2-15(a)、(b)所示。对于 F 型管,从外形上只能看到两根电极。识别时将管底朝上,两根电极置于左侧,则上为 E,下为

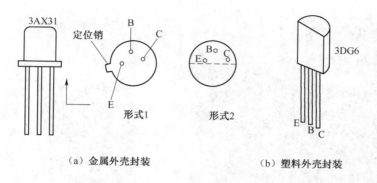

图 2-14 小功率晶体管电极的识别

B,底座为 C。对于 G 型管,其三根电极一般在管壳的顶部。识别时将管底朝下,三根电极置于左方,从最下电极起,顺时针方向依次为 E、B、C。

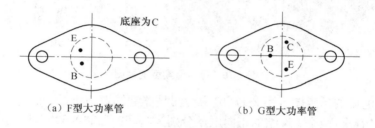

图 2-15 F 型和 G 型管管脚识别

六、用数字万用表检测晶体管

1. 检测晶体管的类型

晶体管有 NPN 和 PNP 两种类型。晶体管的类型检测方法如下:

首先将选择开关置于二极管测量档。然后将红表笔接晶体管中间的引脚,黑表笔接晶体管下边的引脚,如图 2-16(a)所示。本例中显示屏显示的数据为 0.699V。

红表笔不动,将黑表笔接晶体管上边的引脚,如图 2-16(b)所示。观察显示屏显示的数据。如果所测电压值与第一次基本相同(本例为 0.698V),则黑表笔接的引脚为 N 区,该管为 NPN 型晶体管,红表笔接的为基极。如果显示屏显示溢出符号“1”,则黑表笔接的引脚为 P 区,被测管为 PNP 型晶体管,黑表笔第一次接的引脚为基极。

2. 检测晶体管的好坏

检测晶体管集电结和发射结是否正常,可以判断晶体管的好坏。

用数字万用表检测晶体管好坏主要有以下步骤:检测时,将选择开关置于二极管测量档,分别检测晶体管的两个 PN 结,每个 PN 结正、反向各测一次。如果正常,正向检测每个 PN 结(红表笔接 P、黑表笔接 N)时,显示屏显示 0.7V 左右,反向检测每个 PN 结时,显示屏均显示溢出符号“1”或“OL”。

图 2-17 所示为实际测量 NPN 型晶体管两个 PN 结的示意图。图 2-17(a)为检测晶体管

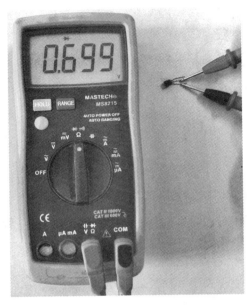 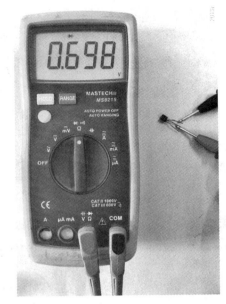

（a）步骤1　　　　　　　　　　　　　　　　（b）步骤2

图 2-16　晶体管类型的检测

集电结正、反向电压的示意图。图 2-17（b）为检测晶体管发射结正、反向电压的示意图。由图中检测显示可以看出，两个 PN 结的正向电压分别为"0.698"和"0.699"，反向电压均"OL"，说明此晶体管是好的。

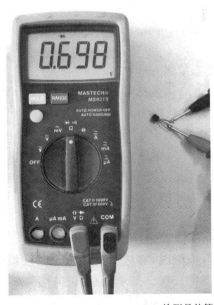 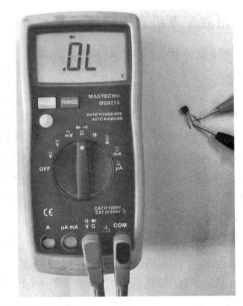

（a）检测晶体管集电结正、反向电压

图 2-17　检测管两个 PN 结正、反向电压示意图

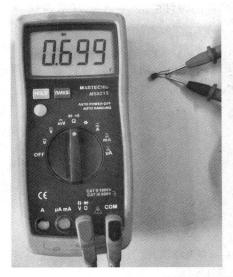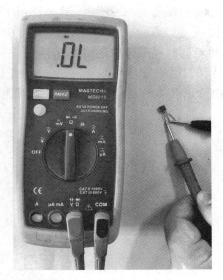

（b）检测晶体管发射结正、反向电压

图 2-17　检测管两个 PN 结正、反向电压示意图（续）

3. 测量晶体管直流放大系数

用数字万用表测量晶体管直流放大系数时，不用接表笔，将选择开关置于"h_{FE}"档，将被测晶体管插入晶体管插孔，LCD 显示屏即可显示出被测晶体管的直流放大系数。

图 2-18 所示为实测 NPN 型晶体管放大系数的示意图。从图 2-18（a）可以看出，被测量晶

（a）显示直流放大系数　　　　　　　（b）选择开关位置

图 2-18　用 DT9205 型数字万用表测量晶体管直流放大系数

体管直流放大系数为"269"，从图 2-18（b）可以看出，DT9205 型数字万用表选择开关置于"h_{FE}"档。

4. 检测达林顿晶体管的好坏

达林顿管也称复合晶体管，它又分为普通达林顿管和大功率达林顿管两种。普通达林顿管通常由两只晶体管复合而成，有 NPN 型和 PNP 型两种。其结构如图 2-19 所示。

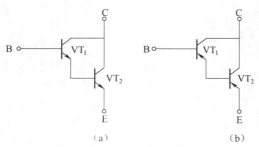

图 2-19　普通达林顿管结构

（a）NPN 型　（b）PNP 型

由于达林顿管有特殊的结构，使它具有较大的放大系数和较高的输入阻抗。主要用于高增益放大电路和继电器驱动电路。

大功率达林顿管是在普通达林顿管结构的基础上，增加了由泄放电阻和续流二极管组成的保护电路。这里重点讨论普通达林顿管。

由于达林顿管的 B、C 极间仅有一个 PN 结，而 B、E 极间有两个 PN 结，因此可以通过这些特性判断达林顿管的好坏。

检测时将万用表置于二极管档，对于 NPN 型管，先将红表笔接在基极上，再用黑表笔分别接另外两个管脚，如图 2-20 所示。其中，黑表笔与发射极相接时示数较大（本例为 0.887），与集电极相接时示数较小（本例为 0.632）。然后将黑表笔与基极连接，而红表笔分别接另外两个管脚，若测量的结果均为"OL"（不通），则说明此管是好的。

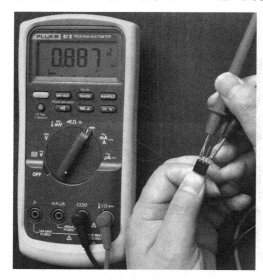
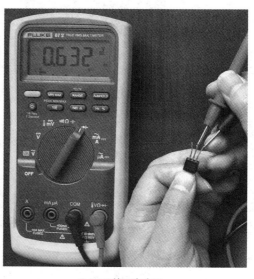

（a）BE 结正向电阻　　　　　　　　　　　　（b）BC 结正向电阻

图 2-20　达林顿管好坏的判别

第三节　单结晶体管和场效应管

一、单结晶体管

1. 单结晶体管的结构和图形符号

单结晶体管又叫双基极二极管。其结构如图 2-21(a)所示。

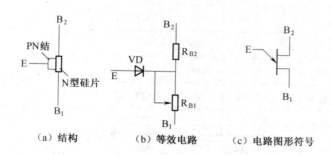

（a）结构　　　　（b）等效电路　　　（c）电路图形符号

图 2-21　单结晶体管结构、等效电路电路符号

从图 2-21(a)可见,单结晶体管由一个 PN 结和一块高电阻率的 N 型硅片组成,在硅片的两端各引出一个基极,分别称为第一基极 B_1 和第二基极 B_2,在 PN 结的 P 型半导体上引出的电极称为发射极 E。B_1 和 B_2 之间的 N 型区域可以等效为一个纯电阻 R_{BB},称为基区电阻。R_{BB} 又可以看作是由两个电阻串联组成的,其中 R_{B1} 为基极 B_1 与发射极 E 之间的电阻;R_{B2} 为基极 B_2 与发射极 E 之间的电阻。在正常工作时,R_{B2} 的阻值固定不变,而 R_{B1} 的阻值是随发射极电流 I_E 的变化而变化的。单结晶体管的等效电路和电路图形符号分别如图 2-21(b)、(c)所示。

单结晶体管广泛应用于各种定时器、振荡器和控制器电路中。单结晶体管的型号有多种,常用的有 BT-31、BT-32、BT-33 型。其参数见表 2-8。其外形及引脚位置如图 2-22 所示。

2. 单结晶体管的检测

(1)用万用表判断单结晶体管的发射极。图 2-23 所示为单结晶体管发射极 E 的判断方法。将万用表的选择开关拨至R×1kΩ 档,测量单结晶体管任意两个引脚之间的阻值。正、反向电阻值相等的两个引脚是基极 B_1、B_2,那么剩下的引脚必定是发射极 E。

(2)用万用表判断单结晶体管的两个基极。如图 2-24 所示,将万用表的选择开关拨至R×1kΩ 档,黑表笔接发射极,红表笔分别接触两个基极,测得正向电阻值略小的那个引脚为第二基极 B_2,另一引脚则是第一基极 B_1。

注意:上述方法测出的基极不一定适合所有的单结晶体管。安装后若发现单结晶体管的工作不理想,可将原来判定的两个基极交换后再试。

(3)用万用表检测单结晶体管的好坏。通过用万用表测试单结晶体管的极间电阻值,即可粗略判断它的好坏,判断方法如图 2-25 所示。

表 2-8　部分单结晶体管参数表

型号	参数名称	分压比	基极间电阻（kΩ）	发射极与第一基极反向电压（V）	反向电流（μA）	饱和压降（V）	峰值电流（μA）	调制电流（mA）	耗散功率（mW）
	测试条件	$V_{BB}=20V$	$V_{BB}=20V$ $I_E=0$	$I_{EO}=1\mu A$	$V_{EBO}=60V$	$V_{BB}=20V$ $I_E=50mA$	$V_{BB}=20V$	$V_{BB}=15V$ $I_E=50mA$	
BT31A		0.3～0.55	3～6	≥60	≤1	≤5	≤2	9～30	＜300
BT31B		0.3～0.55	5～10	≥60	≤1	≤5	≤2	9～30	＜300
BT31C		0.45～0.75	3～6	≥60	≤1	≤5	≤2	9～30	＜300
BT31D		0.45～0.75	5～10	≥60	≤1	≤5	≤2	9～30	＜300
BT31E		0.65～0.85	3～6	≥60	≤1	≤5	≤2	9～30	＜300
BT31F		0.65～0.85	5～10	≥60	≤1	≤5	≤2	9～30	＜300
BT32A		0.3～0.55	3～6	≥60	≤1	≤4.5	≤2	9～35	300
BT32B	参数值	0.3～0.55	5～10	≥60	≤1	≤4.5	≤2	9～35	300
BT32C		0.45～0.75	3～6	≥60	≤1	≤4.5	≤2	9～35	300
BT32D		0.45～0.75	5～10	≥60	≤1	≤4.5	≤2	9～35	300
BT32E		0.65～0.85	3～6	≥60	≤1	≤4.5	≤2	9～35	300
BT32F		0.65～0.85	5～10	≥60	≤1	≤4.5	≤2	9～35	300
BT33A		0.3～0.55	3～6	≥60	≤1	≤4.5	≤2	9～40	500
BT33B		0.3～0.55	5～10	≥60	≤1	≤5	≤2	9～40	500
BT33C		0.45～0.75	3～6	≥60	≤1	≤5	≤2	9～40	500
BT33D		0.45～0.77	5～10	≥60	≤1	≤5	≤2	9～40	500
BT33E		0.65～0.85	3～6	≥60	≤1	≤5	≤2	9～40	500
BT33F		0.65～0.85	5～10	≥60	≤1	≤5	≤2	9～40	500

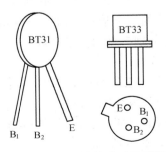

图 2-22　常用单结晶体管外形及引脚位置

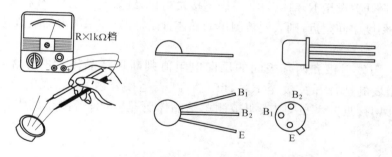

图 2-23　万用表对单结晶体管发射极 E 的判断

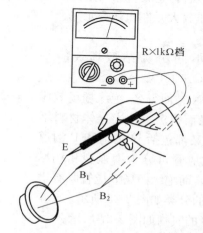

图 2-24　万用表对单结晶体管基极 B_1 和 B_2 的判断

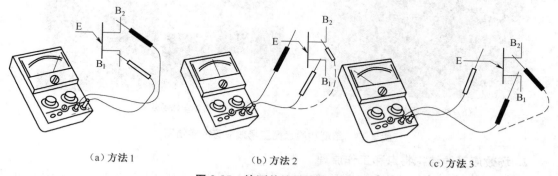

（a）方法 1　　　　　　（b）方法 2　　　　　　（c）方法 3

图 2-25　检测单结晶体管的好坏

①方法 1：由两基极的极间电阻值判断单结晶体管的好坏，如图 2-25（a）所示。将万用表的选择开关拨至 R×1kΩ 档，红、黑两表笔分别接 B_1、B_2，测量单结晶体管两基极的正、反向电阻值。如果测得正、反向电阻值均在 2～15kΩ 之间，则表明被测单结晶体管是好的；如果测得的正、反向电阻值都很小或接近于零，则说明该单结晶体管已短路击穿；如果阻值都接近无穷大，则说明该单结晶体管已开路损坏。

②方法 2：由发射极和两基极间的正向电阻值判断单结晶体管的好坏，如图 2-25（b）所示。

将万用表的选择开关拨至 R×1kΩ 档,黑表笔接发射极,红表笔分别接 B₁ 和 B₂。如果万用表指针指在表头刻度中间附近,则表明被测单结晶体管是好的;如果测得的阻值为零或无穷大则证明其已损坏。

③方法 3:由发射极和两基极间的反向电阻值判断单结晶体管的好坏,如图 2-25(c)所示。将万用表的选择开关拨至 R×1kΩ 档,红表笔接发射极,黑表笔分别接 B₁ 和 B₂。若万用表指针均接近"∞"处,则表明被测单结晶体管是好的;若测得的阻值均很小,则证明其已击穿。

二、场效应管

场效应晶体管,简称场效应管。它具有输入阻抗高、噪声低、动态范围大、抗干扰和抗辐射能力强等特点,是较理想的电压放大元件和开关元件。

1. 场效应管的分类

场效应管按结构的不同,可分为结型场效应管(JFET)和绝缘栅场效应管(MOSFET)。

结型场效应管因有两个 PN 结而得名,绝缘栅场效应管因栅极与其他电极完全绝缘而得名。按半导体材料不同,结型和绝缘栅型场效应管又都包括 N 沟道和 P 沟道两种。若按导电方式分,场效应管可分为增强型和耗尽型。结型场效应管只有增强型,而绝缘栅场效应管既有增强型,也有耗尽型。场效应管的分类如图 2-26 所示。

图 2-26　场效应管的分类

结型和绝缘栅型场效应管的实物如图 2-27 所示。

（a）结型场效应管

（b）绝缘栅场效应管

图 2-27　结型和绝缘栅型场效应管的实物图

2. 场效应管的结构特点和工作原理

(1)结型场效应管的结构和工作原理。结型场效应管的结构如图 2-28 所示。从图中可以看出,结型场效应管内部有两个 PN 结,两个 PN 结结层附近的区域导电性能较差,称为耗尽区,两个耗尽区中间的区域称为导电沟道。N 型半导体的导电沟道称为 N 沟道,如图 2-28(a)所示;P 型半导体的导电沟道称为 P 沟道,如图 2-28(b)所示。N 型半导体导电沟道内的载流子是电子,电子的流动形成电流;P 型半导体导电沟道内的载流子是空穴。结型场效应管的图形符号如图 2-29 所示。

图 2-30 所示为结型场效应管的工作原理图。

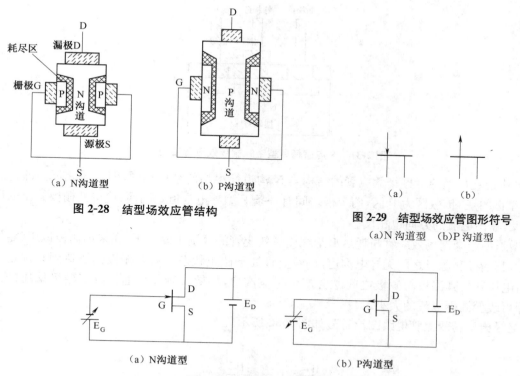

图 2-28　结型场效应管结构
（a）N沟道型　（b）P沟道型

图 2-29　结型场效应管图形符号
（a）N沟道型　（b）P沟道型

图 2-30　结型场效应管工作原理
（a）N沟道型　（b）P沟道型

当结型场效应管的栅极（G）加上控制电压（E_G）（N沟道型为负压，P沟道型为正压）时，N型或P型导电沟道的宽度将随着栅极控制电压大小的变化而变化，从而达到控制导电沟道电流的目的。当漏极电压（E_D）为一固定值时，逐渐增大栅极电压（E_G），导电沟道两边的耗尽层将充分扩展，使沟道变窄，漏极电流 I_D 变小。当栅极电压（E_G）达到一定值（夹断电压）时，漏极没有电流通过。

（2）绝缘栅型场效应管的结构和工作原理。绝缘栅场效应管又称 MOS（MOSFET）场效应管，其栅极与导电沟道之间是相互绝缘的。它是利用感应电荷的多少来改变导电沟道的特性，从而达到控制漏极电流的目的的。这里仅以 N 沟道耗尽型绝缘栅场效应管为例，介绍绝缘栅场效应管的结构和工作原理。

图 2-31 为 N 沟道耗尽型绝缘栅场效应管结构原理图。从图中可以看出，N 沟道耗尽型绝缘栅场效应管是在 P 型硅片衬底上扩散两个 N 区，分别引出源极 S 和漏极 D。两个电极之间有一条 N 型导电沟道。栅极 G 与 P 型硅衬底之间有二氧化硅（SiO_2）绝缘氧化层，使栅极 G 与源极 S、漏极 D 及 P 型硅衬底之间完全绝缘。

N 沟道耗尽型绝缘栅场效应管的工作原理是：当漏极 D 加上工作电压而栅极 G 未加偏置电压（零电压）时，场效应管表现出较强的导电性，N 型沟道中有较大的电流通过。当栅极 G 加上正偏压或负偏压时，硅衬底上产生感应电荷，在 N 沟道上也会产生耗尽区。改变栅极 G 电压的大小，即可改变耗尽区的宽窄进而改变 N 沟道的导电性能，从而达到控制漏极 D 电流大小的目的。

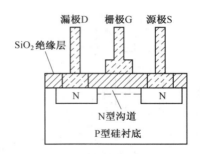

图 2-31 N 沟道耗尽型绝缘栅场效应管结构

P 沟道耗尽型绝缘栅场效应管的结构与 N 沟道耗尽型的结构相同,但材质相反。即衬底为 N 型硅衬底,扩散区为 P 区,两个极之间有一条 P 型导电沟道。因而,使得其栅极偏压的极性相反,输出电流的方向也相反。

增强型绝缘栅场效应管与耗尽型绝缘栅场效应管的区别主要在于:在未加栅极偏压(零偏压)时,其漏极和源极之间无导电沟道,场效应管处于截止状态。只有栅极偏压达到某预定值(开启电压)时,其漏极与源极之间才会产生感应沟道,场效应管才导通。改变栅极偏压的高低,即可改变漏极电流的大小。

绝缘栅型场效应管电路图形符号如图 2-32 所示。

<table>
<tr><td>N沟道</td><td>P沟道</td><td>N沟道</td><td>P沟道</td></tr>
<tr><td colspan="2">(a) 增强型</td><td colspan="2">(b) 耗尽型</td></tr>
</table>

图 2-32 绝缘栅场效应管电路图形符号

3. 场效应管与普通晶体管的异同

(1)外形相同。由于场效应管与普通晶体管的封装类型相同,所以,从外形看,两种管子有很大的相似性。

(2)结构与工作原理不同。场效应管属于电压型控制器件,它是依靠控制电场效应,改变导电沟道中多数载流子(空穴或电子)的漂移运动而工作的,即用微小的输入电压变化,控制较大的沟道电流变化。晶体管属于电流型控制器件,即用微小的输入电流变化控制较大的输出电流变化。

(3)引脚功能不同。晶体管的三个引脚分别是集电极 C、基极 B 和发射极 E,而场效应管的三个引脚分别是漏极 D、栅极 G 和源极 S。

4. 场效应管主要参数

(1)饱和漏电流 I_{DSS}。是指耗尽型场效应管在零偏压下、漏源电压大于夹断电压时的漏极电流。它表征该器件能承受最大电流的能力。

(2)夹断电压 U_P。是指耗尽型绝缘栅场效应管,当栅极和源极之间的反向电压 U_{GS} 增加到一定值后,不管漏源电压 U_{DS} 大小,都有漏电流 $I_D = 0$,这时加在栅极和源极之间的反向电压值称为夹断电压。

(3)阈值电压 U_T。也称开启电压。是指增强型场效应管在漏源电压为一定值时,能使漏极与源极导通的最小栅源电压。

（4）跨导 g_m。跨导是一个重要参数。跨导标志着栅源电压 U_{GS} 控制漏电流 I_D 的本领，常用符号"g_m"代表，也有用"最小 g_{FS}"表示的。跨导的具体定义是：当 U_{DS} 为一定时，跨导等于 U_{GS} 的微小变化与 I_D 相应变化的比值，可用下式表达：

$$g_m = \frac{\Delta I_D}{\Delta U_{GS}}\bigg|_{U_{DS} = 常数}$$

跨导的单位为"西门子"，用 S 表示。

（5）直流漏源导通电阻 $R_{DS(ON)}$。也称输出电阻。它表征场效应管的漏极电流从漏端流向源端的总电阻。这是一个非常重要的参数，关系到器件的自身功率损耗。

（6）漏源击穿电压 BU_{DSS}。也称漏源耐压值。它表示在栅极的控制下，漏极与源极不被击穿的最大电压。

（7）开关时间。包括导通时间 t_{on} 和关断时间 t_{off}。导通时间由导通延迟时间和上升时间组成；关断时间由关断延迟时间和下降时间组成。单位为 ns。

（8）栅源击穿电压 BU_{GSS}。表示栅极与源极之间能承受的最大工作电压。

常用场效应管的参数见表 2-9。

表 2-9　常用场效应管参数

参数 型号	I_{DSS} （mA）	V_P 或 V_T （V）	g_m （μS）	N_{EL} （dB）	BV_{ESS} （V）	BV_{DSS} （V）	f_M （MHz）	P_{DM} （mW）
CS1A	0.5～2	<5	≥1000	<5	—	20	≥60	100
CS1B	2～10	<7	≥1500	<5	—	20	≥60	100
CS1C	10～15	<9	≥2000	<5	—	20	≥60	100
3DJ2D	<0.35	<|−9|	>2000	≤5	≥20	≥20	≥300	100
3DJ2E	0.3～0.2	<|−9|	>2000	≤5	≥20	≥20	≥300	100
3DJ2H	6～10	|−9|	≥2000	≤5	≥20	≥20	≥300	100
3DJ4D	<0.35	<|−9|	≤1.5		≥20	≥20	≥300	100
3DJ4H	3～6.5	<|−9|	>2000	≤1.5	≥20	≥20	≥300	100
3DJ6F	1～3.5	<|−9|	>1000	≤5	20	20	≥30	100
3DJ6H	6～10	<|−9|	>1000	≤5	20	20	≥30	100
3DJ7F	1～3.5	<|−9|	>3000	≤5	20	20	≥90	100
3DJ7J	24～25	<|−9|	>3000	≤5	20	30	—	—
3DJ8G	3～1	<|−9|	>6000	≤5	20	20	≥90	100
3DJ8K	34～70	<|−9|	>6000	≤5	20	20	≥90	100
3DJ9F	1～3.5	<|−7|	>4000	≤5	20	20	≥800	100
3DJ9I	10～18	<|−7|	>4000	≤5	20	20	≥800	100

续表 2-9

参数 型号	I_{DSS} (mA)	V_P 或 V_T (V)	g_m (μS)	N_{EL} (dB)	BV_{ESS} (V)	BV_{DSS} (V)	f_M (MHz)	P_{DM} (mW)
3DN1D	>0.1~0.3	<1.5	>1000	<5	50	20	>60	—
3DN1G	>3~5	<9	>1000	<5	50	20	>60	—
3D01D	<0.35	<|−9|	>1000	≤5	40	20	≥90	100
3D01E	3~6.5	<|−9|	>1000	≤5	40	20	≥90	100
3D02F	1~3.5	<|−9|	>4000	—	25	12	≥1000	100
3D02H	10~25	<|−9|	>4000	—	25	12	≥1000	100
3D04D	<0.35	<|−9|	>2000	≤5	25	20	≥300	100
3D04I	10~15	<|−9|	>2000	≤5	25	20	≥300	100
3D06A	≤1	2.5~5	>2000	—	20	20	—	100
3D06B	≤1	<3	>2000	—	20	20	—	100

5. 场效应管管脚及类型的识别

对于常用的国产场效应管和部分进口场效应管,可以从管壳的封装类型和型号判别管脚和类型。国产场效应管主要封装形式见图 2-33。其中:图(a)、(b)、(e)所示管壳为圆形金属壳封装,图(c)、(d)所示的管壳为扁平型塑料壳封装。管脚排列及类型见图注。国产 N 沟道结型场效应管典型产品有 3DJ2、3DJ4、3DJ6、3DJ7,P 沟道管有 CS1 ～ CS4。国产 N 沟道绝缘栅型场效应管的典型产品有 3D01、3D02、3D04 等型号。日制产品 2SJ 系列为 P 沟道管,2SK 系列是 N 沟道管。美制产品 2N5460～5465 属 P 沟道管,2N5452 ～ 5454、2N5457 ～ 2N5459、2N4220 ～ 2N4222 均属 N 沟道管。

如果从封装形式和型号无法判别管脚和类型,可以用万用表判别。

(1)用万用表判别结型场效应管的管脚和类型。对于结型场效应管,判别方法为:将万用表的选择开关置于 R×1k 档,首先用黑表笔碰触管子的一脚,然后用红表笔依次碰触另外两个脚。若两次测出的阻值都很大,说明均是反向电阻,属于 N 沟道场效应管,黑表笔接的就是栅极;若两次测出的阻值都很小,说明均是正向电阻,属于 P 沟道场效管,黑表棒接的也是栅极。由于制造工艺所决定,源极和漏极是对称的,可以互换使用,并不影响电路正常工作,所以不必加以区分。源极与漏极间的电阻值约为几千欧。

也可以将万用表的选择开关置于 R×1kΩ 档,用红、黑两表笔任意测量两个电极之间的正、反向电阻值。若测出其中两电极的正、反向电阻值相等,且均为几千欧姆,则这两个电极分别为源极和漏极,另一个电极为栅极。

(2)用万用表判断绝缘栅型场效应管的管脚。绝缘栅型场效应(MOS)管比较"娇气",因此出厂时各管脚都绞合在一起或者装在金属箔内,使 G 极与 S 极呈等电位,防止积累静

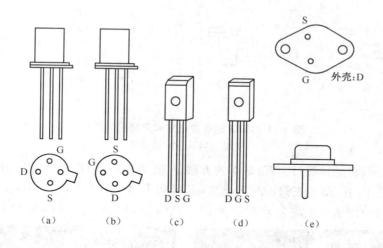

图 2-33　场效应管主要封装形式与管脚
(a)、(c)结型场效应管　(b)、(d)绝缘栅场效应管（MOS管）
(e)V-MOS 大功率场效应管

电荷。

绝缘栅型场效应管不宜在业余条件下进行检测,因为绝缘栅型场效应管的输入阻抗极高,SiO_2 绝缘层又很薄,容易因产生感应电压而将管子击穿损坏。绝缘栅型场效应管在出厂时,附有说明书,一般不必检测。而没有标记的旧管,通常都不再使用。

当确实需要测量时,需格外小心并采取相应的防静电感应措施。测量前应把人体对地短路。测量时将万用表的选择开关置于 R×100 档,首先确定栅极。若某脚与其他脚的电阻值都是无穷大,证明此脚就是栅极 G。交换表笔再测量,S 极与 D 极之间的电阻应为几百欧至几千欧。其中阻值较小的那一次,红表笔接的是 D 极,黑表笔接的是 S 极。有的 MOS 场效应管(例如日本生产的 3SK 系列),S 极与管壳连通,据此很容易确定 S 极。

值得注意的是:用万用表去判定绝缘栅场效应管时,因为这种管子输入电阻高,栅源间的极间电容很小,测量时只要有少量的电荷,就足以将管子击穿。

6. 绝缘栅双极晶体管(IGBT)好坏的判别

绝缘栅双极晶体管(Isolated Gate Bipolar Transistor,简称 IGBT),是 20 世纪 80 年代出现的新型复合器件。它将大功率场效应管和电力双极晶体管(GTR)的优点集于一身,在高电压、大电流状态下工作时,具有导通内阻小、管压降低、热稳定性好的特点,同时还具有良好的开关特性和较高的可靠性,且驱动电路简单。因此在电动机控制(变频器)、电焊机开关电源、UPS 不间断电源、大功率开关电源、电磁炉等领域得到广泛应用。

IGBT 的开通和关断是由栅极电压来控制的。对于 P 型管来说,当栅极施以正电压时,MOSFET 内形成沟道,并为 PNP 晶体管提供基极电流,从而使 IGBT 导通。当栅极上施以负电压时,MOSFET 内的沟道消失,PNP 晶体管的基极电流被切断,IGBT 即关断。

图 2-34 为绝缘栅双极晶体管(IGBT)的等效电路和电路图形符号。

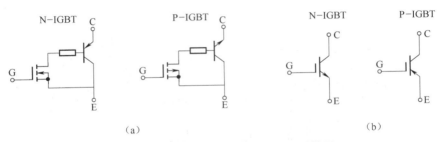

（a）　　　　　　　　　　　　　　　　　　（b）

图 2-34　IGBT 的等效电路和电路图形符号

(a)等效电路　(b)图形符号

　　判别绝缘栅双极晶体管(IGBT)好坏的方法是,在非在路条件下,用数字万用表的二极管档测量其 PN 结正向压降。正常情况下,除 C、E 极间正向压降约为 0.5V 左右[如图 2-35(f)所示]外,其他连接检测的读数均为无穷大[如图 2-35(a)～(e)所示]。如果测得 IGBT 管

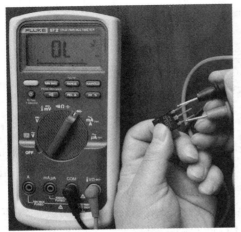

（a）红表笔接G极、黑表笔接E极

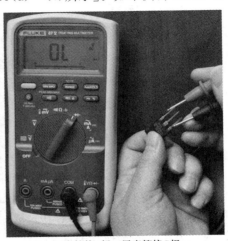

（b）红表笔接E极、黑表笔接G极

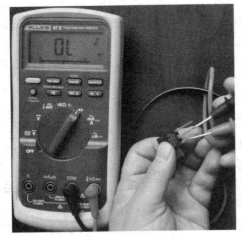

（c）红表笔接G极、黑表笔接C极

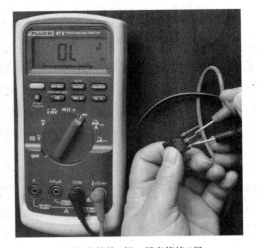

（d）红表笔接C极、黑表笔接G极

图 2-35　IGBT 晶体管好坏的判别

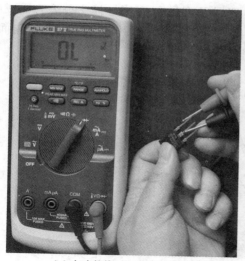
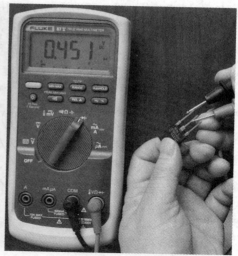

（e）红表笔接E极、黑表笔接C极　　　（f）红表笔接C极、黑表笔接E极

图 2-35　IGBT 晶体管好坏的判别（续）

三个引脚间电阻值均很小，则说明该管已击穿损坏；若测得 IGBT 管三个引脚间电阻值均为无穷大，说明该管已开路损坏。实际工作中 IGBT 管多为击穿损坏。

第四节　晶　闸　管

一、晶闸管的功用及其分类

晶闸管是晶体闸流管的简称，又称为可控硅。它是一种可控的大功率半导体器件，具有体积小、质量轻、耐压高、容量大、效率高、使用维护简单、控制灵敏等特点，目前被广泛应用于整流、逆变、调压、开关四个方面。它的缺点是过载能力差、抗干扰能力差、控制电路比较复杂。

晶闸管的种类很多，有多种分类方法。如：按关断、导通方式不同，分为普通晶闸管、双向晶闸管、门极关断晶闸管、逆导晶闸管等；按控制方式不同，分为光控晶闸管、温控晶闸管等；按引脚和极性的不同，分为二极晶闸管、三极晶闸管、四极晶闸管；按封装形式的不同，分为金属封装晶闸管、陶瓷封装晶闸管、塑料封装晶闸管；按电流容量不同，分为大功率晶闸管、中功率晶闸管、小功率晶闸管，大功率晶闸管一般采用金属封装，而小功率晶闸管一般采用塑料封装或陶瓷封装。部分晶闸管的外形如图 2-36 所示。本节主要介绍使用最为广泛的普通型晶闸管。

二、晶闸管的结构

晶闸管有三个电极：阳极 A、阴极 K 和控制极 G。控制极又称门极。螺栓式晶闸管有螺栓的一端是阳极，使用时可将它固定在散热器上，另一端有两根引线，其中较粗的一根是阴极，较细的一根是控制极，如图 2-36（a）所示。平板式晶闸管中间金属环的引出线是控制极，离控制极较远的端面是阳极，离控制极近的端面是阴极，如图 2-36（b）所示。使用时可把晶闸管夹在两个散热器中间，散热效果较好。其他常用晶闸管外形如图 2-36（c）所示。

晶闸管的内部结构如图 2-37 所示。它是由四层 P 型和 N 型半导体交替叠合而成的,具有三个 PN 结,由端面 N 层半导体引出阴极 K,由中间 P 层半导体引出控制极 G,由端面 P 层半导体引出阳极 A。图 2-38 是晶闸管的电路图形符号。

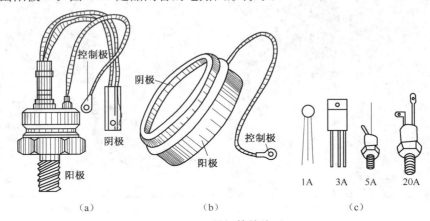

图 2-36　晶闸管的外形

(a)螺栓式　(b)平板式　(c)其他形式

图 2-37　晶闸管结构示意图　　　　　图 2-38　晶闸管的图形符号

三、晶闸管的工作特性

当晶闸管阳极和阴极之间加上正向电压而控制极不加任何信号时,晶闸管处于关断状态。如果在控制极和阴极之间加上一个正向触发电压,则晶闸管将有较大电流流过,称正向导通状态。晶闸管一旦导通,其状态完全依靠管子本身的正反馈作用来维持,即使控制极电压消失,晶闸管仍处于导通状态。因此,控制极的作用仅仅是触发晶闸管使其导通,导通后,控制极就失去控制作用。要想关断晶闸管,必须将阳极电流减小到使之不能维持正反馈过程。当然,将阳极电压降低到零,或将阳极电源断开,或在阳极与阴极间加一反向电压,晶闸管即自行关断而呈阻断状态。

综上所述可以看出,晶闸管的工作特性主要包括:其一,晶闸管只有导通和截止两种状态;其二,晶闸管的导通条件有两个,一是在阳极和阴极间加上一定大小的正向电压,二是在控制极和阴极间加正向触发电压,只有同时满足这两个条件,晶闸管才能导通,否则就处于阻断状态;其三,晶闸管具有可以控制的单向导电特性,而且控制信号很小,但阳极回路被控制的电流可以很大;其四,晶闸管导通后,控制极即失去控制作用,这时要使电路阻断必须使阳极电压降到足够小。

四、晶闸管的主要参数

晶闸管的主要参数如下：

1. 正向重复峰值电压 U_{FRM}

在控制极开路和正向阻断的条件下,允许重复加在晶闸管两端的正向峰值电压,称为正向重复峰值电压 U_{FRM}。通常规定此电压为正向转折电压 U_{BO} 的 80%。

2. 反向重复峰值电压 U_{RRM}

在控制极开路时,允许重复加在晶闸管两端的反向峰值电压,称为反向重复峰值电压。通常规定此电压为反向转折电压的 80%。

由于 U_{FRM} 和 U_{RRM} 在数值上比较接近,故又统称为晶闸管的重复峰值电压。通常把其中较小的那个数值作为该型号器件的额定电压,用 U_N 表示。

3. 额定正向平均电流 I_F

是指在规定的标准散热条件和环境温度(40℃)下,晶闸管处于全导通时允许连续通过的工频正弦半波电流的平均值。

由于晶闸管的过载能力小,在选用晶闸管时,其额定正向平均电流 I_F 应为正常工作平均电流的 1.5～2 倍。

4. 维持电流 I_H

在室温下,控制极断开后,维持晶闸管继续导通所必须的最小电流称为维持电流 I_H。当正向电流小于维持电流时,晶闸管即自行关断。I_H 的值一般为几十毫安至一百多毫安。

5. 门极触发电压 U_{GT}

是指在规定的环境温度下,当晶闸管阳极与阴极之间加一定值的正向电压时,使晶闸管从阻断状态变为导通状态所需的控制极最小直流电压。

6. 门极触发电流 I_{GT}

是指在规定的环境温度下,当晶闸管阳极与阴极之间加一定值的正向电压时,使晶闸管从阻断状态变为导通状态所需的控制极最小直流电流。

需要说明的是,晶闸管的工作频率普遍较低,为 kHz 级,即使是快速晶闸管,其工作频率也仅有 100kHz,故晶闸管一般不宜在高频电路中使用。

五、晶闸管型号的命名

根据我国国家标准规定,我国生产的晶闸管型号由五部分组成。各部分的含义见表 2-10。

表 2-10　国产晶闸管的型号命名及含义

第一部分：主称		第二部分：类别		第三部分：额定正向平均电流		第四部分：额定正向平均电压		第五部分：通态平均电压降	
字母	含义	字母	含义	数字	含义	数字	含义	字母	含义
K	晶闸管	P	普通型	1	1A	1	100V	A	0.4V
				5	5A	2	200V	B	0.5V
				10	10A	3	300V	C	0.6V
				20	20A	4	400V	D	0.7V

续表 2-10

第一部分: 主称		第二部分: 类别		第三部分:额定 正向平均电流		第四部分:额定 正向平均电压		第五部分:通 态平均电压降	
字母	含义	字母	含义	数字	含义	数字	含义	字母	含义
K	晶闸管	K	快速型	30	30A	5	500V	E	0.8V
				50	50A	6	600V	F	0.9V
				100	100A	7	700V	G	1.0V
				200	200A	8	800V	H	1.1V
		S	双向型	300	300A	9	900V	I	1.2V
				400	400A	10	1000V	—	—
				500	500A	12	1200V	—	—
				—	—	14	1400V	—	—

例如,KP300-10F 型晶闸管是普通型晶闸管,额定电流为 300A,额定电压为 1000V,通态平均电压降为 0.9V。

六、用万用表检测普通晶闸管的电极和好坏

1. 判定晶闸管的电极

对于普通晶闸管,可以根据其封装形式和引脚排列,直观判断其极性。例如,螺栓形普通晶闸管螺栓一端为阳极,较细的引线为控制极,较粗的引线为阴极,参见图 2-36(a)。再如,平板型普通晶闸管,引出线端为控制极,较窄的平面端为阳极,另一端为阴极,参见图 2-36(b)。

如果是其他形式的封装,当不知电极引线时,可以用万用表的电阻档进行检测。方法是:将万用表置于 R×1k 档(或 R×100 档),将晶闸管其中一端假定为控制极,与黑表笔相接,然后用红表笔分别接另外两端。若一次阻值较小(正向导通),另一次阻值较大(反向截止),说明黑表笔接的是控制极。在阻值较小的那次测量中,接红表笔的一端是阴极,在阻值较大的那次测量中,接红表笔的是阳极。若两次测出的阻值均很大,说明黑表笔接的不是控制极,可重新设定一端为控制极,这样就可以很快判别出晶闸管的三个电极。

2. 晶闸管好坏的简单判别

晶闸管好坏的简易判断方法见表 2-11。

表 2-11　晶闸管好坏的简易判断

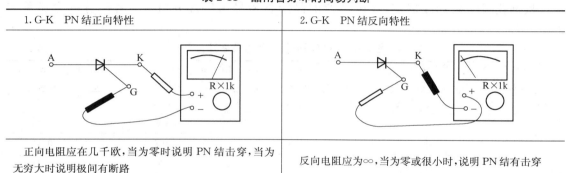

1. G-K　PN 结正向特性	2. G-K　PN 结反向特性
正向电阻应在几千欧,当为零时说明 PN 结击穿,当为无穷大时说明极间有断路	反向电阻应为∞,当为零或很小时,说明 PN 结有击穿

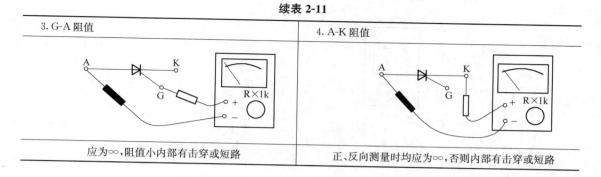

续表 2-11

3.G-A 阻值	4.A-K 阻值
应为∞,阻值小内部有击穿或短路	正、反向测量时均应为∞,否则内部有击穿或短路

七、用万用表测双向晶闸管

双向晶闸管由 NPNPN 五层半导体材料构成,相当于两只普通晶闸管相对并联。它也有三个极,分别是主电极 T_1,主电极 T_2 和门极 G。其基本结构、等效电路和电路图形符号如图 2-39(a)～(c)所示。

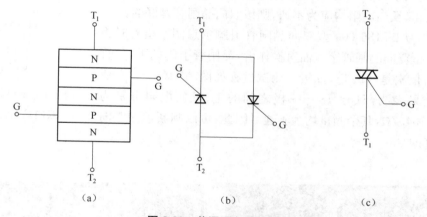

图 2-39 普通双向晶闸管
(a)基本结构 (b)等效电路 (c)图形符号

双向晶闸管可以双向导通,即门极加上正或负的触发电压,均能触发双向晶闸管正、反两个方向导通。双向晶闸管一旦导通,即使失去触发电压,也能继续维持导通状态。当主电极 T_1、T_2 的电流减小至维持电流以下,或 T_1、T_2 间电压改变极性,且无新的触发电压时,双向晶闸管阻断,只有重新施加触发电压,双向晶闸管才能再次导通。

1. 用指针万用表检测双向晶闸管的好坏

方法 1:通过检测双向晶闸管的极间电阻,检测双向晶闸管的好坏。将万用表置于 R×1 档,若用两表笔测量 G、T_1 极间的正、反向电阻均较小,测量其他各极电阻均为无穷大,则说明该双向晶闸管是好的,如图 2-40 所示。

方法 2:通过检查双向晶闸管的导通特性,确定晶闸管的好坏,如图 2-41 所示。将万用表置于 R×1 档,用黑表笔接 T_1 端,红表笔接 T_2 端,表针应指向"∞"处,然后用红表笔将 T_2、G 极瞬间短接一下(红表笔一直保持与 T_2 极接触),表针应立即偏转并保持在十几欧。说明该双向晶闸管是好的。若短接后表针不偏转或偏转后又立即回到"∞"处,则说明管子已损坏。

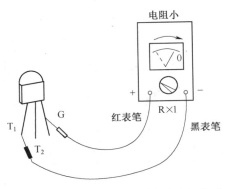

图 2-40　检查双向晶闸管的好坏(方法 1)

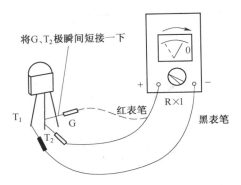

图 2-41　检查双向晶闸管的好坏(方法 2)

2. 用数字万用表检测双向晶闸管的好坏

用数字万用表检测双向晶闸管的好坏时,将万用表置于电阻档,用两表笔测量 G、T_1 极间的正、反向电阻,其阻值均应较小,测量其他各极正、反向电阻均应为不通,则该双向晶闸管是好的。

图 2-42 为 BT136 600 型双向晶闸管引脚示意图。检测时将 BT136 600 型双向晶闸管字符面对操作者,晶闸管引脚朝下,其管脚从左到右依次是 T_1、T_2、G 极。测试过程如图 2-43(a)～(f)所示。检测结果表明,只有 T_1－G 极之间的正、反向电阻分别为 165.5Ω 和 164.7Ω,其余测量均为不通。因此,可以判断被测双向晶闸管是好的。

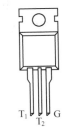

图 2-42　BT136 600 型双向晶闸管管脚

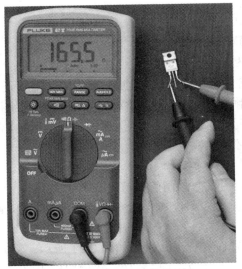

(a)红表笔接G极、黑表笔接T_1极

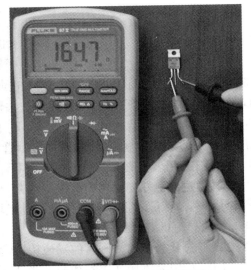

(b)红表笔接T_1极、黑表笔接G极

图 2-43　BT136 600 型双向晶闸管好坏的检测

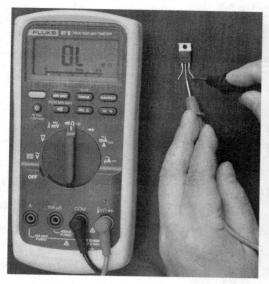

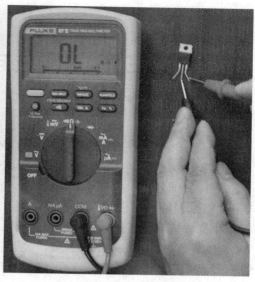

（c）红表笔接T_2极、黑表笔接G极　　（d）红表笔接G极、黑表笔接T_2极

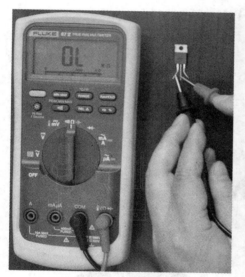

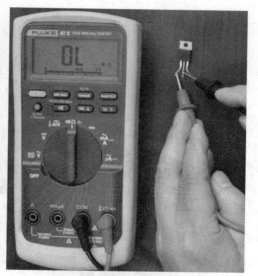

（e）红表笔接T_2极、黑表笔接T_1极　　（f）红表笔接T_1极、黑表笔接T_2极

图 2-43　BT136 600 型双向晶闸管好坏的检测(续)

第三章　集成电路指标与检测

第一节　集成电路基础知识

　　集成电路一词英文写为 Integrated Circuits,缩写为 IC。它在一小块硅单晶片上,利用半导体工艺制作上许多二极管、晶体管、电阻器、电容器等,并连成能完成特定功能的电子电路(有的为单片整机功能),然后封装在一个便于安装的外壳中,构成集成电路。

　　早期的集成电路,集成度低、速度慢、功耗大。随着电子技术的飞速发展,半导体工艺的不断改进,提高了集成电路的运行速度,降低了功耗,提高了可靠性和集成度,使集成电路向大规模、超大规模和甚大规模发展,并得到广泛应用。只要有电子设备的地方,几乎都能看到它的身影。

　　部分集成电路的实物如图 3-1 所示。

图 3-1　部分集成电路的实物图

一、集成电路的分类

　　集成电路是电子元器件中最为活跃的一个分支,其种类繁多、用途广泛、发展迅速,可以从不同角度分类。按功能不同,可以分为模拟集成电路和数字集成电路两大类。按结构类型不同,可以分为半导体集成电路和膜集成电路,膜集成电路还可以细分为薄膜集成电路和厚膜集成电路。按集成度高低不同,可以分为小、中、大和超大规模集成电路。按导电类型不同,可以分为双极型集成电路和单极型集成电路。单极型集成电路的制作工艺简单,功耗较低,易于制成大规模集成电路,常用的有 CMOS、NMOS、PMOS 等类型。双极型集成电路制作工艺较复杂,功耗较大,常用的有 TTL、ECL、HTL 等类型。按用途不同,可以分为电视机用、音响用、电脑用、影碟机用、录音机用、手机用、照相机用等。集成电路还可以按封装形式不同分类。集成电路的封装形式有圆形封装、扁平形封装和双列直插式封装及软封装等几种,如图 3-2 所示。

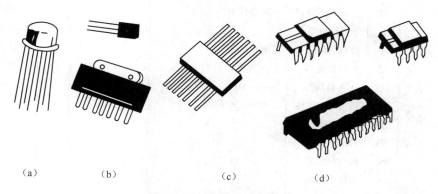

（a）　　　　　　　（b）　　　　　　　　（c）　　　　　　　（d）

图 3-2　集成电路封装形式

（a）圆形封装　　（b）直列扁平封装　　（c）扁平形封装　　（d）双列直插式封装

在圆形封装中,半导体芯片被封装在圆形壳内,有 8～14 条引线,以适应连接电源、输入、输出及接其他外接元件的需要。

在扁平形封装中,芯片被封装在扁平的长方形外壳中,引线从外壳的两边或四边引出。引线数目较多,可达 60 条以上。在封装外壳上打印有电路的型号、厂标及引脚顺序标记。

双列直插式封装是集成电路广泛采用的封装形式。它与扁平式封装比较,具有封装牢固、可自动化生产、成本低等优点,且可采用管座插接在印制电路板上。双列直插式集成电路,有 8 线、14 线、16 线、18 线、20 线、24 线、28 线和 40 线等数种。引线的数目根据电路芯片引出端功能而定。

二、集成电路的型号命名

根据现行国标(GB3430—89)的规定,集成电路的型号由五部分组成,各部分符号及意义见表 3-1。

表 3-1　集成电路型号的命名方法及含义

第一部分	第二部分	第三部分	第四部分	第五部分
用字母表示器件符合国家标准	用字母表示器件的类型	用阿拉伯数字和字母表示器件系列和代号	用字母表示器件的工作温度范围	用字母表示器件的封装

续表 3-1

符号	意义	符号	意义		符号	意义	符号	意义
C	中国制造	T	TTL 电路	TTL 分为：	C	0℃～70℃	F	多层陶瓷扁平封装
		H	HTL 电路	54/74×××	G	−25℃～70℃	B	塑料扁平封装
		E	ECL 电路	54/74H×××	L	−25℃～85℃	H	黑瓷扁平封装
		C	CMOS	54/74L×××	E	−40℃～85℃	D	多层陶瓷双列直插封装
		M	存储器	54/74S×××	R	−55℃～85℃	J	黑瓷双列直插封装
		μ	微型机电路	54/74LS×××	M	−55℃～125℃	P	塑料双列直插封装
		F	线性放大器	54/74AS×××	⋮	⋮	S	塑料单列直插封装
		W	稳压器	54/74ALS×××			T	金属圆形封装
		D	音响、电视电路	54/74F×××			K	金属菱形封装
		B	非线性电路	⋮			C	陶瓷芯片载体封装
		J	接口电路				E	塑料芯片载体封装
		AD	A/D 转换器	CMOS 分为：			G	网络阵列
		DA	D/A 转换器	4000 系列			⋮	⋮
		SC	通信专用电路	54/74HC×××				
		SS	敏感电路	54/74HCT×××				
		SW	钟表电路	⋮				
		SJ	机电仪电路					
		SF	复印机电路					
		⋮						

三、集成电路引脚的识别

使用集成电路前，应认真查对识别集成电路的引脚，确认电源、地、输入、输出、控制等端的引脚号，以免因错接而损坏器件。

正确识别集成电路引脚的方法见表 3-2。

表 3-2　正确识别集成电路引线脚

集成电路封装形式	管脚标记形式	引线脚识别方法
圆形结构		圆形结构的集成电路形似晶体管，体积较大，外壳用金属封装，引线脚有 3、5、8、10 多种。识别时将管底对准自己，从管键开始顺时针方向读管脚序号
扁平形平插式结构		这类结构的集成电路通常以色点作为引线脚的参考标记。识别时，从外壳顶端看，先将色点置于正面左方位置，靠近色点的引线脚即为第 1 脚，然后按逆时针方向读出第 2、3……各脚

续表 3-2

集成电路封装形式	管脚标记形式	引线脚识别方法
扁平形直插式结构（塑料封装）	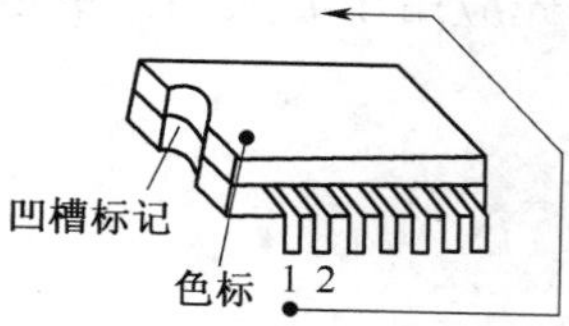 凹槽标记 色标 1 2	塑料封装的扁平直插式集成电路,通常以凹槽作为引线脚的参考标记。识别时,从外壳顶端看,先将凹槽置于正面左方位置,靠近凹槽左下方第一个脚为第1脚,然后按逆时针方向读第2、3……各脚
扁平形直插式结构（陶瓷封装）	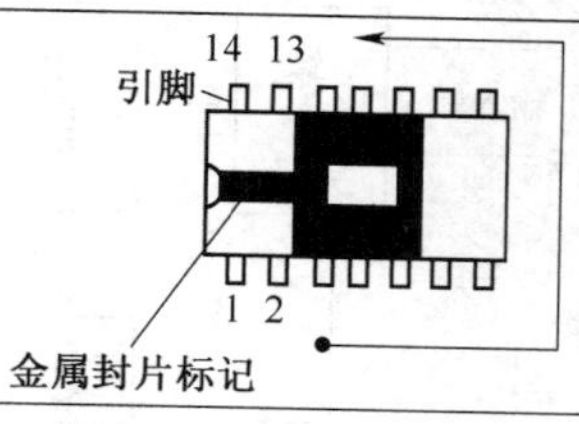 14 13 引脚 1 2 金属封片标记	这种结构的集成电路通常以凹槽或金属封片作为引线脚参考标记。识别方法同塑料封装
扁平单列直插式结构	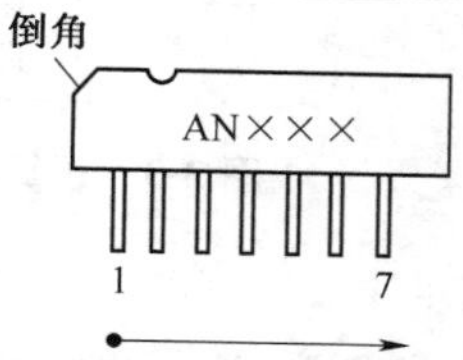 倒角 AN××× 1　　7	这种结构的集成电路,通常以倒角或凹槽作为引线脚参考标记。识别时将引脚向下、置标记于左方,从左向右读出各脚。有的集成电路没有任何标记,此时应将印有型号的一面正对着自己,按上法读出脚号

四、检测集成电路的好坏

检测集成电路好坏的方法主要有四种,其中,前三种是用万用表进行测量,第四种是用实物进行代替。具体做法如下:

1. 电阻测量判断法

通过检测相关引脚(如输入电压端与接地端、输出电压端与接地端、输入电压端与输出电压端、电源端与接地端等)的正、反向电阻值与正常值是否相符,可大致估测出集成电路的好坏。

2. 电压测量判断法

在维修资料相对齐全的条件下,通过测量其引脚电压,并将测量的结果与资料中提供的数据进行比较,即可判断出集成电路的好坏。

3. 信号检查法

利用示波器及信号源,检查电路相关引脚输入和输出信号的波形。若输入波形正常,而输出波形与正常波形不符,即可说明集成电路有故障。

4. 代换法

在备件充足的条件下,在线检测集成电路好坏最简捷的方法是,用同型号的、完好的集成电路做替代试验。若代换后原故障现象消失,说明集成电路有问题;若代换后故障现象依旧,则说明故障可能另有原因。

第二节　集成运算放大器

集成运算放大器是一种高增益的直接耦合放大器。自 20 世纪 60 年代初第一只集成运算放大器面世以来,因其输入阻抗高、输出阻抗低、放大倍数高、通用性强,可用于正、负两种极性信号输入输出,且有很好的保护功能,广泛应用于信号运算、信号处理、信号测量及波形产生等多个领域。由于该放大器在投入使用之初,首先应用于放大和模拟运算(加、减、乘、除、积分、微分等),故称集成运算放大器,简称运放。

一、集成运算放大器的组成

集成运算放大器的电路一般由输入级、中间级、输出级和偏置电路四个基本部分组成,如图 3-3 所示。

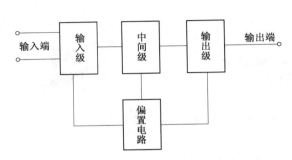

图 3-3　运算放大器的方框图

输入级是提高运算放大器质量的关键部分,要求其输入电阻高,能减小零点漂移和抑制干扰信号。输入级都采用差动放大电路。一般有同相和反相两个输入端。同相输入端的电压变化与输出端的电压变化相同,而反相输入端的电压变化则与输出端的电压变化相反。

中间级主要进行电压放大,要求它的电压放大倍数高,一般由共发射极放大电路(参阅本书第四章第一节二)构成。各放大电路之间采用直接耦合的方式,以获得足够的电压增益。

输出级与负载相接,要求其输出电阻低,带负载能力强,能输出足够大的电压和电流,一般由互补对称电路或射极输出器构成。同时,当输出过载时有自动保护作用。

偏置电路的作用是为上述各级电路提供稳定和合适的偏置电流,决定各级的静态工作点,一般由各种恒流源电路构成。

二、集成运算放大器的主要参数

为合理选择、正确使用集成运算放大器,必须了解其主要参数的意义。

1. 开环差模电压放大倍数 A_{do}

指在无外接回路时,集成运算放大器输出端与输入端之间的差模电压放大倍数,也称开环电压增益。通常用分贝(dB)表示,即

$$A_{do}(dB) = 20 \lg \frac{u_o}{u_i} \ (dB)$$

常用的集成运算放大器,A_{do} 一般在 80~140dB。

2. 最大输出电压 $U_{o\max}$

指在额定电源电压和额定负载下,集成运算放大器不出现明显非线性失真的最大输出电压峰值。它与集成运算放大器的电源电压有关。

3. 最大输出电流 $I_{o\max}$

指在额定电源电压下,集成运算放大器达到最大输出电压时所能输出的最大电流。通用型集成运算放大器 $I_{o\max}$ 一般为几毫安至几十毫安。

4. 输入失调电压 U_{io}

为使集成运算放大器输出电压为零而在输入端所加的补偿电压称为输入失调电压。它反

映了输入级差分电路的不对称程度,一般为几毫伏。U_{io}越小越好。该值受温度的影响较大。

5. 输入失调电流 I_{io}

指输出电压为零时,流入集成运算放大器两输入端静态基极电流之差。I_{io}越小越好。该值受温度的影响较大。

6. 共模抑制比 K_{CMR}

指差模放大倍数与共模放大倍数之比的绝对值。主要取决于输入级差分电路的共模抑制比,通常用分贝表示。一般为 80dB 以上,理想运算放大器的 K_{CMR} 为 ∞。

7. 差模输入电阻 r_{id}

是指集成运算放大器两输入端的动态电阻。集成运算放大器的输入电阻一般为 $10^5 \sim 10^{11}\Omega$,当输入级采用场效应管时,该值可达 $10^{11}\Omega$ 以上。

8. 转换速率 S_R

S_R 反映集成运算放大器对高速变化输入信号的响应情况,只有输入信号的变化速率小于 S_R 时,输出才能跟上输入的变化。否则,输出波形会产生失真。

9. 输入偏置电流 I_{iB}

I_{iB} 是指集成运算放大器两输入端静态电流的平均值。该值越小越好。温度对其有一定影响。

集成运算放大器还有其他参数。使用时可查阅有关手册。

三、选用集成运算放大器时应注意的事项

1. 根据用途和使用条件选择集成运算放大器

集成运算放大器的品种很多,根据其使用特性可以分为通用型、高速型、低漂移型、大功率型、低功耗型、高精度型等。它们在某些方面有优良的品质,但在另一些方面又有很多不足,各自适合不同的需要。如:低漂移型的输入、输出值随温度、时间的变化极小,但其电压放大倍数低于通用型,且价格相对较高,适合于精密测量;低功耗型的电源消耗少,但不可避免地转换速率相对较低,常用于供电不方便的测量仪器,如便携式仪器、遥测和遥感仪器等;采用场效应管做输入级,可以提高放大器的输入阻抗,减轻信号源负担,但会导致失调电压较大。因此,在选择集成运算放大器时,要充分考虑用途和使用条件,在满足使用要求的前提下,兼顾费用多少及获取的难易程度等多种因素。

2. 要考虑过压、过流保护

当工作环境常有冲击电压和电流出现时,或在产品的实验调试阶段使用,应尽量选用带有过压、过流、过热保护功能的运算放大器,以避免由于意外事故造成器件的损坏。

3. 要注意系统中各单元之间的电压配合

例如,若在输出端接数字电路,则应按后者的输入逻辑电平选择供电电压及能适应供电电压的运算放大器。否则它们之间应加电平转换电路。

4. 注意性能指标的特定性

手册中给出的性能指标是在某一特定条件下测出的,若使用条件与所规定的不一致,则将影响指标的正确性。例如,当共模输入电压较高时,失调电压和失调电流的指标将显著恶化;当补偿电容器容量比规定的大时,将要影响运算放大器的频宽和转换速率。

四、集成运算放大器管脚的识别及功能

集成算放大器的引出脚有 8 脚、10 脚、12 脚等多种。从封装形式看,有圆形封装[如图 3-4 (a)所示],双列直插式封装[如图 3-4(b)所示]。圆形封装集成运算放大器管脚的识别方法, 是将管脚朝上,从其结构特征(管键)起按顺时针方向,依次为 1 脚、2 脚、3 脚…。双列直插式 集成运算放大器管脚的识别方法,是将结构特征(凹槽、色标等)位于左侧[见图 3-4(b)],由左 下角起按逆时针方向,依次为 1 脚、2 脚、3 脚…。

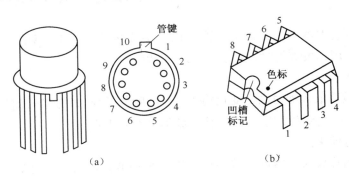

图 3-4　常见集成运算放大器的外形及管脚排列
(a)圆形封装　(b)双列直插式封装

虽然集成运算放大器有多种引脚,但有几个基本引脚的功能却是相同的。主要包括:正电 源端、负电源端、同相输入端、反相输入端、调零端、补偿端。图 3-5 是几种常用集成运算放大 器的引脚分布。

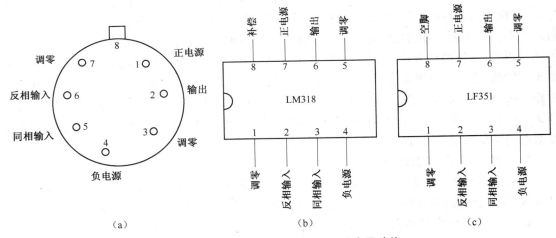

图 3-5　常用集成运算放大器引脚分布及功能
(a)圆形封装 8 脚　(b)LM318 型　(c)LF351 型

集成运算放大器有同相、反相两个输入端,前者的电压变化与输出端的电压变化方向一 致,后者则相反。

调零端外接电位器,用来调节电阻值,使输入端对地电压为零(或为某预定值)。此时,输 出端对地电压也为零(或为某预定值)。

补偿端通常外接电容器或阻容电路,以防止工作时产生自激振荡。但有些集成运算放大器不需要补偿端和调零端。

供电电源通常接成对地为正或对地为负的形式,而以地作为输入、输出和电源的公共端。

五、用万用表鉴别集成运算放大器的好坏

可用万用表的电阻档测量集成运算放大器各管脚间的电阻值来判断它的好坏。其方法是:将万用表选择开关置于 R×1k 或 R×100 档,先将黑表笔接负电源管脚,红表笔依次接其余各管脚,然后两表笔交换,并将各次测得的阻值记录下来,与集成运算放大器的正常值比较,即可较快地判断该集成运算放大器是否完好。

用万用表测集成运算放大器管脚间电阻时应注意,不宜将选择开关置于 R×1 档,以免测试电流太大损坏集成电路。

六、用万用表测试集成运算放大器参数

用图 3-6 所示电路可以粗测集成运算放大器的动态范围、静态功耗、失调电压、开环电压放大倍数,消振电容等参数。

1. 最大输出幅度 U_{P-P} 的测量

将万用表置于直流电压适当的档位,慢慢地调整电位器 R_P,使其从一个极端位置移动到另一个极端位置,从万用表可读出输出电压的正最大值及负最大值,其变化范围就是最大输出幅度 U_{P-P}。

调节 R_P 时,若只在某一个方向上有输出(即只有正的或负的输出),或者只有某一固定值,则说明集成运放是坏的。

2. 消振电容的测定

调节电位器 R_P,使滑臂处于中间位置,先将万用表置于交流电压适当的档位,

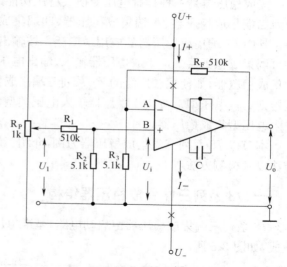

图 3-6　集成运算放大器参数测量电路

并接在集成运算放大器的输出端,此时万用表表针摆动幅度较大。然后在图中所示位置接上容量为 50～70pF 的电容器 C(单电容补偿),这时表针摆动幅度减小。调整电容器 C 的容量,直到指针不摆动或摆动最小为止,这时的电容量即是消振电容的最佳补偿值。

3. 输入失调电压 U_{io} 的测量

先将万用表置于直流电压档适当的档位,调节 R_P 使 $U_o = 0$,再把万用表接在 R_P 的中心抽头与地之间,测得的结果即为输入失调电压 U_{io}。

4. 静态功耗 P_c 的测量

将万用表置于直流电流档的适当档位,分别串接在电路中的两个"×"处,分别测得 I_+,I_- 的电流值,则静态功耗 P_c 可通过下式计算得出。

$$P_c = U_+ \cdot I_+ + U_- \cdot I_-$$

5. 开环电压放大倍数的估测

将万用表置于直流电压档,并将它接在图3-6所示电路的 A、B 之间。调节 R_p,若万用表示值始终为零或某一固定值,说明开环放大倍数大;若在调节 R_p 时,万用表示值有明显的缓慢变化,说明开环电压放大倍数不够大。

6. 输入偏置电流 I_b 的测量

测试电路如图 3-7 所示。将万用表置于直流电流 μA 档,接在图中所示位置,万用表的读数是两个基极电流之和,因此万用表电流示值的二分之一即为输入偏置电流 I_b。

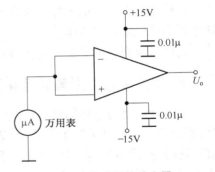

图 3-7　集成运算放大器
输入偏置电流测量电路

第三节　三端集成稳压器

集成稳压器是一种具有电压变换及稳压功能的集成电路。按集成稳压器引脚数量,可以分为二端集成稳压器、三端集成稳压器、四端集成稳压器、五端集成稳压器、八端集成稳压器等。其中,三端集成稳压器的应用最广泛。按输出电压的控制方式,可以分为固定集成稳压器和可调集成稳压器。按集成稳压器输入、输出电压极性,可分为正电压型集成稳压器和负电压型集成稳压器,如使用较广泛的 78 系列三端集成稳压器即为正电压型,而 79 系列三端集成稳压器则为负电压型。按集成稳压器输入电压类型,可分为直流输入电压型集成稳压器和交流输入电压型集成稳压器。

本节以 78 系列三端集成稳压器为例,介绍三端集成稳压器的结构、主要电参数、型号命名方法以及检测方法等。

一、78 系列三端集成稳压器结构

78 系列三端集成稳压器由启动电路、基准电压、恒流源、误差放大器、保护电路、调整管等组成,如图 3-8 所示。

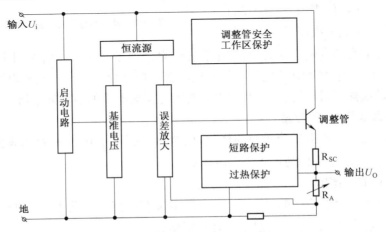

图 3-8　78××系列集成稳压器电路组成框图

二、78 系列三端集成稳压器主要参数

1. 输入电压 U_{IN}
是指集成稳压器输入端加入的直流电压。

2. 输出电压 U_{OUT}
是指集成稳压器在稳定工作时输出的直流电压。

3. 输出电流 I_o
是指在 25℃ 环境下,集成稳压器正常工作时输出的最大电流。

4. 静态电流 I_D
是指集成稳压器在空载条件下的输出电流。一般为几微安至几十微安。

三、78 系列三端集成稳压器型号命名方法

1. 国产系列的命名方法
国产 78 系列三端集成稳压器型号由四部分组成,各部所使用符号及其含义见表 3-4。

表 3-4　国产 78 系列三端集成稳压器型号命名方法

第一部分: 国别和主称		第二部分: 系列号		第三部分: 输出电流		第四部分: 输出电压	
字母	含义	数字	含义	字母	含义	数字	含义
CW （或 W）	C:中国 W:稳压器	78	78 系列	L	100mA （或 150mA）	05	5V
				M	500mA	06	6V
				N	500mA （或 1A）	08	8V
				省略	1A （或 1.5A）	09	9V
						10	10V
						12	12V
						15	15V
						18	18V
						20	20V
						24	24V

例:CW78L05,表示国产 78 系列三端集成稳压器,输出电压 5V,输出电流 100mA(有的产品为 150mA)。

CW7818,表示国产 78 系列三端集成稳压器,输出电压 18V,输出电流 1A(有的产品为 1.5A)。

2. 进口系列的命名方法
进口 78 系列三端集成稳压器的型号也由四部分组成。其中,第二～第四部分的表示方法与国产系列产品基本相同,只是第一部分不同。进口 78 系列三端集成稳压器的第一部分为生产该产品公司名称的代号。其中,几种常用产品的公司名称代号见表 3-5。

表 3-5　常用进口 78 系列三端集成稳压器生产企业名称代号

国别	公司名称	代　号
日本	松下公司	AN
日本	东芝公司	TA
日本	日立公司	HD
日本	NEC 公司	μPC
韩国	三星公司	KA
美国	国家半导体公司	LM
美国	摩托罗拉公司	MC

例如：TA7806 为日本东芝公司生产的 78 系列三端集成稳压器，MC7806 为美国摩托罗拉公司生产的 78 系列集成三端稳压器。

四、78/79 系列三端集成稳压器的封装形式与管脚识别

78/79 系列三端集成稳压器有三个引脚，分别是输入端、输出端和接地端。图 3-9 是三端集成稳压器的电路图形符号。

封装形式不同，三端集成稳压器的引脚排列也不相同，图 3-10 为 78 与 79 系列三端集成稳压器的封装形式和引脚排列。

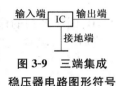

图 3-9　三端集成稳压器电路图形符号

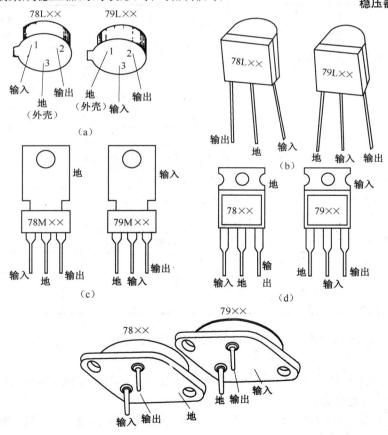

图 3-10　78/79 系列三端集成稳压器的封装与管脚排列图

(a) TO-39 封装　(b)TO-92 封装　(c)TO-202 封装(S-7)　(d)TO-220 封装　(e)TO-3 封装(F-2)

图中 78L××系列有两种封装形式:一种是金属壳的 TO—39 封装[如图 3-10(a)所示],另一种是塑料壳的 TO—92 封装[如图 3-10(b)所示]。前者温度特性比后者好。前者最大功耗为 700mW,加散热片时最大功耗可达 1.4W;后者最大功耗为 700mW,使用时无需加散热片。在 78L××系列中,一般以塑封的使用较多。78M××系列有两种封装形式:一种是 TO—202 塑封[如图 3-10(c)所示],另一种是 TO—220 塑封(图中未画出)。不加散热片时最大功耗为 1W,加散热片时,最大功耗可达 7.5W。78××系列也有两种封装形式:一种是金属壳的 TO—3 封装[如图 3-10(e)所示],另一种是塑料壳 TO—220 封装[如图 3-10(d)所示]。不加散热片时,前者最大功耗可达 2.5W,后者可达 2W;加装散热片后,最大功耗可达 15W。几种 78 系列集成稳压器的实物如图 3-11 所示。

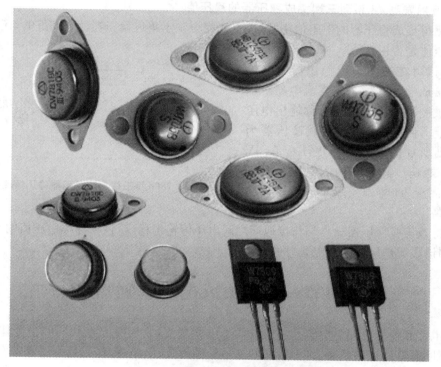

图 3-11 几种 78 系列集成稳压器的实物图

五、用万用表检测三端式集成稳压器

1. 用万用表检测 78 系列三端集成稳压器的好坏

用万用表测量 78 系列三端集成稳压器各引脚之间的电阻值,可以粗略判断被测集成稳压器的好坏。若测得各引脚之间正、反向的电阻值均正常,则可以大体上认为该集成稳压器是好的;若测得某两引脚之间的正、反向电阻值均很小或接近于零,则可判断集成稳压器内部已击穿损坏;若测得某两引脚之间正、反向电阻值均为无穷大,则说明该集成稳压电路已开路损坏;若测得集成稳压器的阻值不稳定,随温度的变化而变化,则说明该集成稳压器的热稳定性不良。表 3-6 是利用 500 型万用表的 R×1 k 档,分别测量 7805、7806、7812、7815、7824 集成稳压器各引脚正、反向电阻值所得数据,可供参考。

表 3-6　　测量 78××系列三端稳压器的电阻值

三端稳压器	黑表笔位置	红表笔位置	正常电阻值(kΩ)	不正常电阻值
7800 系列 (7805、7806、7812、 7815、7824)	U_i	GND	15 ~ 45	0 或∞
	U_o	GND	4 ~ 12	
	GND	U_i	4 ~ 6	
	GND	U_o	4 ~ 7	
	U_i	U_o	30 ~ 50	
	U_o	U_i	4.5 ~ 5.0	

2. 用万用表测 78 系列三端集成稳压器的稳压值

即使测得集成稳压器的电阻值正常,也不能完全确定集成稳压器就是完好的,还应进一步测量其稳压值是否正常。

测量时,可在被测集成稳压器的电压输入端与接地端之间加一个直流电压。该电压应比被测集成稳压器的标称输出电压高 3V 以上。例如,若被测集成稳压器为 7806 型,则所加的输入直流电压应在 9V 以上,但不能超过其最高输入电压。图 3-12 所示为测量 7806 型三端集成稳压器稳压值的电路。

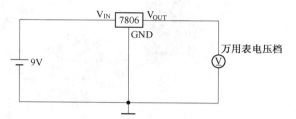

图 3-12　　7806 型三端集成稳压器稳压值测量电路

若测得该集成稳压器输出端与接地端之间电压值输出稳定,且在标称稳压值的±5%范围内,则说明该集成稳压器的性能是好的。

第四节　数字集成电路基础知识

数字电路和模拟电路是电子技术中的两个重要分支,它们建立在共同的半导体理论基础之上,相互间有着密切的联系。但是,它们在信号的形式、电路特点、研究方法等方面却有着明显的差别。近年来,由于数字电子技术的不断发展,数字集成电路在电子设备与电控系统中应用越来越广泛,其功能也更加扩展和完善。

本节重点介绍数字集成电路的基础知识。

一、逻辑变量与逻辑函数

1. 逻辑变量

逻辑的含义是指条件与结果的关系。如果将具体的条件与具体的结果加以抽象并用符号表示则称为逻辑变量。逻辑变量的取值只有两个:逻辑 0 和逻辑 1。在这里,逻辑 0 和逻辑 1 并不代表数值的大小,而仅表示相互矛盾、相互对立的两种状态。它即可以代表灯泡的亮与灭、电路的接通与断开,也可以代表选举中的赞成与反对,还可以代表车库中车位的占位与空位等。

2. 基本逻辑运算

基本逻辑运算有三种：与运算、或运算、非运算。

与运算指只有决定事件的所有条件都具备,事件才能发生。

或运算指只要决定事件的所有条件中有一个以上条件具备,事件即可以发生。

非运算指当决定某事件的所有条件都满足时事件不发生。

3. 逻辑函数及其表示方法

逻辑函数是用逻辑运算符号,将有某种逻辑关系的逻辑变量连接起来所得到的表达式。逻辑函数的表示方法主要有四种,即逻辑函数式、真值表、逻辑图、卡诺图。

(1)逻辑函数式。逻辑函数式是较常用的表达式。这种表达式不但简洁,尤其便于利用公式进行运算和化简。与运算、或运算、非运算的逻辑函数表达式、逻辑运算符、图形符号见表3-7。

表 3-7　基本逻辑运算、逻辑符号及其表达式

基本逻辑运算	逻辑运算符	逻辑表达式	图形符号
与运算	$\cdot \times \& $	$F=A \cdot B=AB$	
或运算	$+ \cup$	$F=A+B$	
非运算	$-$	$F=\bar{A}$	

(2)真值表。将 n 个输入变量的 2^n 个状态及其对应的输出函数列成一个表格叫做真值表(或称逻辑状态表)。例如:设计一个三人(A、B、C)表决使用的逻辑电路,首先要知道这三个人在表决过程中可能采取的行动状态,即赞成、不赞成两种状态;然后决定在何种状态下选举结果有效,即多数人赞成时选举结果有效。将每个人行动状态和组合方式以及产生的结果列在一张表上,即为真值表。本例中输入有 $2^3=8$ 个不同状态,将 8 种输入状态及其对应的输出状态列成表格,即得到三人表决的真值表,见表3-8。真值表的优点是直观、明了。

表 3-8　三人表决真值表

A	B	C	F
0	0	0	0
0	0	1	0
0	1	0	0
0	1	1	1
1	0	0	0
1	0	1	1
1	1	0	1
1	1	1	1

（3）逻辑图。按照逻辑表达式用对应的逻辑图形符号连接起来就是逻辑图。真值表 3-8 对应的逻辑图如图 3-13 所示。逻辑图法是一种比较接近工程实际的表示逻辑函数的方法。因为图中的一个逻辑单元符号通常就表示一个具体的电路器件，所以又把逻辑图称为逻辑电路图。

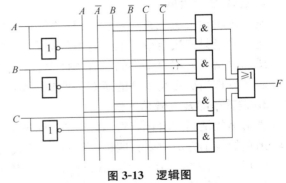

图 3-13　逻辑图

（4）卡诺图。卡诺图表示法是逻辑函数的最小项方块图表示法。它用几何位置上的相邻，形象地表示了组成逻辑函数的各个最小项之间在逻辑上的相邻性。卡诺图是化简逻辑函数的重要工具。表 3-8 所示真值表对应的卡诺图如图 3-14 所示。

应注意的是：真值表表示法和卡诺图表示法都是逻辑函数的最小项表示法。由于逻辑函数的最小项与一或表达式是唯一的，所以任何一个逻辑函数都只能列出唯一的一张真值表或卡诺图；而表达式和逻辑图则不是唯一的。由于表达式的变化和化简情况的不同，同一个逻辑函数可以有多种不同的表达式和逻辑图的表示法。它们四者之间的关系可由图 3-15 粗略的表示。双向箭头表示在它们两者之间可以相互转换。

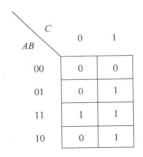

图 3-14　卡诺图

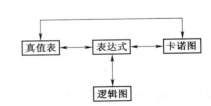

图 3-15　四种逻辑函数表示方法之间的关系

4. 复合逻辑运算

将基本逻辑运算加以组合，即成为复合逻辑运算。常用的复合逻辑运算有五种，即与非、或非、与或非、异或、同或。它们的函数表达式和图形符号见表 3-9。

表 3-9　复合逻辑运算表达式和图形符号

运算类型	逻辑表达式	图形符号	运算类型	逻辑表达式	图形符号
与非	$F_1 = \overline{AB}$		异或	$F_4 = A \oplus B$ $= A\overline{B} + \overline{A}B$	

续表 3-9

运算类型	逻辑表达式	图形符号	运算类型	逻辑表达式	图形符号
或非	$F_2=\overline{A+B}$		同或	$F_5=A\odot B$ $=\overline{A\oplus B}$	
与或非	$F_3=\overline{AB+CD}$				

5. 逻辑代数的运算公式

所谓逻辑代数是指用代数方法研究逻辑问题。逻辑代数的公理、定律见表 3-10。

表 3-10　逻辑代数的公理、定律

名　称	公　式	
公理	$0\cdot0=0$ $0\cdot1=1\cdot0=0$ $1\cdot1=1$	$0+0=0$ $0+1=1+0=1$ $1+1=1$
交换律	$A\cdot B=B\cdot A\quad A+B=B+A$	
结合律	$(A\cdot B)\cdot C=A\cdot(B\cdot C)$ $(A+B)+C=A+(B+C)$	
分配律	$A\cdot(B+C)=A\cdot B+A\cdot C$ $A+B\cdot C=(A+B)\cdot(A+C)$	

二、用门电路实现逻辑函数

在工程实践中，可以用电路代替逻辑单元，用电路的各种组合代替逻辑运算，这种电路称为逻辑电路或数字电路。用图 3-16 所示电路可以起到逻辑与的运算功能：只有当开关 A 和开关 B 都闭合时，灯泡 F 才点亮。图 3-16 所示电路可以表示为真值表 3-11。又如，用图 3-17 所示电路可以起到逻辑或的运算功能：当开关 A、开关 B 中有一只开关闭合时，灯泡 F 即可点亮。图 3-17 所示电路可以用真值表 3-12 表示。再如，用图 3-18 所示电路可以起到逻辑非的功能：当开关 A 闭合时灯泡 F 不点亮，当开关 A 断开时，灯泡 F 点亮。图 3-18 所示电路可以用真值表 3-13 表示。

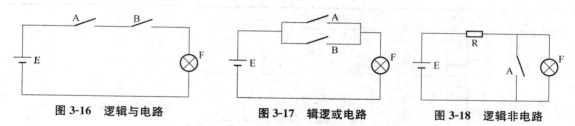

图 3-16　逻辑与电路　　　　图 3-17　辑逻或电路　　　　图 3-18　逻辑非电路

表 3-11　图 3-16 所示电路真值表

A	B	F
0	0	0
0	1	0
1	0	0
1	1	1

表 3-12　图 3-17 所示电路真值表

A	B	F
0	0	0
0	1	1
1	0	1
1	1	1

表 3-13　图 3-18 所示电路真值表

A	F
0	1
1	0

从以上叙述可知，所谓门电路是指控制信息传递的一种开关，而逻辑门电路则是指当具备一定输入条件时，将"门"打开，让信号输出，而当输入条件不具备时，"门"不打开，信号不能输出的一种功能电路。在数字电路中，门电路是最基本的逻辑元件。门电路的输入信号与输出信号之间存在着某种逻辑关系，门电路是用以实现逻辑关系的电路。与基本逻辑关系相对应，门电路主要有以下五种类型：与门、或门、与非门、或非门、异或门等。

在实际电路中，逻辑门电路主要由二极管、晶体管、场效应管等元器件组成。由这些元器件组成的与门电路、或门电路、与非门电路分别如图 3-19～图 3-21 所示。几种逻辑门电路的图形符号和逻辑功能见表 3-14。

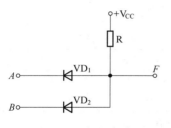

图 3-19　与门电路

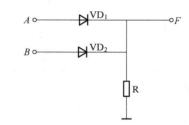

图 3-20　或门电路

这里必须指出，在本书所介绍的数字电路中，是以信号电平的高或低来给逻辑变量赋值的，并且规定，高电平为 1，低电平为零。也就是说，本书叙述除有特殊说明外，采用的是正逻辑赋值体系。

还需要说明的是，在门电路中需要大量使用晶体管，与模拟电路不同的是，在数字电路中晶体管不是用于放大，而是作为开关使用。在电路中，晶体管工作在饱和或截止状态。

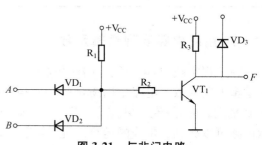

图 3-21　与非门电路

表 3-14　几种门电路的图形符号和逻辑功能

名　　称	图形符号	逻辑表达式	功能说明
与门	A —[&]— F　B	$F = AB$	输入全 1，输出为 1 输入有 0，输出为 0
或门	A —[≥1]— F　B	$F = A + B$	输入有 1，输出为 1 输入全 0，输出为 0

续表 3-14

名　称	图形符号	逻辑表达式	功能说明
非门	A —[1]o— F	$F=\overline{A}$	输入为 1,输出为 0 输入为 0,输出为 1
与非门	A B —[&]o— F	$F=\overline{AB}$	输入全 1,输出为 0 输入有 0,输出为 1
或非门	A B —[≥1]o— F	$F=\overline{A+B}$	输入有 1,输出为 0 输入全 0,输出为 1
异或门	A B —[=1]— F	$F=A\overline{B}+\overline{A}B=A\oplus B$	输入相异,输出为 1 输入相同,输出为 0
同或门	A B —[=1]o— F	$F=\overline{A}\ \overline{B}+AB=A\odot B$	输入相同,输出为 1 输入相异,输出为 0

三、数字集成电路分类、指标及检测

1. 数字集成电路及其分类

在实际应用中往往需要多个输入、输出和多个基本门电路,如果这些电路都由分立元件制成,就会给数字电路的应用带来很多问题。主要表现在以下几个方面:一是体积大,线路复杂;二是带负载能力差;三是工作不稳定;四是需要不同电源,各种门的输入、输出电平不匹配。为了克服以上不足,研制开发了数字集成电路。数字集成电路根据数字电路的需要,把基本门电路加以组合,制成能满足多种输入输出、具有多种逻辑功能的集成电路。其中,不仅有满足一般逻辑电路需要的二输入四与非门、二输入四或非门、三输入三与非门、四输入双与非门等数字集成电路,也有具有时序功能和其他特殊功能的逻辑单元,如触发器、计数器、寄存器等数字集成电路,还有为某些领域单独开发的专用数字集成电路,如微机专用、数码相机专用的数字集成电路。

数字集成电路品种繁多,有多种分类方法,按组成数字集成电路电子元器件的品种分,可以分为 TTL 型和 CMOS 型。

2. TTL 型数字集成电路

TTL 数字集成电路,是晶体管-晶体管逻辑电路的英文缩写。TTL 数字集成电路属于双极型晶体管集成电路。其工作频率低于 100MHz。

(1)TTL 数字集成电路型号命名。54/74 系列集成电路是最流行的通用器件。74 系列为民用品,而 54 系列为军用品。两者之间的差别在于工作温度范围,74 系列器件的工作温度范围为 0℃～70℃,54 系列器件的工作温度范围为-55℃～120℃。

54/74 系列集成电路型号的组成可分为三部分,分别为前缀、字头和阿拉伯数字。

前缀部分表示生产该产品的公司。国外生产 TTL 集成电路的部分主要公司及其产品的前缀见表 3-5。

字头表示器件所属的系列以及按速度、功耗等特性的分类。74 系列的 TTL 集成器件分为五大类,见表 3-15。54 系列的分类情况与 74 系列相同。

表 3-15　TTL 分类表

种类	字头	举例
标准 TTL	74—	7400,74194
高速 TTL	74H—	74H00,74H194
低功耗 TTL	74L—	74L00,74L194
肖特基 TTL	74S—	74S00,74S194
低功耗肖特基 TTL	74LS—	74LS00,74LS194

字头后面的阿拉伯数字表示器件的品种代号,它反映了器件的逻辑名称、逻辑功能和输出端排列次序。例如 SN74LS00 为美国德克萨斯公司出品的 74 系列低功耗肖特基 TTL 型二输入四与非门电路。

(2)常用 TTL 集成电路的型号和功能。部分 TTL 数字集成电路的型号和功能见表 3-16。

表 3-16　部分 TTL 数字集成电路的型号和功能

序　号	型　号	功　能
1	74LS00	二输入四与非门
2	74LS02	二输入四或非门
3	74LS04	六反相器
4	74LS07	六同相缓冲/驱动器(OC)
5	74LS08	二输入四与门
6	74LS10	三输入三与非门
7	74LS11	三输入三与门
8	74LS12	三输入三与非门(OC)
9	74LS14	六反相器(施密特触发)
10	74LS20	四输入双与非门
11	74LS21	四输入双与门
12	74LS27	三输入三或非门
13	74LS30	八输入与非门
14	74LS32	二输入四或门
15	74LS42	BCD 至十进制数 4～10 线译码器
16	74LS51	二路二输入/三输入四组输入与或非门
17	74LS55	4～4 输入二路与或非门
18	74LS73	双 J—K 触发器(带清零)
19	74LS74	正沿触发双 D 型触发器(带预置和清零)
20	74LS76	双 J—K 触发器(带预置和清零)
21	74LS83	4 位二进制全加器(快速进位)
22	74LS85	四位比较器
23	74LS86	二输入四异或门
24	74LS90	十进制计数器(÷2,÷5)
25	74LS92	12 分频计数器(÷2,÷6)

续表 3-16

序　号	型　号	功　能
26	74LS93	4位二进制计数器(÷2,÷8)
27	74LS95B	4位移位寄存器
28	74LS109A	正沿触发双J—K触发器(带预置和清零)
29	74LS110	与输入J—K主从触发器(带数据锁定)
30	74LS112	负沿触发双J—K触发器(带预置和清零)
31	74LS125	4总线缓冲门(三态输出)
32	74LS138	3～8线译码器/解调器
33	74LS139	双2～4线译码器/解调器
34	74LS151	8选1数据选择器
35	74LS153	双4选1数据选择器
36	74LS154	4～16线译码器/分配器
37	74LS157	四2选1数据选择器/复工器
38	74LS160A	4位十进制计数器(直接清零)
39	74LS161	4位二进制计数器(直接清零)
40	74LS164	8位并行输出串行移位寄存器(异步清零)
41	74LS165	并行输入8位移位寄存器(补码输出)
42	74LS174	六D触发器
43	74LS175	四D触发器
44	74LS176	可预置十进制(二一五进制)计数器/锁存器
45	74LS181	算术逻辑单元/功能发生器
46	74LS190	十进制同步可逆计数器
47	74LS191	二进制同步可逆计数器
48	74LS192	十进制同步可逆双时钟计数器
49	74LS193	二进制同步可逆双时钟计数器
50	74LS194	4位双向通用移位寄存器
51	74LS195	4位并行存取移位寄存器
52	74LS198	8位双向通用移位寄存器
53	74LS244	八缓冲器/线驱动器/线接收器(三态)
54	74LS245	8总线收发器(三态)
55	74LS248	BCD—七段译码器/驱动器(内有升压输出)
56	74LS257	四2选1数据选择器/复工器
57	74LS273	八D触发器
58	74LS283	4位二进制全加器
59	74LS290	十进制计数器(÷2,÷5)
60	74LS323	8位通用移位/存储寄存器(三态输出)

（3）TTL 集成电路主要参数及测量方法。

①开门电压 U_{ON}。在输出端接额定负载（通常规定带 8 个同类型与非门负载）时，使输出电压为低电平的最小输入电压，称为开门电压 U_{ON}。一般要求 $U_{ON}\leqslant1.8V$。

U_{ON} 测量电路如图 3-22 所示。测量时，万用表置于直流电压 2.5V 或 10V 档，将各输入端依次接 1.8V 电压，观察输出电压是否低于 0.35V。若低于 0.35V，说明是合格的。否则，不能使用。

②输出低电平 U_{OL}。在输出端接有额定负载（通常规定带 8 个同类型与非门负载）时，电路处于饱和状态的输出电平，称为输出低电平 U_{OL}。一般要求 $U_{OL}\leqslant0.35V$。

测量 U_{OL} 的电路及其具体方法均与测量 U_{ON} 相同。若测得 $U_{OL}\leqslant0.35V$，即为合格品。否则，不能使用。

③输出高电平 U_{OH}。当电路处于截止状态时的输出电平，称为输出高电平 U_{OH}。一般要求 $U_{OH}\geqslant2.7V$。

测量 U_{OH} 的电路如图 3-23 所示。万用表置于直流电压 10V 档，各输入端依次接 0.8V 电压，这时输出电压即为输出高电平 U_{OH}。若 $U_{OH}\geqslant2.7V$，即为合格品。若 U_{OH} 低于 2.7V，则应将该输入端剪掉。

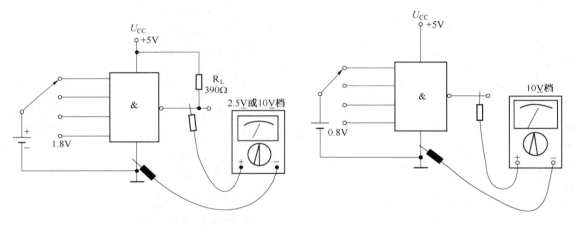

图 3-22　开门电压测量电路　　　　　　图 3-23　输出高电平测量电路

④关门电压 U_{OFF}。把输出电压下降到输出高电平 U_{OH} 的 90% 时的输入电压，称为关门电压 U_{OFF}。一般要求 $U_{OFF}\geqslant0.8V$。

U_{OFF} 测量电路及测量方法与 U_{OH} 相同。当输入端依次接 0.8V 电压时，若输出电压大于 2.7V，即为合格品。否则，不能使用。

⑤静态功耗。门电路的静态功耗，是指电路处于稳定工作状态时所消耗的直流功率。它等于电源电压 U_{CC} 和电源总电流 I_{CC} 的乘积。静态功耗又分导通功耗 P_{CCL} 和截止功耗 P_{CCH}。

导通功耗 P_{CCL} ——指输出端不接负载时，电路自身消耗的功率。因此，导通功耗又叫空载导通功耗。

P_{CCL} 的测量电路如图 3-24 所示。将万用表置于直流电流适当的档位，万用表的电流读数 I_{CCL} 与电源电压 U_{CC}（5V）的乘积就是导通功耗 P_{CCL}。

$$P_{CCL}=U_{CC}\cdot I_{CCL}$$

一般要求 $P_{CCL} \leqslant 50mW$，而 $U_{CC} = 5V$，所以 $I_{CCL} \leqslant 10mA$。

截止功耗 P_{CCH}——所有输入端都接地，电路处于截止状态，此时电路所消耗的功率即为截止功耗。截止功耗 P_{CCH} 可用图 3-25 所示电路进行测量。将万用表置于直流电流适当的档位，万用表电流读数 I_{CCH} 与电源电压 U_{CC} 的乘积就是截止功耗 P_{CCH}。

$$P_{CCH} = U_{CC} \cdot I_{CCH}$$

一般要求 $P_{CCH} \leqslant 25mW$，而 $U_{CC} = 5V$，所以 $I_{CCH} \leqslant 5mA$。

⑥输入短路电流 I_{is}。是指一个输入端接地，而其他输入端开路，流过这个接地输入端的电流即为输入短路电流。一般要求 $I_{is} \leqslant 1.5mA$，I_{is} 越小越好。

I_{is} 的测量电路如图 3-26 所示。将万用表置于直流电流档，对每个输入端的 I_{is} 都要测量，若测得 $I_{is} > 1.5mA$，说明不合格，应把该输入端剪去。

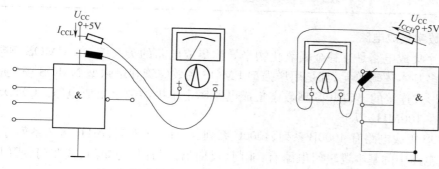

图 3-24　导通功耗测量电路　　　　　　　　图 3-25　截止功耗测量电路

⑦交叉漏电流 I_{iH}。是指电路任一输入端接高电平，其余输入端接地，这时的漏电流称为输入交叉漏电流 I_{iH}。

I_{iH} 测量电路如图 3-27 所示。万用表置于直流电流档，万用表的电流读数即为 I_{iH}。一般 $I_{iH} \leqslant 70 \sim 100\mu A$ 就算合格。正式产品中往往把 I_{iH} 不合格的输入端剪去。

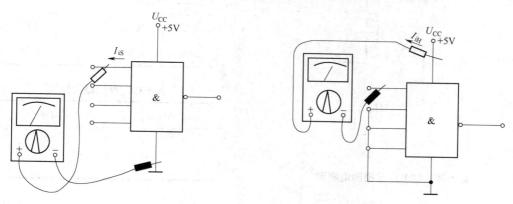

图 3-26　输入短路电流测量电路　　　　　　图 3-27　交叉漏电流测量电路

（4）用万用表判断 TTL 数字集成电路好坏。在实际工作中，经常用万用表测量 TTL 数字集成电路各端的正、反向电阻值的方法估测其好坏。具体方法是：将万用表选择开关置于 R×1kΩ 档，先将黑表笔接 TTL 数字集成电路的接地端，红表笔分别接其他各端，测其各引脚对地电阻值；然后调换表笔，将红表笔接 TTL 数字集成电路的接地端，黑表笔分别接其他各端，测其各引脚对地反向电阻值，若其各电阻值与表 3-17 中所列正常值相近，则该集成电路大体上是好的。否则，有问题。

表 3-17　用万用表测 TTL 集成电路正反向电阻值的数据

测　量　项　目	正常值	不正常值	万用表接法
输入输出各端对电源地端	5kΩ	<1kΩ 或>12kΩ	黑表笔接接地端，红表笔分别接其他各端
正电源端对电源地端	3kΩ	≈0 或≈∞	
输入输出各端对电源地端	>40kΩ	<1kΩ	红表笔接接地端，黑表笔分别接其他各端
正电源端对电源地端	3kΩ	≈0 或≈∞	

3. CMOS 型数字集成电路

CMOS 型数字集成电路是互补金属氧化物半导体集成电路的英文缩写。CMOS 型数字集成电路中的许多基本逻辑单元，都是用增强型 PMOS 场效应管和增强型 NMOS 场效应管按照互补对称的形式连接的。CMOS 型数字集成电路属于单极型数字集成电路。CMOS 集成电路一般工作在 100MHz 以下。

常用的 CMOS 集成电路有 4000B 系列、4000C 系列、40H×× 系列、74HC×× 系列等。

CMOS 集成电路中的基本逻辑门电路有：非门（反向器）、与门、与非门、或非门、或门、异或门、异或非门等。下面简要介绍几种逻辑门电路的电路结构和工作原理。

（1）常用 CMOS 门电路的结构、工作原理及主要参数。

①CMOS 反相器（非门）的电路结构和工作原理。CMOS 反相器的电路结构如图 3-28 所示，电路的工作原理见表 3-18。电路图 3-28 所代表的逻辑关系，可以用真值表 3-19 表示。

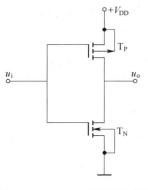

图 3-28　CMOS 反相器电路图

表 3-18　反相器工作原理

u_i	T_N	T_P	u_o
0V	截止	导通	10V
10V	导通	截止	0V

表 3-19　反相器真值表

$A(u_i)$	$Y(u_o)$
0	1
1	0

②CMOS 与非门电路结构及工作原理。CMOS 与非门电路结构如图 3-29 所示，其工作原理见表 3-20。

③CMOS 或非门电路结构及工作原理。CMOS 或非门电路结构如图 3-30 所示，其工作原理见表 3-21。

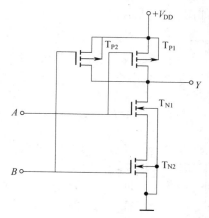

图 3-29 CMOS 与非门电路

表 3-20 CMOS 与非门电路工作原理

A	B	T_{N1}	T_{P1}	T_{N2}	T_{P2}	Y
0	0	截止	导通	截止	导通	1
0	1	截止	导通	导通	截止	1
1	0	导通	截止	截止	导通	1
1	1	导通	截止	导通	截止	0

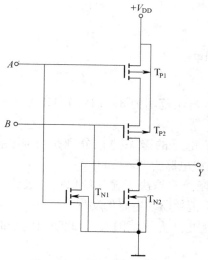

图 3-30 CMOS 或非门电路

表 3-21 CMOS 或非门电路工作原理

A	B	T_{N1}	T_{P1}	T_{N2}	T_{P2}	Y
0	0	截止	导通	截止	导通	1
0	1	截止	导通	导通	截止	0
1	0	导通	截止	截止	导通	0
1	1	导通	截止	导通	截止	0

④CMOS 与门电路结构。CMOS 与门电路结构如图 3-31 所示。

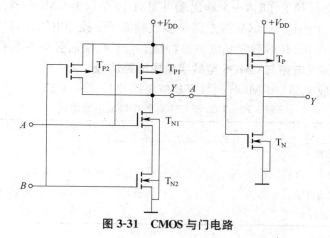

图 3-31 CMOS 与门电路

⑤CMOS 或门电路结构。CMOS 或门电路结构如图 3-32 所示。

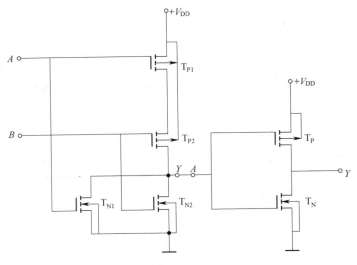

图 3-32 CMOS 或门电路

(2)CMOS 数字集成电路的主要参数。

①电源电压范围。CMOS 数字集成电路工作电源电压范围为 3～18V,74HC×× 系列工作电源电压范围为 2～6V。

②功耗。当电源电压为 5V 时,CMOS 数字集成电路的静态功耗分别是:门电路类为 2.5～5μW,缓冲器和触发器类为 5～20μW,中规模集成电路为 25～100μW。

③输入阻抗。由于 CMOS 数字集成电路的输入阻抗只取决于输入端保护二极管的漏电流,因此,输入阻抗极高。CMOS 数字集成电路几乎不消耗驱动电路的功率。

④抗干扰能力。因为 CMOS 数字集成电路的电源电压允许范围大,因此输出电平的摆幅也大,抗干扰能力就强。

⑤逻辑摆幅。CMOS 数字集成电路的逻辑高电平"1",非常接近工作电源电压,而逻辑低电平"0"则接近于"地"。空载时,输出高电平 $V_{OH} \approx V_{DD}$,输出低电平 $V_{OL} = 0.05$V。由此可见,CMOS 数字集成电路的电源利用系数最高。

⑥扇出能力。在低频工作时,一个输出端可驱动 50 个以上 CMOS 器件。

⑦抗辐射能力。由于 CMOS 集成电路是多数载流子受控导电器件,射线辐射对多数载流子浓度影响不大,因此,CMOS 数字集成电路特别适合于在核辐射条件下采用。

4. TTL 型数字集成电路与 CMOS 型数字集成电路比较

TTL 型数字集成电路与 CMOS 型数字集成电路比较见表 3-22。

表 3-22 TTL 与 CMOS 数字集成电路比较

TTL	CMOS
开关速度快	开门速度稍慢
平均延迟时间 3～10ns	平均延迟时间 75ns
结构复杂,集成度低	结构和工艺简单,容易实现高密度制作
功耗高 2～20mW	功耗低 0.01mW

除此以外，CMOS 型数字集成电路还有输入阻抗高、抗干扰能力强、温度稳定性好、扇出能力强等优点。目前，大型数字集成电路一般采用 CMOS 型数字集成电路。

在此还需强调指出的是，TTL 数字集成电路电源电压允许的变化范围比较窄，一般在 4.5～5V 之间，因此必须使用＋5V 稳压电源，而 CMOS 数字集成电路的电源电压允许变化范围比较宽，一般在 3～18V 之间。由此而产生的问题是，TTL 数字集成电路的逻辑高电平"1"一般为 3V，逻辑低电平"0"一般为 0.2V 左右，而 CMOS 数字集成电路的逻辑高电平"1"为 $0.9V_{DD}$，逻辑低电平"0"可以是 0～0.05V。因此，当 TTL 集成电路与 CMOS 集成电路混用时要采取相应的措施，如采取上拉电阻或增加耦合元器件等。

第四章　基本放大电路识读

任何复杂的电子电路都是由一些具有完整基本功能的单元电路组成的,因此尽可能多地掌握一些基本单元电路的基础知识,并能分析各个单元电路之间的关系,是学习识图和分析电路的关键。

基本放大电路是模拟电路的核心和基础。放大电路的功能在于将微弱的电信号加以放大,实现以较小能量对较大能量的控制。在工业电子技术中,最常用的是低频放大电路,其频率范围在 20～20000Hz。本章主要介绍几种常用的基本放大电路,以便掌握这些电路的特点、结构和工作原理。

第一节　晶体管基本放大电路

放大电路,是指能将一个微弱的交流小信号,通过一个装置后得到一个波形相似但幅值却很大的交流大信号的电路。在 20 世纪 60 年代以前,放大装置主要是电子管,20 世纪 60 年代以后,晶体管和场效应管逐渐取代了电子管。本节重点介绍以晶体管和场效应管为主组成的放大电路。

一、晶体管的工作条件和工作状态

晶体管属于电流控制型半导体器件,当晶体管满足工作条件时,若从基极加入一个较小的信号,则其集电极将会输出一个较大的信号。

晶体管的工作条件是,发射结(B、E 极之间)加较低的正向电压(即正向偏置电压),集电结(B、C 极之间)加较高的反向电压(即反向偏置电压)。晶体管各极所加电压的极性如图 4-1 所示。

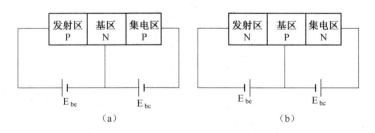

图 4-1　晶体管各极所加电压极性
(a)PNP 管　(b)NPN 管

晶体管发射结的正向偏压约等于 PN 结电压,对于硅型晶体管其值为 0.6～0.7V,对于锗型晶体管其值为 0.2～0.3V。集电结的反向偏压需视晶体管的具体型号而定。

根据晶体管各极所加电压的极性和大小,晶体管有三种工作状态——截止、导通、饱和。

当晶体管不具备工作条件时,它处于截止状态。此时,其内阻很大,各极电流几乎为零。

当晶体管的发射结加上合适的正向偏压,集电结加上反向偏压时,晶体管导通,其内阻变小,各极均有电流产生。适当增大发射的正向偏压,使基极电流增大,集电极电流和发射极电流也会随之增大。

当晶体管发射结的正向偏压增加到一定值(硅管≥0.7V,锗管≥0.3V)时,晶体管从导通放大状态进入饱和状态。此时,集电极电流将处于较大的恒定状态,且不受基极电流的控制,晶体管内阻很小(相当于开关被接通),集电极与发射极之间的电压低于发射结电压,集电结也由反偏状态变为正偏状态。

二、晶体管放大电路的分类

晶体管放大电路在电子电路中的使用非常广泛,按其在电路中的作用分类,可以分为电流放大电路、电压放大电路和功率放大电路;按其引脚的连接方式分类,可以分为共发射极放大电路、共基极放大电路和共集电极放大电路。

当发射极为输入信号和输出信号的公共端时,称其为共发射极放大电路;当基极为输入信号和输出信号的公共端时,称其为共基极放大电路;当集电极为输入信号和输出信号的公共端时,称其为共集电极放大电路。公共端通常称为"地",其电位等于零,在电路图中用"⊥"表示。三种基本组态放大电路如图 4-2 所示。

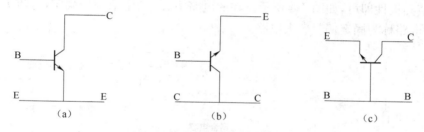

图 4-2　三种基本组态放大电路

(a)共发射极　(b)共集电极　(c)共基极

三种组态放大电路的优缺点及主要用途见表 4-1。

表 4-1　三种组态放大电路特点及用途

电路形式	共发射极放大电路	共基极放大电路	共集电极放大电路
输入、输出相位	反相	同相	同相
输入、输出阻抗	输入阻抗小,输出阻抗大	输入阻抗最小,输出阻坑大	输入阻抗大,输出阻抗小
输入、输出信号	有放大能力	有放大能力	基本相等
主要用途	低频电压放大器的输入级、中间级	宽频带放大电路	输入级、功率输出级

在实际电路中各种形式的放大电路可以互相结合,构成多级放大电路。

三、晶体管放大电路组成

图 4-3 为双电源供电的共发射极放大电路。各元件的作用如下:

(1)晶体管 VT。由于晶体管具有电流放大作用,所以它是放大电路的心脏。

(2)集电极电源 Ec。Ec 的接法应使集电结处于反向偏置,保证晶体管工作在放大状态。

同时,Ec 为放大电路提供能源。Ec 一般为几伏到几十伏。

（3）集电极负载电阻器 Rc。Rc 的主要作用是将集电极电流的变化转换为电压的变化,以实现电压的放大。Rc 的阻值一般为几千欧到几十千欧。

（4）基极电源 E_B 和基极电阻器 R_B。它们的作用是使发射结处于正向偏置,并提供大小适当的基极电流 I_B,以便放大电路获得合适的工作点。R_B 的阻值一般为几十千欧到几百千欧。

（5）耦合电容器 C_1 和 C_2。C_1、C_2 的作用在于隔断直流通过交流。因此,耦合电容既能为交流信号构成通路,同时又能隔断放大电路与信号源及负载之间的直流通路,使信号源及负载的工作状态免受直流电源的影响。通常要求耦合电容上的交流压降小到可以忽略不计,即对交流信号可视作短路。C_1 和 C_2 的电容量一般为几微法到几十微法。耦合电容器常采用极性电容器,连接时应注意极性。

（6）u_i 和 u_o。分别为输入信号和输出信号。

在图 4-3 所示电路中,把 u_i、u_o、E_B 和 Ec 的公共端连接在一起,称为地端,用符号"⊥"表示,并认为地端的电位为零。它是电路中各点电位的参考点。

在图 4-3 所示电路中,采用了两个直流电源 Ec、E_B 供电,这在实际使用中很不方便,为了简化电路,两个直流电源 Ec 和 E_B 可用一个电源 Ec 单独供电,只要 R_B 选取合适的数值,仍可保证晶体管的发射结正向偏置,集电结反向偏置。另外电源 Ec 的符号可以不画出,只标出它对地的电压值和极性即可,如图 4-4 所示。在此电路中,R_B 的阻值一经确定,电流 i_B 就是一个固定值,这种电路称为固定偏置放大电路。

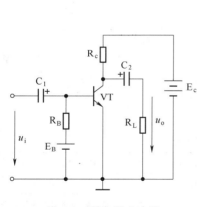

图 4-3　基本放大电路

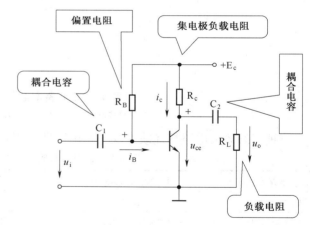

图 4-4　固定偏置放大电路

四、放大电路的工作原理

图 4-5 所示电路比较直观地显示了放大电路的工作原理。当放大电路输入端加入一正弦交流电压 u_i 时,u_i 通过 C_1 加到晶体管的基极,从而引起 i_B 相应的变化,i_C 亦随 i_B 变化。当 i_C 增加时,u_{CE} 将减小,即 u_{CE} 的变化恰与 i_C 相反。u_{CE} 的变化量经过 C_2 传送到输出端成为输出电压 u_o。如果电路参数选择合适,则 u_o 的幅度将比 u_i 大得多,从而达到放大目的。必须指出的是,u_o 和 u_i 相位相差 180°,即反相。

由上述分析可知,交流信号的放大是利用晶体管的电流放大作用,将直流电源的能量转换

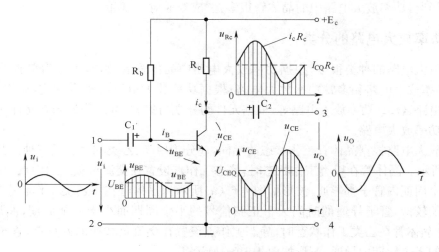

图 4-5　电压放大原理图

为交流信号的能量。因此,晶体管的放大作用实质上是一种能量转移作用。从这种意义上说,放大电路是一种以较小能量控制较大能量的装置。

第二节　功率放大电路及其应用

一、功率放大电路的特点

大多数的电子设备(如扬声器、电动机等),都需要前端电路具有足够的输出功率来控制或驱动。为了使输出功率足够大,就需要有一种电路将功率放大,这就是功率放大电路。从能量观点看,功率放大电路与电压放大电路没有本质的区别。不同的是,功率放大电路主要是在大信号条件下工作,而电压放大电路主要是在小信号条件下工作。正是由于功率放大电路是在大信号条件下工作,所以功率放大电路要面对很多新的问题。主要是:

首先,由于功率放大电路是在大信号条件下工作的,工作点变化范围大,容易使晶体管特性曲线的非线性问题表现出来。并且输出频率越大,非线性问题越明显,造成的非线性失真也越严重。

其次,功率放大电路的作用是对输入信号的功率进行放大,因信号的功率不仅与信号的电压有关,还与信号的电流有关,所以,功率放大电路中的晶体管往往工作在极限的状态下。

第三,功率放大电路输送给负载的功率是由直流电源提供的,并要求直流电源提供的功率能尽可能多地转化为负载的功率,即电路的"效率"要高。

最后,由于功率放大电路工作时在功率放大管的集电极上有较大的功率损耗,并以热的形式向外传播,因此如果没有散热装置,就可能导致功率放大管工作不稳定,甚至烧毁。

为了解决上述问题,功率放大电路在结构上与电压放大电路有所不同,比较突出的区别主要有三点:一是耦合方式不同,电压放大电路一般采用阻容耦合或直接耦合的方式,而功率放大电路则更多地采取变压器耦合的方式;二是功率放大电路的晶体管除采取专用型号外,一般都装有散热装置,散热装置几乎成为功率放大电路的"地标";三是为了解决功率放大电路的非线性失真问题,功率放大电路中的晶体管很多是"成双成对"出现的。

二、功率放大电路的分类

功率放大电路的种类很多,根据功率放大电路中晶体管的数量,可分为单管功率放大电路、双管功率放大电路和多管功率放大电路;根据功率放大电路的耦合方式,可以分为 OTL 功率放大电路、OCL 功率放大电路等;根据元件的分立与集成,可以分为分立元件功率放大电路和集成功率放大电路。

功率放大电路根据晶体管工作状态的不同,还分为甲类、乙类和甲乙类三种。其工作波形如图 4-6 所示。晶体管在甲类工作状态时,静态工作点设置在交流负载线的中点,在正弦输入信号的整个周期内管子都导通,波形如图 4-6 (a) 所示。晶体管在甲乙类工作状态时,静态工作点设置的较低,管子导通的时间大于正弦信号的半个周期而小于一个周期,波形如图 4-6 (b) 所示。晶体管在乙类工作状态时,静态工作点设置在交流负载线的截止点,管子只在正弦输入信号的半个周期内导通,波形如图 4-6 (c) 所示。

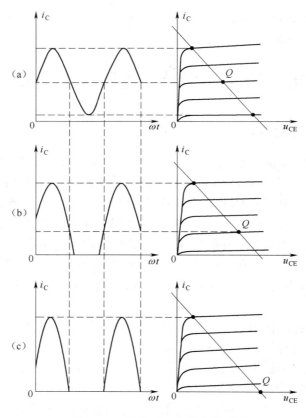

图 4-6　　晶体管工作状态波形图

(a)甲类工作状态　　(b)甲乙类工作状态　　(c)乙类工作状态。

三、单管功率放大器

图 4-7 是单管功率放大器的典型电路。

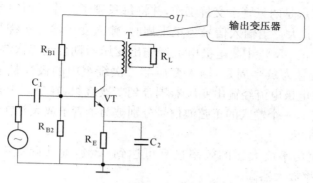

图 4-7　单管功率放大器电路图

图中 R_{B1}、R_{B2} 为分压偏置电路,为 VT 提供稳定偏置。R_E 的作用是稳定静态工作点,C_2 是它的旁路电容器。该电路中使用一只晶体管发送输入信号,为了使功率放大器有最大的不失真功率输出和高的效率,电路采取了两项措施:其一是选择合适的 R_E 的阻值,以保证晶体管在理想的状态下工作(合适的静态工作点);其二是采用变压器耦合。这是因为,放大器中晶体管集电极回路有一个最佳电阻值,而实际的负载电阻值并不等于最佳值,因此需要用变压器进行阻抗变换,将实际负载电阻值变换到最佳值(称为阻抗匹配)。

单管甲类功率放大电路结构简单、失真小,但管耗大、输出功率小、效率低(低于 50%),只适用于小功率放大电路。

四、双管推挽功率放大器

由于单管功率放大器中存在很大的直流电流,使得电源的大部分功率被晶体管损耗掉了,因此效率很低。为了提高功率放大器的效率,就应该减小存在的直流电流。当直流电流减小为零时,晶体管只能对半周信号进行放大,因此需要将两个晶体管组合起来,用一只放大正半周信号,另一只放大负半周信号。

利用两只型号相同、主要参数相同的晶体管,采用变压器耦合组成的功率放大器称为双管推挽功率放大器,通过工作在乙类状态的两只晶体管可以获得高效率、低失真的功率放大。

双管推挽功率放大器电路如图 4-8 所示。

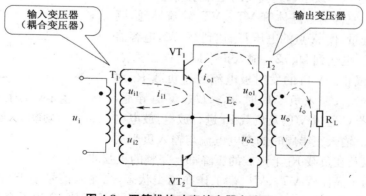

图 4-8　双管推挽功率放大器电路图

该电路的主要特点是两只管子交替工作,并将每只管子工作时所得半周期输出波形进行合成,完成不失真的放大。当输入信号为正半周时,输入变压器二次绕组中的极性是上正下负,VT_1导通,VT_2截止。VT_1中集电极电流经输出变压器耦合到二次绕组,在负载上输出正半周信号。当输入信号为负半周是,输入变压器二次绕组中的极性是上负下正,VT_2导通,VT_1截止。VT_2中集电极电流经输出变压器耦合到二次绕组,在负载上输出负半周信号。这样,两个管子依次工作,一个输入的正弦波信号分别被两个管子放大并在负载上合成为一个交流信号,完成了功率放大。

理论上双管推挽功率放大器的效率最高可达到78%,而实际效率一般可达到60%～70%,明显比单管功率放大器高。

需要指出,电路工作在乙类状态时,两只管子的基极都未设偏置。由于晶体管输入特性曲线上存在一段"死区",在信号正负半周交接的零值附近,出现没有放大输出的情况,反映到负载上就会出现波形的两半周交界处有不衔接的现象。这种现象叫"交越失真"。推挽放大器如果采用甲乙类放大方式,就可以大大减小交越失真。因此一般的实用电路,在静态时都要给晶体管加上一定的正向偏压,保证晶体管在信号电压较低时,仍处于良好导通状态。

五、OTL 功率放大器

在传统的双管推挽功率放大器中,由于需要使用输入、输出变压器,因而具有以下缺点:

(1)体积大、质量大、不利于集成;

(2)损耗大、效率低;

(3)频率特性差。

要解决这些问题,就必须去掉变压器,使用无变压器的功率放大器。其中,最常见的就是互补对称推挽功率放大器。互补对称推挽放大器有多种类型,其中一种使用了输出耦合电容,称为 OTL 互补对称式功率放大器。

图 4-9 所示为 OTL 互补对称式功率放大器电路。

OTL 互补对称式功率放大器由一只 NPN 型晶体管(VT_1)和一只 PNP 型晶体管(VT_2)构成。两只晶体管的特性相近,通常被称为互补管。它们工作在乙类状态或介于甲、乙类状态之间。该功率放大器的工作原理是:

输入信号 u_i 使得两个晶体管 VT_1、VT_2 轮流导通,调整 u_i 中的直流分量,使 A 点的电压 U_A 达到 $U_{CC}/2$,电容器 C 被充电直到 U_C 也达到 $U_{CC}/2$。输入正半周时,$u_i>U_A$,VT_1导通,VT_2截止。VT_1 的发射极电流经过负载 R_L 对电容器 C 进行充电;输入负半周时,$u_i<U_A$,VT_2导通,VT_1截止,电容器 C 通过 VT_2 及负载 R_L 进行放电,放电电流反向流过 R_L。输入正半周时的充电电流与输入负半周时的放电电流以及在负载 R_L 上形成的压降都是完整的正弦波。

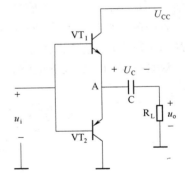

图 4-9　OTL 互补对称式功率放大器电路图

由于此时两个晶体管 VT_1、VT_2 都工作在乙类状态,当输入信号小于晶体管的发射结阈值电压时,两个管同时截止,使得输出电压在一段时间内成为零值,产生了交越失真。

为了减小交越失真,可以使晶体管 VT_1、VT_2 工作在甲乙类工作状态下,即在 VT_1、VT_2

发射结加上适当的正向偏压,如图 4-10 所示。

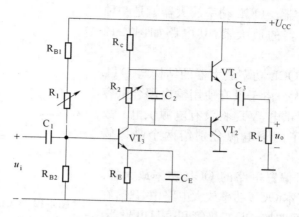

图 4-10　改进的 OTL 互补对称式功率放大器电路图

图中 VT_3 为推动级放大器,通过调整 R_1 可以改变 VT_3 的集电极电位。VT_3 集电极电流在 R_2 上的压降为 VT_1、VT_2 提供了正向偏压,使得它们有一小静态偏流,通过调整 R_2 就可以使交越失真变为最小。

图 4-11 是另一种改进的 OTL 互补对称式功率放大器。图中电容器 C_2、电阻器 Rc 构成自举电路,能够使两只晶体管都获得充分利用,在负载上得到最大的输出电压,从而提高了输出功率。

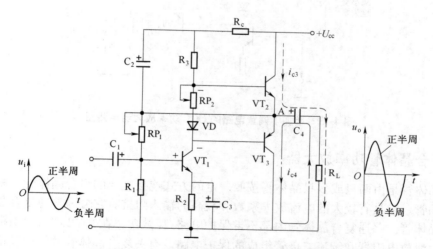

图 4-11　自举 OTL 互补对称式功率放大器电路图

六、OCL 功率放大器

由于在 OTL 功率放大器中使用了输出耦合电容器,因此影响了放大器的频率特性:

(1)耦合电容量的大小决定放大器的低端频率响应,即使电容量很大,很低的频率也不能通过电容器;

(2)电解电容器是使用卷绕方法制成的,存在一定的电感效应,使得低端的频率响应更差。

为解决上述问题,提高功率放大器的频率特性,就不能使用输出耦合电容器。OCL 功率放大器就是一种不使用输出耦合电容器的放大器,其电路如图 4-12 所示。

从图中可以看出,OCL 功率放大器的结构与 OTL 功率放大器的差别不大。由于没有使用输出耦合电容器,如果还采用单电源供电,VT$_2$ 将没有电源供电。故而,在放大器中使用了两个电源分别给两个晶体管供电。

图 4-13 是增加了偏置电路的 OCL 功率放大器。从图中可以看出,在基本 OCL 功率放大电路中,只需在两只晶体管的基极之间增加一只二极管和一只电阻器,

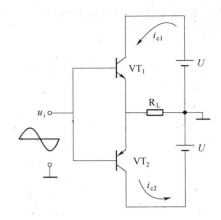

图 4-12　OCL 功率放大器电路图

就可以将工作状态由乙类放大状态改为甲乙类放大状态,从而有效地解决交越失真问题。

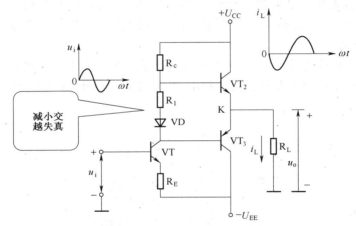

图 4-13　增加了偏置电路的 OCL 功率放大器电路图

七、复合晶体管功率放大器

复合晶体管是由两只或多只晶体管按照一定的方式连接组成的组合晶体管。复合晶体管也称达林顿管。它具有较大的电流放大系数和较高的输入阻抗。它分为普通复合晶体管和大功率复合晶体管。普通复合晶体管内部不带保护电路,耗散功率在 2W 以下,大功率复合晶体管内部带由泄放电阻器和续流二极管组成的保护电路。有关复合晶体管的结构及检测方法可参见本书第二章第二节六、4。

图 4-14 是使用复合晶体管的 OTL 功率放大器。图中 VT$_2$、VT$_4$ 是 NPN 型复合晶体管,VT$_3$、VT$_5$ 是 PNP 型复合晶体管,C$_2$ 和 R$_6$ 组成自举电路,R$_4$、VD 用于消除交越失真,R$_9$、R$_{10}$ 是限流电阻器,对晶体管起到保护作用。

图 4-15 是使用复合晶体管的 OCL 功率放大器。图中各元器件的作用与图 4-14 中相类似,C$_4$、R$_6$ 组成自举电路,VD$_1$、VD$_2$ 用于消除交越失真。另外,C$_3$、R$_5$、R$_7$ 的作用是对直流引入深度负反馈,避免降低放大倍数。C$_2$、R$_4$ 组成电源的退耦滤波电路,C$_6$、R$_{15}$ 构成负载均衡补偿电路。

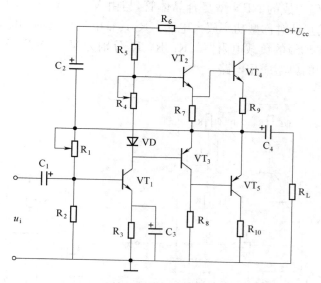

图 4-14　使用复合晶体管的 OTL 功率放大器电路图

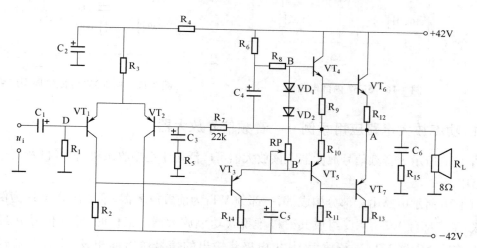

图 4-15　使用复合晶体管的 OCL 功率放大器电路图

八、集成功率放大器

由于集成功率放大器体积小、工作稳定、便于安装调试，故在大多数普及型设备中取代了分离元件的功率放大器。但是，它也存在着型号繁多、不易识别及内部复杂不易分析等弱点。

1. 由集成电路 5G37 组成的集成 OTL 功率放大器

小功率集成电路 5G37 是一种典型的集成 OTL 功率放大电路，其内部电路如图 4-16 所示。

如图中所示，电路由 12 只晶体管和 6 只电阻器组成。由 VT_1、VT_2 组成的 PNP 型复合晶体管作为输入级。VT_5、VT_6、VT_7 相当于三只二极管，用于减小交越失真，并且具有温度补偿的作用。由 VT_8、VT_9 组成的 NPN 型复合晶体管，与由 VT_{10}、VT_{11}、VT_{12} 组成的 PNP 型的复合晶体管共同构成互补对称型功率放大电路。R_1 具有电流负反馈功能，起到稳定输入级工作点的作用。R_2 是推动级的负载电阻器。R_4、R_5、R_6 分别为 VT_3、VT_8、VT_{11} 提供通路。

图 4-17 是 5G37 的典型应用电路。

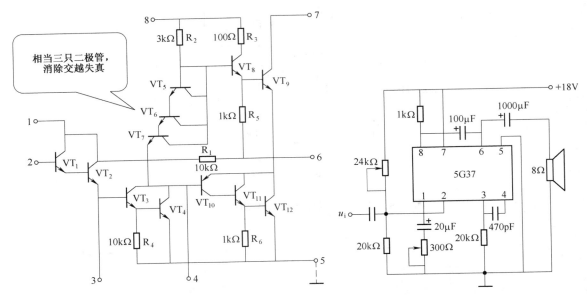

图 4-16　5G37 内部电路图　　　　图 4-17　由 5G37 组成的典型应用电路图

九、功率放大电路应用举例——音频信号放大器

图 4-18 所示为音频信号放大器。该放大器可广泛用于小型收录机、扩音机及汽车收音机等电路中。

图 4-18 所示电路由三部分构成:第一部分 VT_1 为前置放大器,第二部分 VT_2 为倒相激励推动级,第三部分 VT_3、VT_4 组成共射极推挽式功率放大器。工作时,输入信号 u_i 经变压器 T_1 送至前置放大器 VT_1 进行放大,其集电极将输出的信号送给倒相级 VT_2,并通过电阻器 R_6、R_7 送出两个相反的信号去推动 VT_3、VT_4,信号通过放大后送给输出变压器 T_2,最后推动扬声器 BL 工作。

电路中,电位器 RP 既可调节电路增益电平,同时又兼做匹配电阻器用。R_1、R_2、R_4、R_5 为 VT_1 的直流偏置电阻器。其中 R_4、R_5 为 VT_1 的发射极电阻器,起两个作用:一是 R_4、R_5 共同起直流负反馈作用,以稳定静态工作点;二是 R_4 同时起交流负反馈作用,以改善放大器频率响应特性。R_3、R_7、R_{14} 为 VT_2 的直流偏置电阻器。R_8~R_{12}、R_{15} 为 VT_3、VT_4 直流偏置电阻器。电容器 C_8、电阻器 R_{17} 构成交流串联电压负反馈,以改善整个放大电路频率特性。电容器 C_{12} 和输出变压器 T_2 的初级构成音频选频网络。

另外,为了加强电源退耦效果,降低纹波系数,采用了由 VT_5、C_{10} 等元件构成的滤波电路。

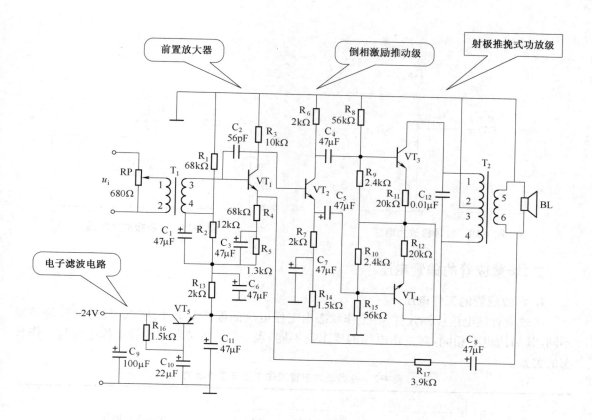

图 4-18 音频信号放大器

第三节 场效应管放大电路

一、场效应管放大电路分类

按照输入与输出公共端的不同,场效应管放大电路有共源极放大电路、共漏极放大电路和共栅极放大电路三种组态。

共源极放大电路的基本形态如图 4-19 所示。

场效应管共源极放大电路与晶体管共射极放大电路的作用类似,具有一定的电压放大能力,且输出电压与输入电压反相。由于其输入阻抗很高且输出电阻主要由漏极电阻决定,故场效应管的共源极放大电路适用于多级放大电路中的输入级或中间级。

共漏极放大电路的基本形态如图 4-20 所示。

场效应管共漏极放大电路与晶体管共集电极放大电路的功能类似,其没有电压放大的能力,且输出电压与输入电压同相。由于其输入阻抗高、输出阻抗低,在电路中主要用于阻抗变换。

由于共栅极放大电路在实际中很少使用,在此不予分析。

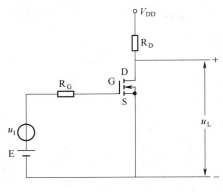

图 4-19　共源极放大电路

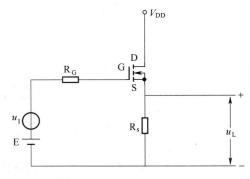

图 4-20　共漏极放大电路

二、场效应管的偏置电压

1. 场效应管的工作电压

场效应管是电压控制元件,其工作状态由工作电压的极性及大小决定。场效应管的类型不同,其结构也不相同,对工作电压的要求就不同,表 4-2 是各类场效应管工作电压与工作状态的关系。

表 4-2　各类场效应管工作电压与工作状态

结构	极性	工作方式		工作电压			转移特性曲线
			U_{DS}	U_{GS}			
				极性	大小	状态	
N沟道	电子导电	增强型	$+$	$+$	$=0$	截止	
					$<U_T$	截止	
					$\geqslant U_{GS}-U_T$	恒流	
					$\geqslant U_{GS}-U_T$	饱和	
		耗尽型	结型	$+$	$-$	$<U_P$	截止	
					$\geqslant U_P$	恒流	
			绝缘栅型	$+$	$+$、$-$、0	$\geqslant U_P$	饱和	

续表 4-2

结构	极性	工作方式		工作电压			转移特性曲线
			U_{DS}	U_{GS}			
				极性	大小	状态	
P沟道	空穴导电	增强型	−	−	$>U_T$	截止	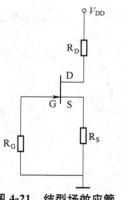
					$<U_T$	恒流	
					$\ll U_T$	饱和	
		耗尽型（结型）	−	+	<0	恒流	
					$=0$	恒流	
					$\leqslant U_{GS}-U_P$	恒流	
		耗尽型（绝缘栅型）	−	−、+、0	$>U_{GS}-U_P$	截止	
					$\ll 0$	饱和	

注：表中 U_{DS} 为漏源电压，U_{GS} 为栅源电压，U_T 为开启电压，U_P 为夹断电压。

2. 场效应管的偏置电压

场效应管工作电压的极性和大小不同，放大电路中偏置电路的构成也不同。从表 4-2 中可以看出，对于结型场效应管，要求反极性偏置，即 U_{GS} 和 U_{DS} 的极性相反；对于绝缘栅型场效应管，有增强型和耗尽型两种结构，其中，增强型场效应管要求同极性偏置，即 U_{GS} 与 U_{DS} 极性相同，对于耗尽型场效应管，由于其在没有加偏置电压时，就有导电沟槽存在，故该类场效应管既可以同极性偏置，也可以反极性偏置，还可以零偏置。

三、场效应管的偏置电路

为了使场效应管放大电路正常工作，必须在栅极和源极之间建立合适的偏置电压，以使场效应管工作在合适的区域（即有合适的静态工作点）。由于场效应管的结构不同，对偏置电压的极性和大小要求不同，因此，场效应管偏置电路的结构形式也不同。场效应管常用的偏置形式有自给偏置和分压偏置两种。

结型场效应管的自给偏置电路如图 4-21 所示，绝缘栅耗尽型场效应管的自给偏制电路如图 4-22 所示。

从上图中可以看出，静态时栅极电流为零，R_G 上的压降 $U_G=0$，栅源电压 $U_{GS}=U_G-U_S=-I_DR_S$。由于栅源电压是靠漏极电流 I_D 在源极电阻 R_S 上产生的，故称自给偏压。

分压偏置电路，是在自给偏压电路的基础上接分压电路构成的。如图 4-23 所示。

图 4-21　结型场效应管自给偏置电路

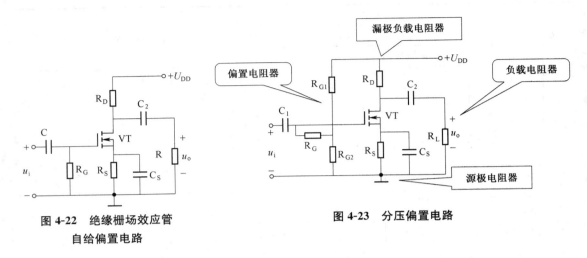

图 4-22 绝缘栅场效应管
自给偏置电路

图 4-23 分压偏置电路

从上图可以看出,静态时由于栅极电流为零,R_G 上没有电压降,栅源电位是由 R_{G1} 和 R_{G2} 对电源 U_{DD} 分压得到的,故此得名。

四、场效应管放大电路的应用

图 4-24 是由场效应管和晶体管共同组成的三级放大电路。由场效应管 VT_1 组成第一级输入放大电路。由于场效应管有较大的输入阻抗,所以该三级放大电路省去了耦合电容器,采取直接耦合方式。同时,采取场效应管作为输入放大级,可以获得较大的跨导并能较好地降低噪声。该电路可以广泛应用于需要放大微弱信号、而信号源(传感器等)阻抗又高的电子设备,如管道漏水探测器、管道漏气探测器、极微信号听音器等。

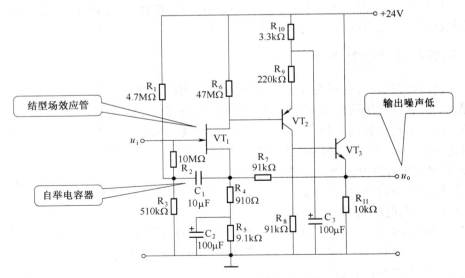

图 4-24 高输入阻抗前置级放大器

第五章 振荡与调制电路识读

在电路中，随着电流的变化，电场与磁场也在不断变化，大小和方向都发生周期性变化的电流称为振荡电流，能产生振荡电流的电路称为振荡电路。

振荡电路有多种分类方法，按振荡电流波形的不同，振荡电路可以分为正弦波振荡电路、锯齿波振荡电路、方波振荡电路等；按振荡电路组成元件的不同，可以分为 LC 振荡电路、RC 振荡电路、晶体振荡电路等。

第一节 LC 振荡电路

一、LC 振荡电路的构成及工作原理

LC 振荡电路是最常用的振荡电路之一。LC 振荡电路是由电感器 L 和电容器 C 组成的振荡电路。它利用电容器和电感器的储能特性，通过电磁两种能量的相互转换产生正弦波信号。根据 LC 组态的不同，LC 振荡电路有 LC 串联振荡电路和 LC 并联振荡电路两种，分别如图 5-1(a)、(b)所示。

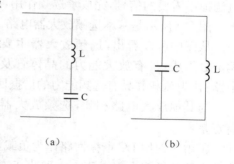

图 5-1 LC 振荡电路
(a)串联电路　(b)并联电路

在理想条件下，LC 振荡电路的振荡过程，既是电容器周期性充电和放电的过程，也是电感器周期性电磁转换的过程。在充电过程中，电容器上的电荷在增加，电场能在增加，磁场能在减小，磁场能在向电场能转变。充电完毕，电场能达到最大，磁场能为零。在放电过程中，电容器上的电荷在减少，电场能在减小，磁场能在增加，电场能向磁场能转变。充电完毕，磁场能达到最大，电场能等于零。

这里所说的理想条件，是指电路中(包括导线和线圈)的电阻为零，即电路在振荡过程中，只存在电场能与磁场能的相互转变而没有其他任何形式的能量损失。在这种状态下形成的电磁振荡称为自由振荡，相应的振荡频率称为固有频率。LC 振荡电路的固有振荡频率(f_0)和周期(T)由下式计算：

$$f_0 = \frac{1}{2\pi\sqrt{LC}} \quad T = \frac{1}{f_0} = 2\pi\sqrt{LC}$$

在自然界，这种理想条件是不存在的，无论是电感器还是电容器都会有电阻存在，电阻的存在使电路在振荡过程中因有能量损失而衰减。为了维持电路振荡，需要外界为电路周期性地补充能量。若外界周期性电磁激励的频率与电路的固有振荡频率相等则称固有频率与激励频率谐振。

LC 振荡电路的作用主要有两个:其一是利用其自由振荡的特性产生正弦振荡电流,并在此基础上通过放大产生正弦振荡信号;其二是利用其固有振荡频率与外界信号频率形成谐振完成选频的工作。

二、选频放大电路

1. 结构和工作原理

通常来说,放大电路根据所处理信号频率宽度的不同可分为两大类,一类用于放大频带很宽的信号,例如音频、视频信号;另一类用于放大频带相对较窄的信号,例如电台信号等。放大宽频带信号的放大电路通常是非调谐方式的,因此称为非调谐放大电路。放大窄频带信号的放大电路必须是具有选频能力的调谐回路,因此称为选频放大电路或调谐放大电路。

选频放大电路通常以由电感器、电容器组成的并联调谐回路作为负载,这种放大器所能够放大的频率范围仅限于并联谐振回路中心频率 f_0 附近的一个小范围,而对此范围以外的信号基本不起或只起较小的放大作用。

LC 振荡电路选频的工作原理可以简单地概括为:对于含有多种频率的外接信号,当其通过 LC 振荡电路时,其中与 LC 振荡电路固有频率 f_0 比较接近的谐振信号阻抗较大,并在线圈上产生较大的压降,而对非谐振频率的信号阻抗较小,几乎被短路,由此选出了需要的信号,过滤掉不需要的信号,完成了选频作用,提高了信号的纯洁性。

图 5-2 所示是基本选频放大器电路。

从图中可以看出,选频放大器主要由以下两部分组成:具有放大能力的晶体管及其偏置电路;作为负载并具有选频能力的谐振回路。

与其他放大电路相比,选频放大器的主要特点是:

①由于使用 LC 谐振回路作为负载,因此整个放大器的性能在很大程度上取决于谐振回路的特性;

②对于在谐振回路中心频率 f_0 附近的一

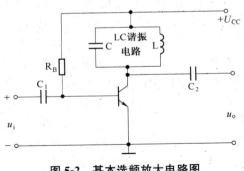

图 5-2   基本选频放大电路图

个小范围内的信号具有较强的放大能力,而对于远离谐振频率的信号放大能力较弱,具有良好的选频特性和滤波作用。

选频放大电路几乎在所有电子设备被广泛应用,通常用于中频放大电路和高频放大电路中。

2. 中频放大电路

中频放大电路的任务是把变频得到的中频信号加以放大,然后送到检波器检波。中频放大电路对提高信号的灵敏度、选择性和通频带等性能指标有极其重要的作用。

图 5-3 所示是 LC 单调谐中频放大电路。

图中,T_1、T_2 为中频变压器。它们的初级分别与 C_1、C_4 组成输入和输出选频网络,并谐振于中频的某一固定频率(如超外差式收音机谐振于 465kHz),而它们的次级则分别起阻抗变换的作用。由于并联谐振回路对谐振频率信号的阻抗很大,对非谐振频率信号的阻抗较小,所以中频信号在中频变压器的初级线圈上产生很大的压降,并且耦合到下一级放大,对非谐振

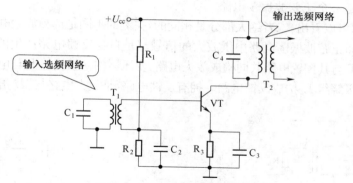

图 5-3　LC 单调谐中频放大电路

频率信号压降很小,几乎被短路(通常说它只能通过中频信号),从而完成选频作用。

又因为该晶体管放大电路采用共射极放大电路,其输入阻抗低、输出阻抗高,所以一般用变压器耦合,使前后级之间实现阻抗匹配。

以下举两个中频放大器的实例,由于篇幅原因,不再具体分析。

图 5-4 所示是一个由场效应管组成的单调谐放大电路。

图 5-5 所示是一个典型的电视机中频放大电路。

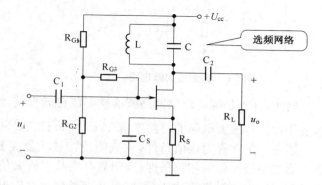

图 5-4　场效应管单调谐放大电路

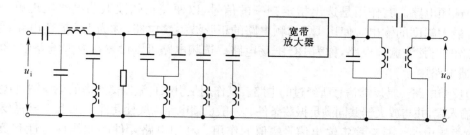

图 5-5　电视机中放电路

三、正弦波振荡电路

1. 正弦波振荡电路的特点和结构

正弦波振荡电路,能够产生一定频率的正弦波,在测量仪器、自控系统、广播通信设备以及工业生产中都有广泛的应用。特别是在电子产品试验及视听设备的调试中,经常需要用到正弦信号发生器,而构成该信号发生器的核心,正是正弦波振荡电路。

从电路结构来讲,正弦波振荡电路与选频放大电路十分相近,图 5-6 所示是一个选频放大电路,图 5-7 所示是一个正弦波振荡电路。

比较上述两图可以看出,二者绝大部分是相同的,关键的不同是选频放大电路中供放大的信号是外部输入的,而正弦波振荡电路中供放大的信号却是自身反馈电路产生的。在图 5-7 所示电路中,晶体管 VT 与其偏置电路共同构成放大电路,变压器的初级绕组 L 与电容器 C 构成选频电路,变压器的次级绕组 L_2 构成反馈电路。拥有反馈电路,是放大电路与振荡电路的本质区别。

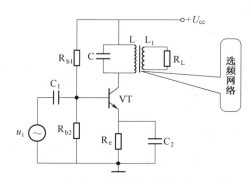

图 5-6 选频放大器电路

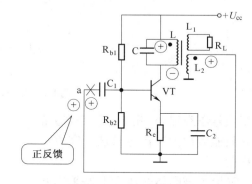

图 5-7 正弦波振荡电路

然而,并不是拥有反馈网络就能够形成自激振荡。反馈放大器产生自激振荡需要两个基本条件:其一,放大电路的环路增益 $|\dot{A}\dot{F}| = 1$;其二,环路总相移为 2π 的整数倍。

第一个条件称为幅值条件,它表明反馈放大器要具备足够的反馈量,才能够产生自激振荡。第二个条件称为相位条件,表明只有当基本放大信号和反馈网络中反馈信号的相位之和等于 2π 的整数倍,即形成正反馈时,才能够产生自激振荡。

根据上述条件,正弦波振荡电路由四部分组成,即放大电路、选频电路、反馈电路和稳幅电路。

(1)放大电路。其作用是对选择出来的某一频率信号进行放大。根据电路需要可采用单级放大电路或多级放大电路。

(2)选频电路。其作用是选出指定频率的信号,以便使正弦波振荡电路实现单一频率振荡,并有最大幅度的输出。使用 LC 选频电路的正弦波振荡电路,称为 LC 振荡电路;使用 RC 选频电路的正弦波振荡电路,称为 RC 振荡电路。选频电路可以设置在放大电路中,也可以设置在反馈电路中。

(3)反馈电路。是反馈信号所经过的电路。其作用是引入自激振荡所需的正反馈,将输出信号反馈到输入端,并与放大器共同满足振荡条件。一般反馈电路由线性元件 R、L 和 C 按需要组成。

(4)稳幅电路。具有稳定输出信号幅值的作用。利用电路元件的非线性特性和负反馈电路,限制输出幅度增大,达到稳幅目的。因此稳幅电路是正弦波振荡电路的重要组成部分。

四、常见 LC 振荡电路

1. 互感耦合 LC 振荡电路

图 5-8 所示是一种共射互感耦合 LC 振荡电路。从图中可以看出:LC 并联谐振回路作为选频回路。L_f 与 L 互感耦合,将耦合信号反馈到放大器 VT 的输入端。由于满足起振的条件,即 $AF > 1$,因此该电路能够起振。振荡频率为:

$$f_0 = \frac{1}{2\pi\sqrt{LC}}$$

　　从上式中可知,通过改变 L 或 C 的大小,就能够改变谐振频率。

　　互感耦合反馈式 LC 振荡电路的特点是振荡频率调节方便,容易实现阻抗匹配和达到起振要求,输出波形一般,频率稳定度不高,产生正弦波信号的频率为几千赫至几十兆赫,一般适用于对输出信号要求不高的设备。

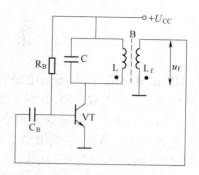

图 5-8　共射互感耦合 LC 振荡电路

2. 电感三点式 LC 振荡电路

　　电感三点式 LC 振荡电路的结构与互感耦合振荡电路相类似,由分压式放大电路和并联谐振回路构成。不同的是,电感三点式 LC 振荡电路采用了自耦变压器反馈线圈,属于自耦形式。

　　图 5-9 所示是电感三点式 LC 振荡电路。

　　图中,R_{B1}、R_{B2}、R_E、C_E、VT 等元件组成放大电路,L_1、L_2、C 组成振荡回路。L_2 产生反馈信号,通过耦合电容器 C_B 将 L_2 反馈电压加在晶体管的输入端,经放大后,在 LC 振荡回路中得到高频振荡信号。只要适当选择电感线圈抽头的位置,使反馈信号大于输入信号,就可以在 LC 回路中获得不衰减的等幅振荡。由于晶体管的三个电极分别与电感器的三个端相连接,因此称这种电路为电感三点式 LC 振荡电路(也称为哈特莱振荡器)。

　　该电路的特点是:

　　①容易起振,振荡幅度大;

　　②频率不高,但是调节方便;

　　③输出波形容易失真,只适用于对波形要求不高的情况下使用。

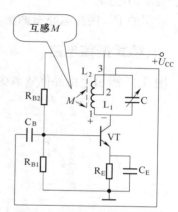

图 5-9　电感三点式振荡电路

3. 电容三点式 LC 振荡电路

　　图 5-10 所示是电容三点式 LC 振荡电路。

　　如图所示,该电路结构与电感三点式 LC 振荡电路相似,只是将 L、C 互换了位置。在 LC 振荡回路中,采用两个电容器串联成电容支路,两电容器中间有一引出端,通过引出端从 LC 振荡回路的电容支路上取一部分电压反馈到放大电路的输入端。由于晶体管的三个电极分别与电容器 C_1、C_2 的三个引出端相连接,故称为电容三点式 LC 振荡电路。当 VT 基极有一个正向变化时,集电极为负向变化,电感器 L 的另一端 B 点相对于 C 点为正向变化,因而是正反馈。

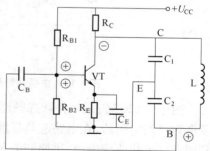

图 5-10　电容三点式振荡电路

　　电感三点式 LC 振荡电路和电容三点式 LC 振荡电路的比较。电感三点式 LC 振荡电路的特点是振荡频率调节方便,电路容易起振,但输出信号的波形较差,频率稳定度不高,可产生正弦波信号的频率为几千赫至几十兆赫。一般用于对输出信号要求不高的设备中。

　　电容三点式 LC 振荡电路的特点是频率调节不方便,但输出信号的波形好,频率的稳定度较高,可产生几兆赫至 100MHz 以上的频率。一般用于频率固定或在小范围内频率调节的设备中。

第二节　RC 振荡电路

RC 振荡电路与 LC 振荡电路的工作原理是相同的,其基本结构也大体相同,都是由选频网络和放大电路组成。RC 振荡电路与 LC 振荡电路的不同之处,主要表现在两个方面:其一是,LC 振荡电路产生的正弦波频率较高,要产生频率较低的正弦波频率,势必要求有较大容量的电容器和电感器,不但增加了制作成本,还增大了振荡器的体积和安装调试的难度,而 RC 振荡电路产生的信号频率低,一般为 $1Hz \sim 1MHz$,因此频率在 $200kHz$ 以下的正弦波振荡电路大多采用 RC 振荡电路。其二是,RC 振荡回路的选频作用不如 LC 振荡回路,选出的波形和稳定性都比较差,为了提高 RC 振荡电路波形的精确性和稳定性,在 RC 振荡电路中增加了负反馈电路。

常用的 RC 振荡电路有两类,一类是桥式振荡电路,另一类是相移式振荡电路。

一、桥式振荡电路

图 5-11 所示是由晶体管放大电路和 RC 选频网络组成的桥式振荡电路。

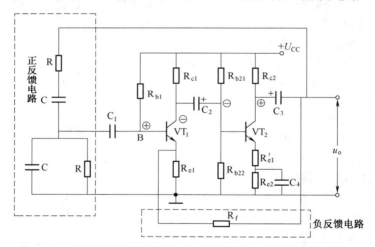

图 5-11　由晶体管放大电路和 RC 选频网络组成的桥式振荡电路

图中,由 RC 组成串并联选频网络,R_f 为负温度系数热敏电阻器,在电路起负反馈电路的作用,利用温度变化改变阻值,进而调节负反馈的大小,达到改善波形、减少放大电路对选频网络影响的目的。

图 5-12 所示是由同相比例运算放大器与 RC 串并联网络组成的 RC 桥式振荡电路。在该电路中,可以将选频和反馈(包括正反馈和负反馈)网络看作由 R_1C_1、R_2C_2、R_f 和 R_3 组成的四臂电桥,RC 桥式振荡电路也由此而得名。

为了进一步改善 RC 振荡电路的幅值,还可

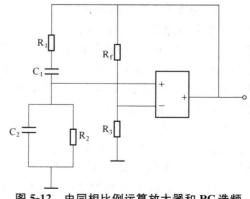

图 5-12　由同相比例运算放大器和 RC 选频网络组成的桥式振荡电路

以在负反馈电路中引入由二极管组成的电路,如图 5-13 所示。该电路的作用是:当输出信号幅值较小时,二极管 D_1、D_2 相当于开路,由 D_1、D_2 和 R_3 组成的并联回路的等效电阻近似于 R_3,此时,负反馈很小,有利于振荡电路起振。当输出信号幅值较大时,二极管 D_1、D_2 导通,由 D_1、D_2 和 R_3 组成的回路电阻很小,负反馈增大,使输出信号的幅值减小。

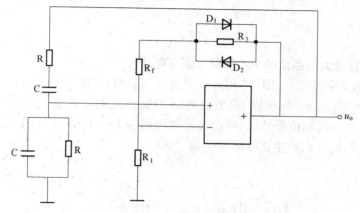

图 5-13　二极管稳幅作用

由于 RC 振荡电路的频率是由 R、C 的大小决定的,因此,调节 RC 的大小,可以调节 RC 振荡电路的频率,起到稳频的作用。带稳频网络的 RC 桥式振荡电路如图 5-14 所示。

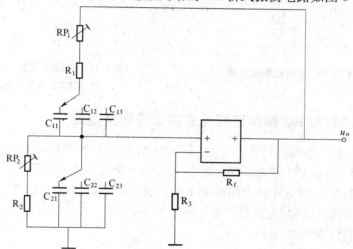

图 5-14　带稳频网络的 RC 桥式振荡电路

二、相移式振荡电路

1. 基本的 RC 相移式振荡电路

根据物理学的原理可知,当信号通过由 RC 组成的回路时,其输出的信号波形要产生 $0\sim 90°$的相移,而且相移值与 RC 振荡回路的频率有关,相移越大输出信号越小,当相移为 $90°$时,输出趋近于零。又由于回路的振荡频率是由 RC 的大小决定的,因此,当 RC 的参数确定之后,相移值即与一定的信号频率相对应。

综上所述,要使 RC 振荡回路发挥选频和正反馈作用,RC 选频网络即要满足倒相 $180°$的要求,因此相应的相移网络最少要用三节由 RC 组成的回路。基本的 RC 相移式振荡电路如图 5-15 所示。

移相式振荡器的振荡频率不仅仅与 R、C 的取值有关,而且还和放大电路的负载 R_c、输入电阻 R_i 有关。通常每节的 R、C 应相同,且使 $R_c=R$,R 远大于 R_i。此时,振荡频率为:

$$f_0 = \frac{1}{2\sqrt{6}\pi RC}$$

2. 由集成运算放大器组成的 RC 移相式振荡电路

由集成运算放大器组成的 RC 移相式正弦波振荡电路,如图 5-16 所示。由于该振荡电路的 RC 移相网络可提供 $180°$ 的相移,而放大器采用反相比例运算放大电路,故 $\varphi_a = -180°$、$\varphi_a + \varphi_f = 0°$,满足振荡的相位条件,只要调节热敏电阻器 R_f,使放大倍数足以补偿反馈网络引起的信号幅度衰减,就可以产生正弦波振荡信号。

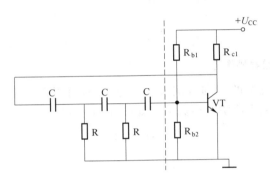

图 5-15　基本的 RC 移相式振荡电路

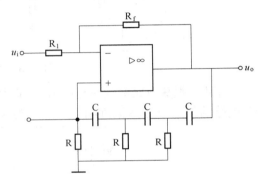

图 5-16　由集成运算放大器组成的
RC 移相式正弦波振荡电路

三、单结晶体管与 RC 振荡回路构成的正弦振荡电路

单结晶体管又称双基极二极管。它由一个 PN 结和一块 N 型硅片构成,在硅片的两端分别引出基极 B_1 和 B_2,在 PN 结的 P 型半导体上引出一个电极为发射极 E。基极 B_1 和 B_2 之间的 N 型半导体区域可以等效一个纯电阻 R_{BB}。该电阻的阻值随着发射极电流的变化而变化。有关单结晶体管的结构、主要参数和检测方法等请参阅本书第二章第三节一。

单结晶体管的伏安特性如图 5-17 所示。由图中所示曲线可知,单结晶体管的伏安特性可以分为三个区,即截止区、负阻区和饱和区。单结晶体管在负阻区表现为负阻特性,而在饱和区则表现为正阻特性。由单结晶体管和 RC 振荡回路构成的正弦振荡电路正是利用了单结晶体管的负阻特性和 RC 振荡回路的充放电特性。其基本电路如图 5-18 所示。

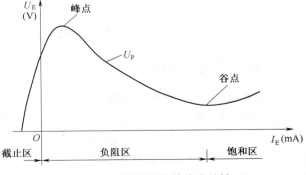

图 5-17　单结晶体管伏安特性

在图 5-18 所示的电路中,当 $RP=0$ 时,电路输出锯齿波,当 RP 增加时,输出波形逐渐接近正弦波,当 RP 增加到某一值时,可以把输出正弦波的失真度降到最低。

需要说明的是,利用单结晶体管的负阻特性也可以和 LC 振荡回路构成正弦振荡电路,如图 5-19 所示。其工作的基本原理相同,在此不再赘述。

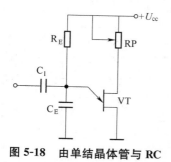

图 5-18　由单结晶体管与 RC
构成的振荡电路

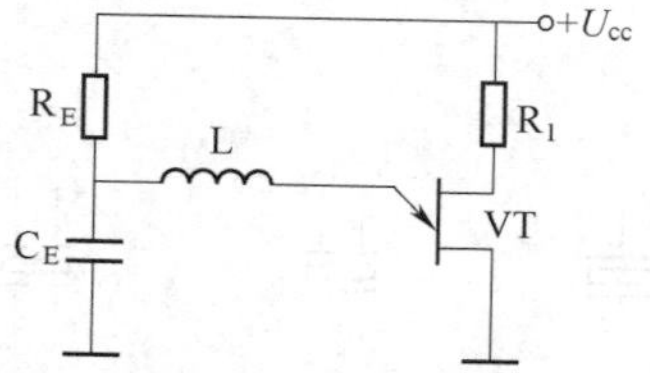

图 5-19　由单结晶体管与 LC
构成的振荡电路

第三节　石英晶体振荡电路

一、石英晶体振荡器的基本知识

石英晶体振荡器也称石英晶体谐振器,简称晶振。它体积小、精度高、稳定性好,是一种可以取代 LC 谐振电路的晶体谐振元件。

1. 石英晶体振荡器的结构和工作原理

石英晶体振荡器一般由外壳、晶片、支架、电极板、引线等组成,如图 5-20 所示。

石英晶体也叫水晶,主要化学成分是 SiO_2,其硬度仅次于金刚石,是一种六棱形晶体。由于石英晶体的硬度很大,受环境影响较小,因此,其频率非常稳定。

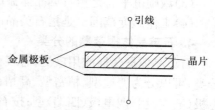

图 5-20　石英晶体振荡器结构图

石英晶片是从一块石英晶体上按一定的方位角切下的薄片。按切割晶片的方位角不同,晶片有多种切型,不同切型的晶片其特性不尽相同,尤其是频率的温度特性相差较大。

晶片的两个相对的表面涂敷金属层,由晶片支架固定并引出电极。晶片支架分为焊接式和夹紧式两种。通常,中、低频石英晶体振荡器采用焊接式支架,高频石英晶体振荡器采用夹紧式支架。

石英晶体振荡器的工作原理基于晶片的压电效应。所谓晶片的压电效应,是指当晶片两相对面加上不同极性的电压时,晶片的几何尺寸将压缩或伸张。当晶片的两面加上交变电压时,晶片将随交变信号的变化产生机械振动。当交变电压的频率与晶片的固有频率相同时,机械振动最强,电路中的电流也最大,这即是晶体谐振特性。

2. 石英晶体振荡器的作用和图形符号

石英晶体振荡器广泛应用于电视机、影碟机、无线通信设备、电子钟表、数字仪器仪表等电子设备中。它在电路中的主要作用是选择频率和稳定频率。

石英晶体振荡器的电路图形符号如图 5-21 所示。其内部可以等效为一个品质优良的

LC谐振回路,如图5-22所示。图中,L为晶片振动时的等效电感(或称动态电感),C为等效电容(或称动态电容),R为等效电阻(或称动态电阻),C_0为石英晶体振荡器内部电容的总和。

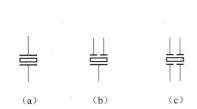

图 5-21　石英晶体振荡器电路图形符号
(a)双电极　(b)三电极　(c)四电极

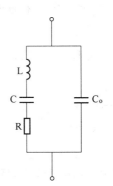

图 5-22　石英晶体振荡器等效电路

通常,石英晶体振荡器在电路中用字母B表示。

3. 石英晶体振荡器的主要参数

(1)标称频率。是指石英晶体振荡器的振荡频率,它与负载电容的容量有关。

(2)负载电容。是指与石英晶体振荡器各引脚相关联的总有效电容(包括应用电路内部和外部各电容)之和。负载电容常用的标准值有16pF、20pF、30pF、50pF、100pF等。

(3)激励电平。是指石英晶体振荡器正常工作时所消耗的有效功率。

(4)工作温度范围。是指石英晶体振荡器正常工作所允许的环境温度。

4. 石英晶体振荡器的分类

石英晶体振荡器应用广泛,有多种类型,可以从不同角度分类:按其频率的稳定性(精度)分类,可以分为普通型、精密型、高精密型等;按引出电极数分类,可以分为双电极(二端)型、三电极(三端)型、四电极(四端)型;按石英晶体振荡器的结构特征分类,可以分为普通石英晶体振荡器、温度补偿石英晶体振荡器、压电控制石英晶体振荡器、恒温槽式石英晶体振荡器。

二、石英晶体振荡电路的基本类型

1. 分类

石英晶体振荡器是借助"压电谐振"工作的,而压电谐振状态的建立和维持必须借助于电路才能实现。由石英晶体振荡器组成的振荡电路,一般可以分为负阻型和反馈型两大类。

(1)负阻型。负阻型石英晶体振荡电路,是将石英晶体振荡器作用于负阻型器件或具有负阻特性的放大电路来实现的。其工作原理可以简单概括为,当石英晶体振荡器振荡时,其本身要消耗能量,振荡幅度逐渐减小。将其与具有负阻特性的电路连接,当振荡条件满足时,外电路可以向石英晶体振荡器补充能量,使振荡继续下去。

所谓负阻型器件是指消耗直流能量并向外电路提供交流能量的器件。

(2)反馈型。反馈型石英晶体振荡电路,是通过石英晶体振荡将放大器输出功率的一部分反馈到放大器输入端,使放大器产生自激并获得等值振幅。按照石英晶体振荡器与放大电路的组态不同,反馈型石英振荡电路分为串联石英晶体振荡电路和并联石英晶体振荡电路两种。

2. 并联型石英晶体振荡电路

图 5-23 所示是一种并联型石英晶体振荡电路。并联型石英晶体振荡电路的工作原理与一般反馈型 LC 振荡电路的工作原理基本相同。只是把石英晶体振荡器置于反馈网络的振荡电路之中,作为感性元件,与回路其他元件一起组成三端振荡电路。在并联型石英晶体振荡电路中,石英晶体振荡器的振荡频率等于串联谐振频率。

3. 串联型石英晶体振荡电路

图 5-24 所示是一种串联型石英晶体振荡电路。当反馈网络满足振荡条件时,石英晶体振荡器处于串联工作状态,利用串联谐振时阻抗最小的特性来组成振荡电路。它的振荡频率也约等于其串联谐振频率 f_s。

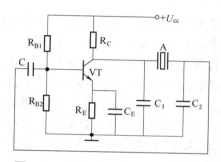

图 5-23 并联型石英晶体振荡器电路

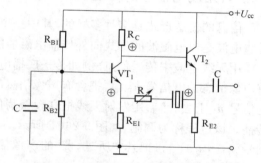

图 5-24 串联型石英晶体振荡器电路

以上两种晶体振荡器的振荡频率都约等于其串联谐振频率 f_s,而 f_s 与晶体的固有频率相同。晶体的固有频率又取决于其大小、形状等。

三、石英晶体振荡器应用电路——稳频振荡电路

在很多场合,对振荡器频率的稳定度要求很高(在 10^{-5} 以上)。如无线电发射机的主振级产生载波来运载信号,若主振频率不稳,将严重影响信号的传递,甚至于不能把信号正确地发射出去。对于 LC 正弦波振荡器,尽管采取各种稳频措施,在实际应用中频率稳定度仍很难达到 10^{-4}。由于晶体具有良好的谐振特性,用晶体振荡器稳频,频率稳定度很容易达到 10^{-5} 以上,因此晶体振荡器在稳频电路被广泛应用。

图 5-25 所示为稳频振荡电路。电路中 R_1、R_2、R_3 为偏置电阻器。C_3、C_4 是旁路电容器。石英晶体振荡器在电路中呈并联谐振,相当于电感。将与晶体管 VT 集电极相接的 L_1C_1 回路谐振频率调至略低于晶体频率,回路则呈容性。C_2 与石英晶体振荡器的结电容、电路的分布电容组成 C_2'。因此,这个电路其实质是电容三点式振荡器。因为石英晶体振荡器只有工作在 $f_串$ 与 $f_并$ 之间才是感性,所以电路的振荡频率主要决定于石英晶体振荡器,石英晶体振荡器良好的谐振特性使振荡器具有稳定的工作频率。

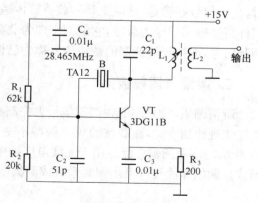

图 5-25 稳频振荡电路

　　振荡回路的振荡强度取决于 L_1C_1。当 L_1 的电感量较小时，L_1C_1 回路的频率高于石英晶体振荡器频率，回路呈感性，不满足振荡条件。当逐渐增大 L_1 的电感量，回路的谐振频率下降到略低于石英晶体振荡器频率时，回路呈容性，满足振荡条件，电路起振。继续增大 L_1 的电感量，振荡很快达到最强，输出功率最大。再继续增大 L_1 的电感量，回路频率与石英晶体振荡器频率失谐逐渐严重，回路阻抗降低，振荡强度逐渐减弱，直至停振。

第四节　调幅与检波电路

一、无线电信号的传送

　　信息的传送形式是多种多样的，其中一个重要的手段是利用无线电波来进行远距离传送。无线电波是以电磁波的形式向外传播电磁能的，其频率范围一般为 3kHz～300GHz。

　　用无线电波来传送信息（例如传送广播电视信号），首先要把所传送的声像信息变换为含有声像信息的电信号 u_m，再把含有声像信息的电信号"寄载"在比该信号频率高得多的高频振荡信号 u_C 上去，然后用发射天线把高频振荡信号（$u_m + u_C$）以无线电波的形式向周围的空间传播。该过程称为调制，如图 5-26(a) 所示。在接收端，人们用接收天线来接收这种高频振荡信号（$u_m + u_C$），再把其中所"携带"的声像信号 u_m 取出来，还原为声像信息。该过程称为解调，如图 5-26(b) 所示。

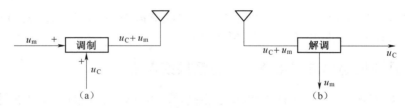

图5-26　广播电视信号发射、接收流程图
(a)调制　(b)解调

　　在无线电波传递信息的过程中，采用的是频率变换技术。利用频率变换技术让含有信息的低频信号去控制高频振荡信号的某一参数，使这些参数随含有信息的低频信号而变化。这时，高频信号好像是"运载工具"，载着被传递的信号通过发射天线向周围空间"射出"。因此人们称高频振荡信号为载波，它的频率即为载频，又叫射频。同时，把含有信息的低频信号称为调制信号，而把经过调制的载波信号称为已调信号。

二、调幅与调幅波

　　所谓调幅，就是用低频调制信号去控制高频振荡信号的幅度，使载波的幅度随着调制信号的变化规律而变化，而载波的频率保持不变。经过调制的高频振荡信号称为调幅波，如图 5-27 所示。信号调幅广泛应用于无线电广播中，如收音机的中波和短波（AM）采用的就是调幅形式。调幅深浅程度可用调幅系数或调幅度 m_a 来表示，即

$$m_a = K_a U_m / U_C$$

式中　U_C 为载波振幅，U_m 为调制波振幅，K_a 为比例常数。

　　正常调幅时，m_a 介于 0～1 之间。当 $m_a = 0$ 时，没有调幅；当 $m_a = 1$ 时，调幅波的幅度在

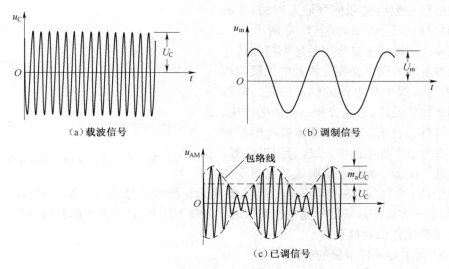

(a) 载波信号　　　(b) 调制信号

(c) 已调信号

图 5-27　调幅波波形

$2U_C$ 内变化,称为 100% 的调幅;当 $m_a > 1$ 时,称为过调幅,过调幅会使调幅波产生断续现象,从而引起严重的失真,如图 5-28 所示。

三、调幅电路的组成

　　调幅电路的主要作用是,用含有信息的低频信号对高频载波信号的幅度进行调制,形成调幅波,以便于信息的传送。调幅电路的基本组成,包括高频载波发生器、调制信号发生器和非线性变换电路,如图 5-29 所示。图中的高频载波发生器就是 LC 正弦波振荡电路或晶体正弦波振荡电路,调制信号发生器可以是 RC 正弦波振荡器,也可以是经过话筒或麦克风转换的话音信号再经放大后输出的音频信号,而非线性变换部分通常采用晶体管实现。高频载波信号一般输入晶体管内进行调制。根据调制信号加入晶体管管脚的不同,调幅电路可分为集电极调幅、基极调幅和发射极调幅。

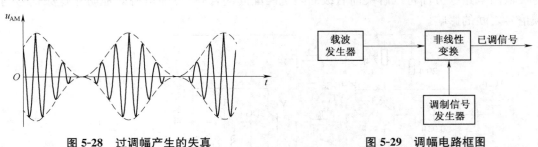

图 5-28　过调幅产生的失真　　　　图 5-29　调幅电路框图

四、检波电路的组成

　　检波是调幅的逆过程。把含有信息的低频信号从经过传输的调幅波中解调出来,还原为含有信息的低频信号,称为检波。检波电路是无线电接收机中不可缺少的组成部分,它也广泛应用于无线电测量和其他设备中。检波电路分小信号检波电路和大信号检波电路两种。这里所说的小信号是指输入电压在 0.2V 以下的信号,而大信号是指输入电压在 0.5V 以上的信号。

　　检波电路一般由高频信号输入回路、非线性元件和负载三部分组成,如图 5-30 所示。

　　高频输入回路的主要作用是把调幅波传递到检波元件的输入端。在收音机和电视接收机中,它一般是末级中放电路的输出回路。检波元件采用非线性元件,它起着频率变换的作用。常用的非线性元件有二极管、晶体管和模拟乘法器等。在分立元件电路中,二极管用得最多。

　　负载通常由 RC 振荡电路组成。在图 5-30

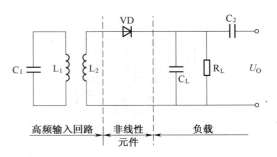

图 5-30　检波电路的基本组成

所示电路中,R_L 为负载电阻器,阻值较大,主要用来让低频信号通过取得低频电压。C_L 为负载电容器,它一方面使高频信号完全加到检波二极管 VD 上,另一方面起着输出端高频滤波的作用。C_2 主要用作低频耦合。

　　图 5-31 所示是两种常见的检波电路。

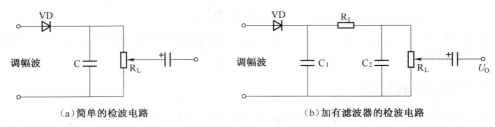

图 5-31　常见的检波电路

五、振荡与调制的应用电路——多种信号发生器

　　图 5-32 所示是一个供收音机调试用的多种信号发生器电路。由 VT_1、$R_1 \sim R_3$、$C_1 \sim C_3$ 等组成的移相式音频振荡电路,可以产生 1000Hz 的音频信号。该信号由 VT_2 射极输出。这种射极输出电路一方面可以解决前后级的阻抗匹配问题,另一方面可有效地防止低频信号与高频信号之间的影响。

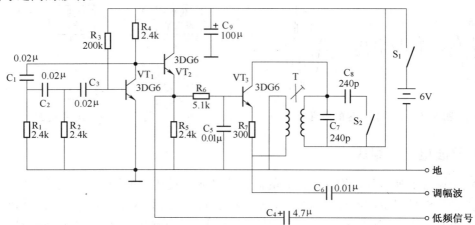

图 5-32　多种信号发生器电路

由 VT$_3$、C$_7$ 和变压器 T 初级绕组组成高频振荡器，低频信号直接加在 VT$_3$ 的基极，对高频信号进行调幅，最后由变压器 T 的次级绕组输出已调高频信号。调节 C$_7$ 便可改变高频信号的频率，使它在 525～1620kHz 之间变化。当开关 S$_2$ 闭合时，由于高频调谐回路的电容增大，此时高频振荡器输出 440～597kHz 的中频信号。

第五节　调频与鉴频电路

一、调频与调频波

所谓调频，就是用低频调制信号去控制高频振荡信号的频率，使载波的频率随着调制信号的变化规律而变化，而载波的幅度保持不变，如图 5-33 所示。

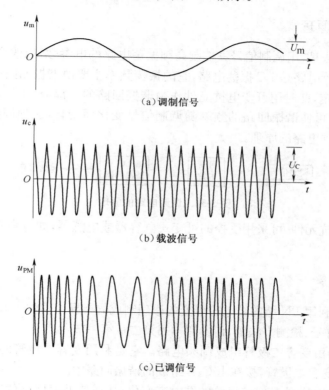

(a) 调制信号

(b) 载波信号

(c) 已调信号

图 5-33　调频波示意图

经过调制的高频振荡信号称为调频波，调频深浅程度用调频指数 m_f 来表示，即

$$m_f = K_f U_m / \omega_m$$

式中　ω_m 为调制波角频率，U_m 为调制波振幅，K_f 为比例常数。

应指出的是，虽然调频指数 m_f 与调幅指数 m_a 都是表示已调波深浅程度的重要参数，但它们之间有两点差别：一是调幅指数 m_a 与调制频率 ω_m 无关，与载波振幅 U_c 成反比，而调频指数 m_f 却与调制频率 ω_m 成反比，而与载波振幅 U_c 无关；二是在调幅信号中，调幅指数 m_a 不能大于 1，而在调频信号中，调频指数 m_f 可为任意值。

二、调频波的特点

调频波具有如下几个特点：

（1）调频信号的振幅不变。

（2）调频信号的抗干扰能力强。干扰信号往往造成传递信号的幅度改变，因而调幅信号容易受干扰信号的影响。在调频信号中，由于可采用限幅的方法去除干扰，所以对频率没有什么影响，调频信号可传递高质量的音频信号。

（3）调频信号有较宽的频带频宽一般为 100kHz 以上，远大于调幅信号的频宽，因此调频信号适用于超短波频段以上的频率范围。

由于调频信号具有以上的特点，因而在超短波立体声广播和电视伴音传播中得到广泛的应用。

三、频率调制原理

实现调频的方法是，用调制信号去控制高频振荡电路的电参数，以改变其振荡频率，产生调频信号。如果被控电路是 LC 振荡电路，它的振荡频率主要由谐振回路中的电感器 L 与电容器 C 的数值来决定，此时用可变电抗元件作为谐振回路的一部分，再用低频调制信号控制电抗元件的参数，便可使谐振回路的频率随调制信号变化而变化，达到调频的目的。图 5-34 所示框图说明了调频电路的原理。

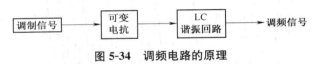

图 5-34　调频电路的原理

图中的可变电抗元件，可采用受控的可变式电容器或电感器，如电容式微音器、变容二极管、电抗管等。

四、变容二极管

变容二极管是利用 PN 结的结电容可变的原理制成的半导体器件。有关变容二极管的主要参数、电路图形符号、检测方法等，请参阅本书第二章第一节六。

图 5-35 所示为由变容二极管组成调频电路。它是利用变容二极管的可变电抗特性来进行调频的。VD 为变容二极管，接在由 C、L 组成的谐振回路中。

调制信号电压变化，使变容二极管的结电容变化，从而使谐振回路的频率发生变化，以实现调频的目的。

五、鉴频电路

把含有信息的低频信号从经过传输的调频波中解调出来，还原含有信息的低频信号，称为鉴频。鉴频的作用是，检出调频信号中频率随调制信号而变化的规律，完成频率-振幅的变换。鉴频电路的基本原理是先将等幅调频波变换成幅度随瞬时频率变化的调幅-调频波，然后利用检波器将振幅的变化检测出来，输出含有信息的低频信号。为此，鉴频电路由频率-振幅变换电路和检波电路两部分组成。图 5-36 所示是基本的频率-振幅变换电路。

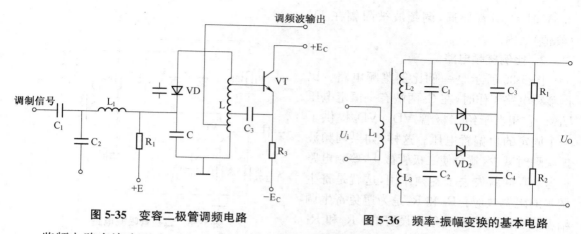

图 5-35　变容二极管调频电路　　　　图 5-36　频率-振幅变换的基本电路

鉴频电路有许多形式,常用的有相位鉴频电路和比例鉴频电路。

1. 相位鉴频电路

相位鉴频电路是利用回路的相位-频率特性来完成调频-调幅变化的。图 5-37 所示为相位鉴频的基本电路。虚线的左边为频率-振幅变换电路,虚线的右边为检波电路。检波电路由两个二极管检波器对称地连接而成。L_1、C_1 组成初级调谐回路,L_2、C_2 组成次级调谐回路,它们的谐振频率均为 f_0。L_2 具有中心抽头,且上下两半部分的电压相等。VD_1、VD_2、R_1、R_2、C_3、C_4 组成两个检波器,鉴频电路的输出电压 U_0 是这两个检波器输出电压之差。L_3 是高频扼流圈,主要给检波二极管以直流通路,并使从 C_5 耦合来的信号不被短路。对于高频信号,L_3 的阻抗很大,而 C_5 的阻抗很低,显然,在 L_3 两端的电压等于 U_i。

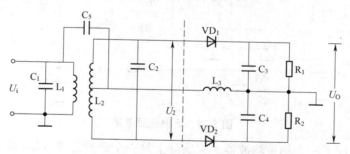

图 5-37　相位鉴频基本电路

相位鉴频电路虽然可以完成调频波的解调任务,但它必须在鉴频电路之前进行限幅。否则,各种干扰及电路特性不均匀所引起的寄生调幅,将使输入信号的幅度发生变化,并将这种影响在输出信号中反映出来。

限幅电路的作用是消除调频信号中的寄生调幅和外来干扰,使输入鉴频电路的信号为良好的等幅波。限幅电路常用二极管和晶体管等非线性元件来实现,但不管什么样的限幅电路,都要保证输入信号电压比限幅门限值大 1~2 倍,以保证限幅的可靠。由于采用非线性元件,在限幅电路的输出信号中会出现大量的谐波成分,为此,在限幅电路中还应加上选频电路,以抑制谐波干扰。

图 5-38 所示是一个由二极管等组成的限幅电路。限幅二极管 VD_1、VD_2 一正一反地并接在由 VT、C 和变压器初级绕组组成的调谐放大电路的输出谐振回路上,当信号电压超过

0.5V 时,二极管导通,调频波被限幅在 1V（峰值）之内。

2. 比例鉴频电路

图 5-39 所示是一例比例鉴频电路。比例鉴频电路工作时,在 C_0 两端有一恒定电压 U_{C0}。它相当于给二极管 VD_1、VD_2 提供了一个固定的负偏置电压。这样,如果调频波振幅瞬时减少,就会使二极管截止,鉴频电路在这一瞬间就失去了鉴频作用,这就是寄生调幅的阻塞效应。R_3 和 R_4 是为避免寄生调幅可能引起的阻塞现象而设置的。R_3 和 R_4 串联后,流经它们的检波平均电流产生的电

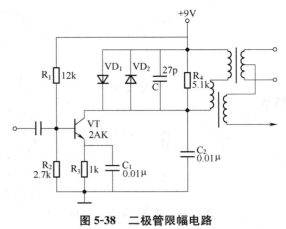

图 5-38　二极管限幅电路

压,对 VD_1、VD_2 起着负偏置作用。但这个负偏压是不固定的,当输入信号振幅减小时,R_3、R_4 上的压降也跟着减小,二极管上的负偏置电压也就减小,这样就可以起到防阻塞的作用。

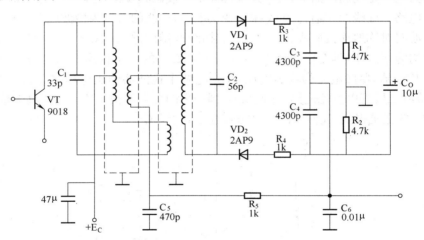

图 5-39　比例鉴频电路

C_5、C_6、R_5 组成了一个加重滤波器。它实际上是一个低通滤波电路,用来衰减鉴频输出的高频电压。

第六章　直流稳压电源识读

在电子设备中都设有电源电路,它的作用是为电子设备中各种电子元器件提供电源。人们在生活和工作中最容易获得的电源是交流市电,然而,许多元器件和电路单元需要由直流电源供电,有些还需要稳定度较高的直流电源。因此,在电子设备内部需要一种把交流市电变为直流电源的电路,这种电路称为直流电源电路。直流电源电路的组成如图 6-1 所示。

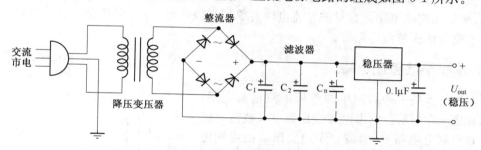

图 6-1　直流稳压电源组成图

其各部分的功能如下:

1. 电源变压器

从城市供电系统进入一般用户的电源电压一般为 220V(或 380V),而电子设备内部各种电子元器件所需要直流电压值却各不相同。因此,在使用电子设备时就需首先用降压变压器将电网电压降到所需要的交流电压,然后将变换后的二次电压经整流、滤波和稳压,最后得到所需要的直流电压。

2. 整流电路

整流电路的作用是,利用具有单向导电性能的整流元件,将正负交替的正弦交流电压转换成单方向的脉动直流电压。但是,这种单方向的脉动直流电压往往包含着很大的脉动成分,距离理想的直流电压还差得很远。

3. 滤波电路

整流电路可以将交流电压转换成为直流电压,但是脉动较大。在某些应用领域(如电镀、蓄电池充电等)可以直接使用脉动直流电源,但在绝大多数情况下,电子设备需要使用平稳的直流电源。滤波电路可以在很大程度上将这种脉动去除,使得输出电压成为比较平滑的直流电压。滤波电路的这种功能通常是利用电容器或电感器的能量储存功能来实现的。

4. 稳压电路

经过变压、整流及滤波后,虽然交流电压变成了直流电压,并基本去除了其中的脉动,但是,当电网电压、交流电源发生波动,或负载发生变化时,直流电压也将产生波动。稳压电路能够将不稳定或不可控的整流电压变换成为稳定且可调的直流电压。

本章将重点介绍整流电路、滤波电路及稳压电路的基本结构、工作原理、性能指标及分析方法等。

第一节　整　流　电　路

一、整流电路的作用与分类

整流电路的功能是将正负交替的正弦交流电压变换成为单方向的脉动电压。根据二极管的单向导电性，可以利用二极管组成整流电路。

按输出波形的不同，整流电路可以分为半波整流电路和全波整流电路两种；按输出电压是否可调控，整流电路可分为不可控、半控、全控三种；按交流输入相数，整流电路可分为单相电路和多相电路；按输出电压与输入电压的比值，整流电路可以分为二倍压整流电路、三倍压整流电流、多倍压整流电路。常见的整流电路有单相半波整流电路、单相全波整流电路、单相桥式整流电路和倍压整流电路等。

二、单相半波整流电路

图 6-2 所示是一种最简单的单相半波整流电路，其波形如图 6-3 所示。它由电源变压器 Tr、整流二极管 VD 和负载电阻器 R_L 组成。先用变压器把电网电压 u_1（220V 或 380V）变换为所需要的交变电压 u_2，再用 VD 把交流电变换为脉动直流电。

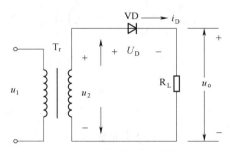

图 6-2　单相半波整流电路图

单相半波整流电路的工作原理是：在 0～π 时间内，u_2 为正半周，即变压器上端为正下端为负，此时二极管 VD 因承受正向电压而导通，u_2 通过它加在负载电阻器 R_L 上；在 π～2π 时间内，u_2 为负半周，变压器次级下端为正，上端为负，这时二极管 VD 因承受反向电压不导通，R_L 上无电压。在 2π～3π 时间内，重复 0～π 时间的过程；而在 3π～4π 时间内，又重复 π～2π 时间的过程。这样反复下去，交流电的负半周就被"削"掉了，只有正半周在 R_L 上获得了一个单一方向（上正下负）的电压。它的波形如图 6-3 中输出电压所示。虽然负载电压 u_0 和负载电流 i_D 的负半周被削掉了，但是，正半周的负载电压 u_0 以及负载电流的大小还是随时间而变化的，因此，通常称它为脉动直流。

这种除去半周、剩下半周的整流方法，叫半波整流。不难看出，半波整流是以"牺牲"一半交流为代价而换取整流效果的，整流得出的半波电压在整个周期内的平均值，即负载上的直流电压 U_0，且有

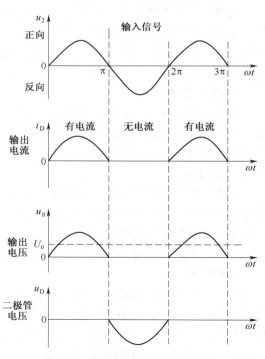

图 6-3　单相半波整流电路波形图

$$U_0 = 0.45U_2$$

综上所述,由于二极管的单向导电作用,将变压器二次交流电压变换成为负载两端的单向脉动电压,达到了整流的目的。因为这种电路只在交流电压的半个周期内才有电流流过负载,所以称为单相半波整流电路。

半波整流电路的优点是结构简单,使用的元件少。但是也有明显的缺点:输出波形脉动大;直流成分比较低;变压器有半个周期不导电,电流利用率低;变压器电流含有直流成分,容易饱和。因此,这种整流电路只能用在高电压、输出电流较小、对输出的直流电压要求不高的场合,而在一般电子装置中很少采用。

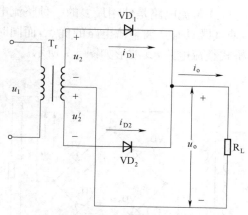

图 6-4 单相全波整流电路图

三、单相全波整流电路

如果把半波整流电路的结构作一些调整,可以得到一种能充分利用电能的全波整流电路。图 6-4 所示是单相全波整流电路,其波形如图 6-5 所示。

单相全波整流电路,可以看作是由两个单相半波整流电路组合而成的。变压器次级绕组中间需要引出一个抽头,把次级绕组分成两个对称的绕组 u_2 和 u_2',构成 u_2、VD$_1$、R$_L$ 与 u_2'、VD$_2$、R$_L$ 两个通电回路。

全波整流电路的工作原理,可用图 6-5 所示的波形图说明。在 $0 \sim \pi$ 时间内,u_2 对 VD$_1$ 为正向电压,VD$_1$ 导通,在 R$_L$ 上得到上正下负的电压;此时 u_2' 对 VD$_2$ 为反向电压,VD$_2$ 不导通。在 $\pi \sim 2\pi$ 时间内,u_2' 对 VD$_2$ 为正向电压,VD$_2$ 导通,在 R$_L$ 上得到的仍然是上正下负的电压;此时 u_2 对 VD$_1$ 为反向电压,VD$_1$ 不导通。

如此反复,由于两个整流元件 VD$_1$、VD$_2$ 轮流导电,结果负载电阻器 R$_L$ 在正、负两个半周作用期间,都有同一方向的电流通过,因此称为全波整流。全波整流不仅利用了正半周,而且还巧妙地利用了负半周,从而大大地提高了整流效率,即负载上的直流电压

$$U_0 = 0.9U_2$$

比半波整流时大一倍。

这种全波整流电路也存在不足,其一是需要变压器有一个使上下两端对称的次级中心抽头,这给制作带来很多麻烦;其二是,在这种电路中,

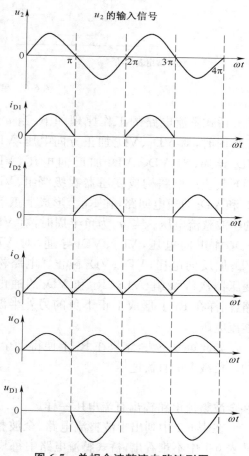

图 6-5 单相全波整流电路波形图

每只整流二极管承受的最大反向电压,是变压器次级电压最大值的两倍,因此需用能承受较高电压的二极管。

四、单相桥式整流电路

桥式整流电路是使用最多的一种整流电路。这种电路,是将 4 只二极管连接成"桥"式结构,使其既具有全波整流电路的优点,而同时在一定程度上克服了它的缺点。图 6-6 所示是单相桥式整流电路,其波形如图 6-7 所示。

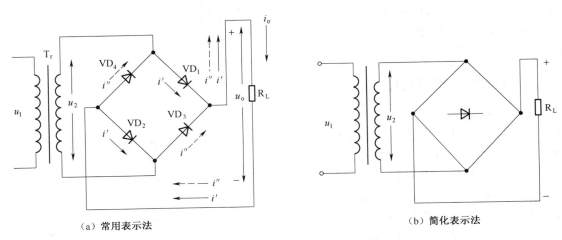

（a）常用表示法　　　　　　　　　　　（b）简化表示法

图 6-6　单相桥式整流电路图

桥式整流电路的工作原理如下:当 u_2 为正半周时,对 VD$_1$、VD$_2$ 加正方向电压,VD$_1$、VD$_2$ 导通;对 VD$_3$、VD$_4$ 加反向电压,VD$_3$、VD$_4$ 截止。电路构成变压器次级绕组、VD$_1$、R$_L$ 和 VD$_2$ 的通电回路,在 R$_L$ 上形成上正下负的半波整流电压。当 u_2 为负半周时,对 VD$_3$、VD$_4$ 加正向电压,VD$_3$、VD$_4$ 导通;对 VD$_1$、VD$_2$ 加反向电压,VD$_1$、VD$_2$ 截止。电路构成变压器次级绕组、VD$_3$、R$_L$ 和 VD$_4$ 的通电回路,同样在 R$_L$ 上形成上正下负的另外半波的整流电压。

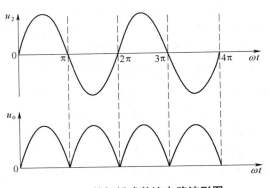

图 6-7　单相桥式整流电路波形图

如此重复下去,结果在 R$_L$ 上便得到全波整流电压。其波形图和全波整流波形图是一样的。负载上的直流电压

$$U_0 = 0.9U_2$$

和全波整流电路输出直流电压一样。

在表 6-1 中列出半波整流电路、全波整流电路、桥式整流电路的电路图、波形图和参数。从表 6-1 中不难看出,桥式整流电路中每只二极管承受的反向电压等于变压器次级电压的最大值,比全波整流电路小一半。

表 6-1　三种整流电路

类型	电路图	波形图	整流电压平均值	每管电流平均值	每管承受最高反压
单相半波			$0.45U$	I_o	$1.414U$
单相全波			$0.9U$	$I_o/2$	$2.828U$
单相桥式			$0.9U$	$I_o/2$	$1.414U$

五、桥堆构成的整流电路

整流桥堆,是先把 4 只整流二极管接成桥式整流电路,再用环氧树脂或绝缘塑料封装而成。其外形如图 6-8(a)所示。在它的外壳上标有型号、额定电流和工作电压,以及输入(～)和输出(＋、－)等极性符号。图 6-8(b)所示为整流桥堆的内部电路。

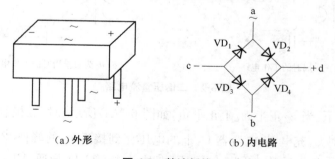

（a）外形　　　　　　　（b）内电路

图 6-8　整流桥堆

在实际应用时,只需将桥堆的两个"～"接柱与变压器的次级绕组相接,将桥堆的"＋""－"接柱分别与负载的"＋""－"极相接即可,使用非常方便。

要判定整流桥堆的好坏,可将数字万用表拨在二极管档,按图 6-8(b)所示分别测量 a—c、d—a、b—c、d—b 各端,即二极管 VD_1、VD_2、VD_3、VD_4 的正向压降和反向压降,将测量所得数据与表 6-2 进行对照。若均相符,说明被测整流桥堆是好的;若有一只二极管的测量结果与表中数据不符,则说明该二极管已损坏失效,该整流桥堆也因此不能正常使用。

表 6-2　测量整流桥堆的正、反向压降

测　量　端	二极管正向压降(V)	二极管反向压降
a—c	0.521	显示溢出符号"1"
d—a	0.539	
b—c	0.526	
d—b	0.526	

六、倍压整流电路

在实际应用中,有些电子设备需要使用高电压、小电流的直流电源。此时,如果使用上述整流电路,所使用变压器次级绕组的匝数很多,所需整流二极管的耐压必须很高,由此会使变压器变得庞大,对器材选用也会带来很多的麻烦。

在这种情况下,常常使用倍压整流电路。它可以有效地克服上述缺点,并满足高电压、小电流的要求。倍压整流,可以把较低的交流电压,用耐压较低的整流二极管和电容器,"整"出一个较高的直流电压。按输出电压与输入电压的比值不同,倍压整流电路分为二倍压、三倍压与多倍压整流电路。

1. 二倍压整流电路

二倍压整流电路如图 6-9 所示。

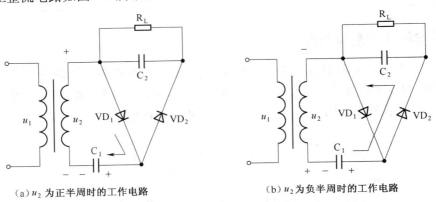

（a）u_2 为正半周时的工作电路　　　　（b）u_2 为负半周时的工作电路

图 6-9　二倍压整流电路

其工作原理如下:当 u_2 正半周[上正下负,如图 6-9(a)所示]时,二极管 VD_1 导通、VD_2 截止,电流经过 VD_1 对 C_1 充电,将电容器 C_1 上的电压充到接近 u_2 的峰值 $\sqrt{2}U_2$,并基本保持不变。当 u_2 为负半周[上负下正,如图 6-9(b)所示]时,二极管 VD_2 导通、VD_1 截止,此时,C_1 上的电压 $U_{c1}(U_{c1}=\sqrt{2}U_2)$ 与电源电压 u_2 串联相加,电流经 VD_2 对电容器 C_2 充电,充电电压 $U_{c2}\approx 2\sqrt{2}U_2$。如此反复充电,$C_2$ 上的电压基本上就是 $2\sqrt{2}U_2$ 了。并联于 C_2 上的负载电阻器 R_L 的阻值通常很大,对 C_2 的充电影响不大,因此 R_L 上的电压也接近于 U_2 的两倍,所以叫做二倍压整流电路。整流二极管 VD_1 和 VD_2 所承受的最高反向电压均为 $2\sqrt{2}U_2$。

2. 三倍压整流电路

在二倍压整流电路的基础上,再加一个整流二极管 VD_3 和一个滤波电容器 C_3,就可以组成三倍压整流电路,如图 6-10 所示。

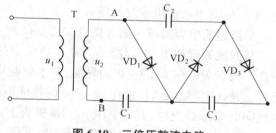

三倍压整流电路的工作原理是:u_2 在的第一个半周和第二个半周与二倍压整流电路相同,即 C_1 上的电压被充电至接近 $\sqrt{2}U_2$,C_2 上的电压被充电至接近 $2\sqrt{2}U_2$。当第三个半周时,VD_1、VD_3 导通、VD_2 截止,电流除经 VD_1 给 C_1 充电外,还经 VD_3 给 C_3 充电,C_3 上

图 6-10　三倍压整流电路

的充电电压接近 $3\sqrt{2}U_2$。这样,输出直流电压接近 $3\sqrt{2}U_2$,实现三倍压整流。整流二极管 VD_3 所承受的最高反向电压也是 $3\sqrt{2}U_2$。

3. 多倍压整流电路

同上所述,增加多个二极管和相同数量的电容器,就可以组成多倍压整流电路,如图 6-11 所示。当 n 为偶数时,输出电压从上端取出;当 n 为奇数时,输出电压从下端取出。

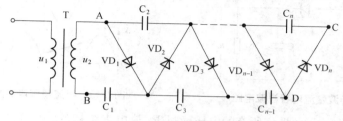

图 6-11　n 倍压整流电路

值得注意的是,倍压整流电路只能在负载电阻器 R_L 阻值较大的情况下工作,否则输出电压会降低。倍压越高的整流电路,这种因负载电流增大而使输出电压下降的情况越明显。用于倍压整流电路的二极管,其最高反向电压应大于 $n\sqrt{2}U_2$,在使用上才安全可靠。

第二节　滤　波　电　路

整流电路虽然能把交流电转换为直流电,但是所得到的输出电压是脉动电压,存在着很大的脉动成分,无法满足生产和生活中绝大部分控制设备和电子产品的工作需要。因此,大部分整流电路都需要增加滤波电路,以减少输出电压中的脉动成分。换句话说,滤波的任务,就是把整流电路输出电压中的波动成分尽可能地减小,改造成接近恒稳的直流电压。

滤波电路一般由电抗元件组成。常用的滤波电路包括:电容滤波电路、电感滤波电路、复式滤波电路及有源滤波电路等。

一、电容滤波电路

电容滤波电路就是利用电容器的基本特性进行滤波的电路。电容器是一个储存电能的仓库。在电路中,当有电压加到电容器两端时,便对电容器充电,把电能储存在电容器中;当外加电压失去(或降低)时,电容器把储存的电能放出来。充电的时候,电容器两端的电压逐渐升高,直到接近充电电压;放电的时候,电容器两端的电压逐渐降低,直到完全消失。电容器的容量越大,负载电阻值越大,充电和放电所需要的时间越长。这种电容器两端电压不能突变的特性,正好可以用来承担滤波的任务。

半波整流电容滤波电路如图 6-12 所示。

其滤波原理如下:电容器 C 并联于负载 R_L 的两端,$u_0 = u_c$。在没有并入电容器 C 之前,整流二极管 VD 在 u_2 的正半周导通、负半周截止,输出电压 u_0 的波形如图 6-13 中实线加虚线所示。并入电容器之后,设在 $\omega t = 0$ 时接通电源,则当 u_2 由零逐渐增大时,二极管 VD 导通,电流向电容器 C 充电,充电电压 u_c 的极性为上正下负。如忽略二极管的内阻,则 u_c 可充到接近 u_2 的峰值。在 u_2 达到最大值以后开始下降,此时电容器上的电压 u_c 也将由于放电而逐渐下降。当 $u_2 < u_c$ 时,VD 因反偏而截止,于是 C 以一定的时间常数通过 R_L 按指数规律放电,u_c 下降,如图 6-13 中实线所示,直到下一个正半周。当 $u_2 > u_c$ 时,VD 又导通。如此下去,电路周期性地重复上述过程。

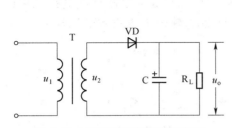

图 6-12　半波整流电容滤波电路

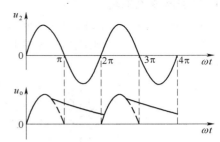

图 6-13　半波整流电容滤波电路波形

输出电压 u_0 是靠电容器 C 所充的电压通过 R_L 放电来维持的。由于 R_L 的值远远大于电源内阻与二极管 VD 正向电阻的串联值,因此电容器的放电时间常数大于充电时间常数,在放电期间 u_0 的下降不大,故而使输出电压的波形比未加电容器平滑多了。

单相桥式整流电容滤波电路如图 6-14 所示。

桥式(或全波)整流、电容滤波的原理与半波整流、电容滤波基本相同,滤波波形如图 6-15 所示。

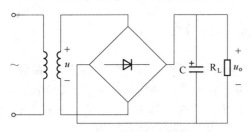

图 6-14　单相桥式整流电容滤波电路

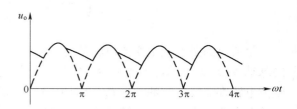

图 6-15　全波整流电容滤波电路波形

从以上分析可以看出:

(1)加了电容器之后,由于电容器的储能作用,输出电压的直流成分提高了,而脉动成分降低了,不但使输出电压的平均值增大,而且使其变得比较平滑了。

(2)电容器的放电时间常数($\tau = R_L C$)愈大,放电愈慢,输出电压愈高,脉动成分也愈少,即滤波效果愈好。

(3)在电容滤波电路中,整流二极管的导电时间缩短了,即导通角小于 $180°$,整流二极管流过的是一个很大的冲击电流。该电流对管子的寿命不利。为此,选择整流二极管时,必须留有较大裕量。

（4）电容滤波电路的外特性（指 u_0 与 R_L 上电流之间的关系）和脉动特性（指脉动系数 S 与 R_L 上电流之间的关系）比较差，电容电路滤波一般适用于负载电流变化不大的场合。

（5）电容滤波电路结构简单、使用方便、应用较广。

二、电感滤波电路

在整流电路输出端和负载电阻器 R_L 之间串入一个电感器 L，就组成了电感滤波电路。电感滤波电路一般不适用于半波整流电路中。图 6-16 是一个典型的桥式整流电感滤波电路。

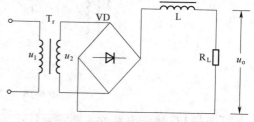

图 6-16　桥式整流电感滤波电路

电感滤波电路的工作原理是，利用电感器的储能作用可以减小输出电压的纹波，从而得到比较平滑的直流。当电感器中通过变化的电流时，电感器两端便会产生反电动势来阻碍电流的变化。当流过电感器的电流增大时，反电动势就会阻碍其增大，并且将一部分电能转变为磁场能储存在电感线圈内；当流过电感线圈的电流减小时，反电动势又会阻碍其减小，并释放出电感器中所储存的能量，阻碍输出电流减小，从而达到了滤波的目的。

电感滤波的特点是：

（1）整流二极管的导电角增大（电感器 L 的反电势使整流二极管导电角增大），峰值电流很小，输出特性比较平坦；

（2）由于在电感器中有铁心存在，而铁心一般较笨重、体积大，且易引起电磁干扰，因此，电感滤波电路一般只适用于低电压、大电流场合。

三、复式滤波电路

把电容器接在负载并联支路，把电感器或电阻器接在负载串联支路，可以组成复式滤波电路。复式滤波电路可以进一步减少负载电压中的波纹，达到更佳的滤波效果。复式滤波电路主要有"Γ"型和"Π"型两种。其中，"Π"型滤波电路又分为"Π"型 LC 滤波电路和"Π"型 RC 滤波电路。

1. "Γ"型滤波电路

"Γ"型滤波电路其实就是将电容滤波和电感滤波结合起来的滤波电路，如图 6-17 所示。

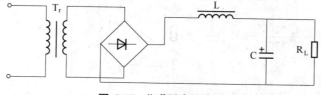

图 6-17　"Γ"型滤波电路

"Γ"型滤波电路的主要特点是：

（1）兼有电容滤波电路和电感滤波电路的特点，对一般的负载电流均有较好的滤波特性；

（2）适用于输出电压比较稳定而负载电流变化较大的场合。

2. "Π"型 LC 滤波电路

图 6-18 所示是由电感器与电容器组成的"Π"型 LC 滤波电路。它其实是在电容滤波电

路的基础上再增加一级"Γ"型滤波电路。

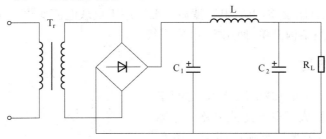

图 6-18　"Ⅱ"型 LC 滤波电路

"Ⅱ"型 LC 滤波电路的主要特点是：

(1)由电感器与电容器组成的 LC 滤波电路,其滤波效能很高,几乎没有直流电压损失；

(2)适用于负载电流较大、要求纹波很小的场合；

(3)由于电感器体积和质量大(高频时可减小),故滤波电路比较笨重,成本也较高。

3."Ⅱ"型 RC 滤波电路

图 6-19 所示是由电阻器与电容器组成的"Ⅱ"型 RC 滤波电路。它其实是将"Ⅱ"型 LC 滤波电路中笨重的电感器换成了电阻器。

"Ⅱ"型 RC 滤波电路的主要特点是：

(1)结构简单；

(2)能兼起降压、限流作用,滤波效能也较高；

(3)由于电阻器 R 上的功率损耗较大,因此只适用于对滤波特性要求较高而负载电流较小的场合。

四、RC 有源滤波电路

为了提高滤波效果,在 RC 电路中增加有源器件——晶体管,就可以组成 RC 有源滤波电路。它可以解决"Ⅱ"型 RC 滤波电路中交、直流分量对 R 的要求相互矛盾的问题。因为在滤波电路中采用了有源半导体器件,所以有源滤波电路又称电子滤波器。

常见的 RC 有源滤波电路如图 6-20 所示。

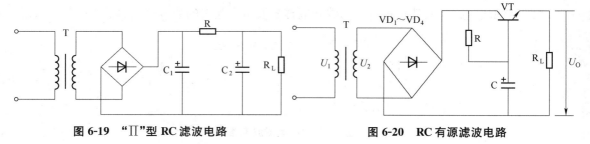

图 6-19　"Ⅱ"型 RC 滤波电路　　　　　　**图 6-20　RC 有源滤波电路**

该电路的主要特点是：

(1)由于晶体管的放大作用,使得接于基极上的电容器的作用得到放大,滤波效果比单纯的电容滤波电路要好得多；

(2)由于负载电阻器 R_L 接于晶体管的发射极,故 R_L 上的直流输出电压基本上同 RC 无源滤波输出直流电压相等；

（3）这种滤波电路滤波特性较好，广泛应用于一些小型电子设备之中。

除以上介绍的电容滤波、电感滤波、复式滤波和由晶体管组成的有源滤波电路外，还有一种由集成运算放大器组成的有源滤波电路，将在本书第七章第二节中予以介绍。

第三节　直流稳压电路

经整流滤波后输出的直流电压虽然平滑程度较好，但其稳定性是比较差的。其原因主要有以下几个方面：一是由于输入电压（市电）不稳定（通常交流电网允许有±10％的波动），而导致整流滤波电路输出直流电压不稳定；二是当负载电阻器 R_L 变化时，由于整流滤波电路存在一定的内阻，使得输出直流电压发生变化；三是当环境温度发生变化时，引起电路元件（特别是半导体器件）参数发生变化，导致输出电压发生变化。电压的不稳定有时会引起控制装置的工作不稳定，产生测量和计算的误差，甚至根本无法正常工作。特别是精密电子测量仪器、自动控制、计算装置及晶闸管的触发电路等都要求有很稳定的直流电源供电，为此需要在一些对供电电压要求较高的电源电路中设置稳压电路。

常用的稳压电路有使用稳压二极管组成的简单稳压电路、调整元件（晶体管）与负载串联的串联型稳压电路以及集成稳压电路等几种。

一、简单稳压电路

简单稳压电路主要由硅稳压二极管与电阻器组成，如图 6-21 所示。

稳压二极管 VD_z 既具有普通二极管的单向导电性，又可工作于反向击穿状态。其伏安特性如图 6-22 所示。

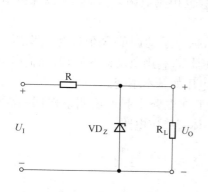

图 6-21　简单稳压电路

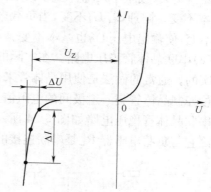

图 6-22　稳压二极管的伏安特性

从图 6-22 中可以看出，稳压二极管的正向特性与一般二极管相同，而反向特性却不同。当反向电压较低时，稳压二极管截止。当反向电压增大到某一数值时，即使电压有很小的增加，电流也会改变很多。此时，稳压二极管进入击穿状态。只要 PN 结的温度不超过允许值，稳压二极管仍能够正常工作。有关稳压二极管的性能、主要参数和检测方法可参见本书第二章第一节五。

电路中的电阻器 R 又称为限流电阻器，在本电路中必不可少，它的主要作用是：

（1）限制稳压二极管反向击穿后的电流，防止因电流过大而烧毁稳压二极管；

（2）当电网电压发生波动而引起输入电压 U_I（整流滤波后的电压）发生变化时，可以通过调节 R 上的电压来保持输出电压不变。

简单稳压电路的稳压原理如下：当 U_I 增大时，输出电压 U_0 有升高的趋势，稳压二极管 VD_Z 中的电流增大，使总电流也增大，导致限流电阻器 R 的压降增大，U_I 增加的部分降落在 R 上，使得输出电压 U_0 基本保持不变。反之，当 U_I 减小时，输出电压 U_0 有减小的趋势，稳压二极管 VD_Z 中的电流减小，使总电流也减小，导致限流电阻器 R 的压降降低，U_I 减小的部分降落在 R 上，使得输出电压 U_0 基本保持不变。

而当 U_I 不变而负载电阻器 R_L 发生变化时，由于 R_L 变化造成其上电流的变化，输出电压 U_0 会随同变化，从而引起稳压二极管中电流的剧烈变化，而使总电流保持不变，则限流电阻器 R 上的压降不会改变，稳定了输出电压 U_0。

综上所述，在简单稳压电路中，稳压二极管起到了电流控制的作用，通过调节限流电阻器 R 上的压降，最终使得输出电压 U_0 基本保持不变。

简单稳压电路的主要特点是：结构简单，元器件较少；输出电压 U_0 不能调节，仅适用于负载电流小、电压固定不变及负载变化不大的场合；对于电网电压和负载电流变化过大的场合，此电路不宜使用。

二、串联型稳压电路

1. 普通串联型稳压电路

（1）串联可变电阻器稳压电路。串联可变电阻器稳压电路的稳压原理可用图 6-23 所示电路来说明。图中可变电阻器 R 与负载电阻器 R_L 相串联。若 R_L 不变，当输入电压 U_I 增大（或减小）时，增大（或减小）R 值使输入电压 U_I 的变化全部降落在电阻器 R 上，从而保持输出电压 U_0 基本不变。同理，若 U_I 不变，当负载电流 I_0 变化时，也相应地调整 R 的值，以保持 R 上的压降不变，使输出电压 U_0 也基本不变。

（2）串联晶体管稳压电路。在实际的稳压电路中，依靠手动调节 R 值以达到稳压目的是不现实的。通常的做法是使用晶体管来代替可变电阻器 R，利用负反馈的原理，以输出电压的变化量控制晶体管集—射极间的电阻值，以维持输出电压的基本不变。

串联晶体管稳压电路如图 6-24 所示。晶体管 VT 在电路中起电压调整作用，故称调整管。因它与负载电阻器 R_L 是串联连接的，故称串联晶体管稳压电路。

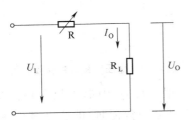
图 6-23　串联可调电阻器稳压电路

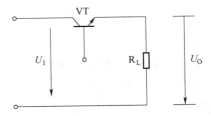
图 6-24　串联晶体管稳压电路

图 6-25 所示是一种实际应用的串联晶体管（NPN 型管）稳压电路。

在图 6-25 所示电路中，VT 为调整管，VD_Z 为稳压二极管。该电路的稳压原理如下：当输入电压 U_I 增加或负载电流 I_L 减小，使输出电压 U_0 增大时，晶体管的 U_{BE} 减小，从而使 I_B、I_C 都减小，U_{CE} 增加（相当于 R_{CE} 增大），结果使 U_0 基本不变。这一稳压过程可表示为：

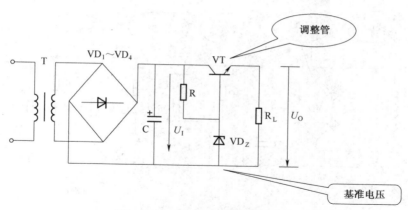

图 6-25　实用串联晶体管稳压电路

$$U_I \uparrow (或\ I_L \downarrow) \to U_O \uparrow \to U_{BE} \downarrow \to I_B \downarrow \to I_C \downarrow \to U_{CE} \uparrow \to U_O \downarrow$$

同理,当 U_I 减小或 I_L 增大,使 U_O 减小时,通过与上述相反的调整过程,也可维持 U_O 基本不变。

从放大电路的角度看,该稳压电路是一射极输出器(R_L 接于 VT 的发射极)。其输出电压 U_O 是跟随输入(基极)电压 U_B 变化的,因 U_B 是一稳定值,故 U_O 也是稳定的,基本上不受 U_I 与 I_L 变化的影响。

图 6-26 所示是串联 PNP 型晶体管稳压电路。

（3）带放大环节的串联晶体管稳压电路。上述稳压电路,由于直接用输出电压的微小变化量去控制调整管,所以,其控制作用较小,稳压效果不好。如果在电路中增加一级直流放大电路,把输出电压的微小变化加以放大,再去控制调整管,其稳压性能便可大大提高,这就是带放大环节的串联晶体管稳压电路。

图 6-27 所示是带有放大环节的串联晶体管稳压电路的原理框图。

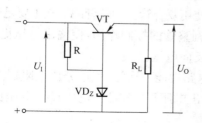

图 6-26　串联 PNP 型晶体管稳压电路

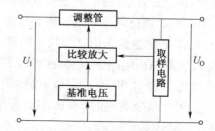

图 6-27　带放大环节串联晶体管稳压电路的原理框图

带有放大环节的串联晶体管稳压电路通常由调整管、取样电路、比较放大电路以及基准电压等四部分组成。它的基本工作原理是,当输出电压变化时,由取样电路取出变化量的部分送到比较放大电路。比较放大电路将其与基准电压进行比较,并对误差进行放大,去控制调整管的基极电压,使输出电压向变化趋势的反方向变化,从而达到稳定输出电压的目的。

图 6-28 所示是典型的带有放大环节的串联晶体管稳压电路。

图中,VT_1 是调整管,VT_2 是比较放大管,VD_W 是稳压管。输出电压 U_{SC} 的一部分（ΔU_{SC}）与基准电压 U_W 比较,比较后的压差送入 VT_2 的基极,经 VT_2 放大后进到了 VT_1 的基极。R_C 既是 VT_2 集电极电阻器,又是 VT_1 的上偏置电阻器。R_1、R_2 分别是 VT_2 的上、下偏置电阻器,组成分压电路。VD_W 和 R_3 组成稳压电路,提供基准电压。

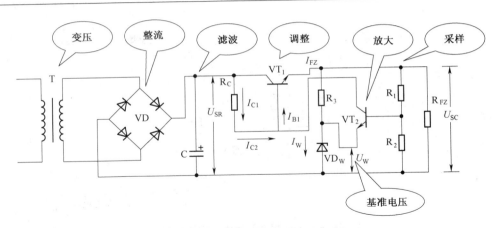

图 6-28　带有放大环节的串联型稳压电路

从图 6-28 所示电路可以看出,当输出电压 U_{SC} 下降的时候,通过 R_1、R_2 组成的分压电路的作用,VT_2 的基极电位也下降了。由于基准电压 U_W 使 VT_2 的发射极电位保持不变,于是 VT_2 集电极电流减小,U_{C2} 增高,即 VT_1 的基极电位增高,使集电极电流增加,管压降减小,从而导致输出电压 U_{SC} 保持基本稳定。VT_2 的放大倍数越大,调整作用就越强,输出电压就越稳定。

同样道理,如果输出电压 U_{SC} 增高,通过反馈作用会使 U_{SC} 减小,保持输出电压基本不变。

图中 R_C 既是放大级的负载电阻器,又是调整管的偏置电阻器。R_C 大,放大倍数大,有利于提高稳压指标。但 R_C 过大会使 VT_2 和调整管电流太小,限制了负载电流的调整范围。

稳压管 VD_W 的稳定电压 U_W 选择范围比较宽,只要不使 VT_2 饱和(即 U_W 比 U_{SC} 低 2V 以下)均可使用。U_W 取得大,取样电压可大些,有利于提高稳压性能。

输入电压 U_{SR} 应大于输出电压 U_{SC} 3~8V。U_{SR} 过小,调整管容易饱和而起不到调整作用;U_{SR} 过大,则增加管子耗损,并浪费功率。电路的整流纹波小的,U_{SR} 可取低些;整流纹波大的,U_{SR} 应取高些。调整管 VT_1 的 β 值要尽量大,为此可以使用复合管。调整管的功耗也要足够大。

放大管 VT_2 也要选用 β 值较大的管子,以增强对调整管的控制作用,使输出电压更稳定。在 U_{SC} 较大的稳压电路中,还应注意 VT_2 所能承受的反向电压。

分压电阻器 R_1 和 R_2 的阻值要适当小些,以提高电路性能。通常,流过分压电阻器的电流应大于放大管基极电流的 5~10 倍。分压比决定于输出电压 U_{SC} 和参考电压 U_W,分压比要选得大些,一般选 0.5~0.8。

2. 几种有特殊需要的串联晶体管稳压电路

以下介绍几种用于满足特殊需要的改进型串联晶体管稳压电路。

(1)用复合晶体管做调整管的稳压电路。在上述稳压电路中存在两个方面不足:一方面,负载电流要流过调整管,输出大电流的电路必须使用大功率的调整管,这就要求有足够大的电流供给调整管的基极,而比较放大电路供不出所需要的大电流;另一方面,调整管需要有较高的电流放大倍数,才能有效地提高稳压性能,但是大功率管一般电流放大倍数都不高。解决这些不足的办法,是给原有的调整管配上一个或几个"助手",即采用复合晶体管。

复合晶体管也称达林顿管。它是由两只晶体管组成的功率放大管。有关达林顿管的一些基本知识,已在本书第二章第二节六、4 中做过介绍。用复合晶体管做调整管的稳压电路如图 6-29 所示。

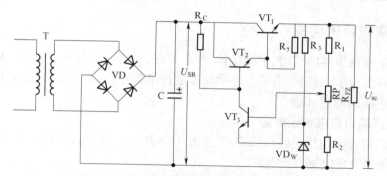

图 6-29　用复合晶体管做调整管的稳压电路

当用复合晶体管做调整管时，VT_2 的反向电流将被放大，尤其是采用大功率锗晶体管时，反向截止电流比较大，并随温度增高按指数增加，很容易造成高温空载时稳压电路的失控，使输出电压 U_{SC} 增大。在此情况下，误差信号 ΔU_{SC} 经放大加到 VT_2 的基极，可能迫使 VT_2 截止。为了使调整管在不同温度下都工作在放大区，常在 VT_1 的基极加接电阻器 R_7。若工作温度不高、稳压电路的负载变化不大或晶体管全用硅管，也可不加这个电阻器。

（2）输出电压可调的稳压电路。从上面电路可以看到，输出电压与基准电压之间的关系，是由分压电路来"调配"的。在基准电压一定的情况下，改变分压比，就可以在一定范围里改变输出电压。在图 6-29 所示电路中，在 R_1 与 R_2 之间加接电位器 RP 便可以使分压比在一定范围连续可调，实现输出电压在一定范围内连续可调。

（3）带有保护电路的稳压电路。在稳压电路中，要采取短路保护措施，才能保证安全可靠地工作。普通熔丝熔断较慢，起不到保护作用，而必须加装其他形式的保护电路。

保护电路的作用是保护调整管在电路短路、电流增大时不被烧毁。保护的基本方法是，当输出电流超过某一值时，使调整管处于反向偏置状态，导致其截止，自动切断电路电流。

保护电路的形式很多，一般采用二极管保护电路和晶体管保护电路。

图 6-30 所示是二极管保护电路，由二极管 VD 和电阻器 R_0 组成。其工作原理是：当电路正常工作时，虽然二极管两端的电压为上低下高，但二极管仍处于反向截止状态。当负载电流增大到一定数值时，二极管导通。由于 $U_{VD}=U_{BE1}+R_0 \times I_E$，而二极管的导通电压 U_{VD} 是一定的，则 U_{BE1} 被迫减小，从而将 I_E 限制到一定值，达到保护调整管的目的。在使用时，二极管要选用 U_{VD} 值大的。

图 6-31 所示是晶体管保护电路。由晶体管 VT_2 和分压电阻器 R_4、R_5 组成。其工作原理是：当电路正常工作时，通过 R_4 与 R_5 的分压作用，使得 VT_2 的基极电位比发射极电位高，发射结承受反向电压。于是 VT_2 处于截止状态（相当于开路），对稳压电路没有影响。当电路短路时，输出电压为零，VT_2 的发射极相当于接地，则 VT_2 处于饱和导通状态（相当于短路），从而使调整管 VT_1 基极和发射极近于短路，而处于截止状态，切断电路电流，从而达到保护的目的。

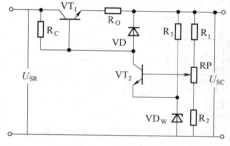

图 6-30　二极管保护电路

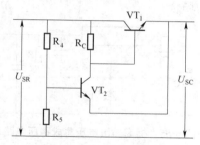

图 6-31　晶体管保护电路

三、三端集成稳压电路

有关三端集成稳压器的结构、主要参数、命名方法、封装形式及管脚识别，以及用万用表检测的方法等内容，已在本书第三章第三节中做了较详细的介绍，本节重点介绍以三端集成稳压器为核心器件组成的稳压电路。

1. 固定电压输出集成稳压电路

固定电压输出集成稳压电路如图 6-32 及图 6-33 所示。其中，图 6-32 所示为正电压输出电路，图 6-33 所示为负电压输出电路。

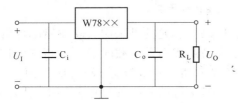

图 6-32　固定正电压输出集成稳压电路

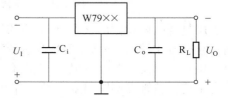

图 6-33　固定负电压输出集成稳压电路

图中，C_i 为输入滤波电容器，C_o 为输出滤波电容器。

2. 对称电压输出集成稳压电路

对称电压输出集成稳压电路如图 6-34 所示，主要用于需要正、负电源的设备。

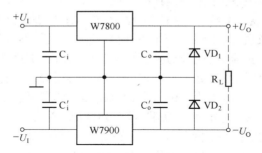

图 6-34　对称电压输出集成稳压电路图

3. 提高输出电压集成稳压电路

提高输出电压集成稳压电路如图 6-35 所示，主要在固定输出电压不能满足要求，需要提高输出电压时采用。

4. 扩流集成稳压电路

扩流集成稳压电路如图 6-36 所示，主要用于固定输出电流不能满足要求，需要扩大输出电流的场合。

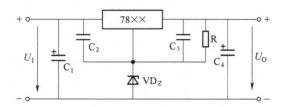

图 6-35　提高输出电压集成稳压电路

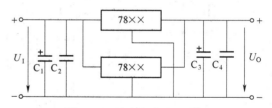

图 6-36　扩流集成稳压电路

5. 恒定电流输出集成稳压电路

恒定电流输出集成稳压电路如图 6-37 所示,主要用于输出电流恒定的场合。

6. 输出电压可调集成稳压电路

输出电压可调集成稳压电路如图 6-38 所示,主要用于输出电压在一定范围内可调的场合。

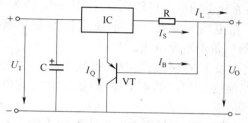

图 6-37　恒定电流输出集成稳压电路

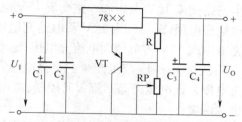

图 6-38　输出电压可调集成稳压电路

第四节　实用直流稳压电源电路

一、蓄电池充电器

本例为采用三端集成稳压器和晶闸管制作的多功能蓄电池充电器。其充电输出电压分为 6V、12V、18V 和 24V 四档,对不同规格的蓄电池可选择不同的档位。充电输出电流连续可调,可满足容量为 4~120A·h 的蓄电池充电。

1. 电路组成

该充电器电路由主充电电路和控制电路组成,如图 6-39 所示。

主充电电路由电源变压器 T_1、整流桥堆 UR_1、晶闸管 VT、滤波电感器 L、续流二极管 VD_1、电流表 PA、开关 $S_1 \sim S_3$、电压表 PV、电阻器 R_1、电容器 C_3、3A 分流器、20A 分流器和熔断器 FU_1、FU_2 组成。

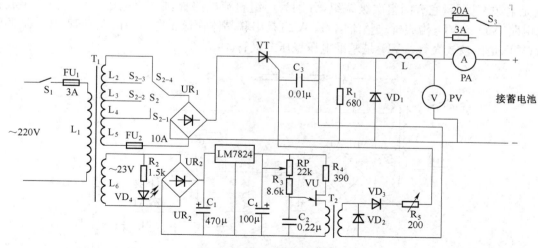

图 6-39　蓄电池充电器电路

控制电路由电源稳压电路(由电源变压器 T_1、整流桥堆 UR_2、滤波电容器 C_1、C_4 和三端集成稳压器 LM7824 组成)和弛张振荡器(由单结晶体管 VU、脉冲变压器 T_2 和可变电阻器 RP、电阻器 R_3、电容器 C_2)组成。

2. 主充电电路工作原理

接通电源开关 S_1 后,交流 220V 电压经 T_1 降压后,在其次级的 4 个绕组($L_2 \sim L_5$)上分别产生三路交流 12V 电压和一路交流 15V 电压。S_2 为充电输出电压转换开关,其 S_{2-1} 档为 6V 蓄电池充电用;S_{2-2} 档为 12V 蓄电池充电用或 6V 蓄电池大电流充电用;S_{2-3} 档为 18V 蓄电池充电用或 12V 蓄电池大电流充电用;S_{2-4} 档为 24V 蓄电池充电用。

T_1 次级 $L_2 \sim L_5$ 绕组产生的交流电压,经 S_2 选择及 UR_1 桥式整流后,得到 100Hz 的脉动直流电压。该电压经晶闸管 VT 控制、电感器 L 滤波变成稳定的直流电压后,加在待充电的蓄电池两端。

电阻器 R_1 是 VT 的输出负载。VD_1 是续流二极管,其作用是在 VT 截止期间为输出负载及电感器 L 产生的反向感应电动势提供直流通路,避免 VT 失控。

充电器输出端电流表 PA 的量程有两个,一个量程为 0~3A,可为小容量蓄电池充电时显示电流数值;另一个量程为 0~20A,用作大容量蓄电池充电时显示电流数值。在电流表 PA 两端并接有两只分流器(3A 分流器和 20A 分流器各一只),由开关 S_3 选择转换电流表的量程。

3. 控制电路工作原理

控制电路用来产生晶闸管的触发脉冲,控制充电器的充电电流。电源变压器 T_1 次级 L_6 绕组上感应的 23V 交流电压,经整流桥堆 UR_2 整流、电容器 C_1 滤波及 LM7824 稳压后,产生 +24V 电压,使弛张振荡器(脉冲形成电路)振荡工作,在脉冲变压器 T_2 的次级绕组上产生触发脉冲信号,此脉冲经二极管 VD_2、VD_3 整流及可变电阻器 R_5 限流,加至晶闸管 VT 的门极上。

调节电位器 RP 的阻值,可改变弛张振荡器的工作频率和晶闸管触发脉冲的相位,从而改变充电器输出电流的大小。每次开机前必须将 RP 的阻值调至最大,以避免开机时输出电流太大。

二、实用串联晶体管稳压电源

具有温度补偿采用辅助电源的串联晶体管稳压电源电路如图 6-40 所示。S_1 是电源开关,T_1 是电源变压器,它有两组次级绕组,分别为两组整流电路提供交流电压。VD_1 构成半波整流电路,$VD_3 \sim VD_6$ 构成桥式整流电路。VT_1 是串联晶体管稳压电路中的激励管,VT_2 是调整管,VT_3 是比较放大管。VD_2 是基准电压稳压二极管。

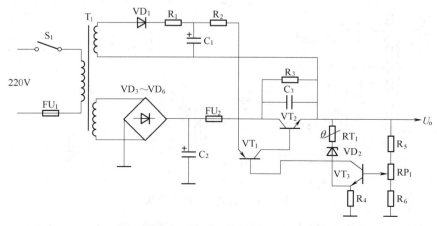

图 6-40　实用串联晶体管稳压电源电路

交流电源开关 S_1 接通后，220V 交流电压通过开关 S_1 加到电源变压器 T_1 初级绕组两端，为整机提供电压。

整流二极管 VD_1 和电源变压器的一组次级绕组构成半波整流电路，这一半波整流电路输出正极性直流电压。整流电路输出电压经过 R_1 和 C_1 构成的 RC 滤波电路滤波，作为串联晶体管稳压电路的辅助电源。

T_1 的另一个次级绕组与桥堆 $VD_3 \sim VD_6$ 构成桥式整流电路，这一整流电路输出正极性直流电压。整流电路输出电压经过 C_2 滤波，通过熔断器 FU_2 加到串联晶体管稳压电路。

在串联晶体管稳压电路中，稳压二极管 VD_2 接在直流电压输出端与比较放大管 VT_3 发射极之间。当输出电压下降时，通过取样电路 R_5、RP_1 和 R_6，使 VT_3 基极电压下降，VT_3 发射极电压也下降。但是 VT_3 发射极电压的下降量大于基极电压的下降量，因为 VT_3 基极电压的下降量已经过 R_5、RP_1 和 R_6 的分压。

当输出电压下降时，VT_3 正向偏置电压增大。反之，当输出电压增大时，由于 VT_3 发射极电压增大量大于基极电压增大量，所以 VT_3 正向偏置电压下降。

VT_3 是比较放大管。它的基极输入来自取样电路的误差电压，其集电极输出比较、放大后的误差电压，这一误差电压加到激励管 VT_1 的基极。

激励管 VT_1 基极接到比较放大管 VT_3 集电极输出的误差电压，经放大后从集电极输出，加到调整管 VT_2 基极。

在调整管 VT_2 集电极与发射极之间接有启动电阻器 R_3。这一电阻器的作用是：刚开机或电源电路保护之后，调整管 VT_2 处于截止状态，VT_3 没有直流工作电压。在接入电阻器 R_3 后，未稳定的直流电压由 R_3 从 VT_2 集电极加到发射极上，即加到输出端，给 VT_3 建立直流工作电压，使稳压电路启动。

电阻器 R_3 还是调整管 VT_2 的分流电阻器，即 R_3 可以为 VT_2 分流电流。如果没有 R_3，输出端流入负载的电流全部流过调整管 VT_2，而接入 R_3 后有一部分电流流过 R_3。电阻器 R_3 的阻值愈小，分流电流愈大，对输出电压的稳定性则愈差。

由于流过电阻器 R_3 的电流很大，所以要求 R_3 额定功率比较大，一般为 $6 \sim 10$W。

稳压调整工作过程：

$$U_O \uparrow \rightarrow U_{BE3} \downarrow \rightarrow I_{B3} \downarrow \rightarrow I_{C3} \downarrow \rightarrow I_{B1} \downarrow \rightarrow I_{C1} \downarrow \rightarrow I_{B2} \downarrow \rightarrow U_{CE2} \uparrow \rightarrow U_O \downarrow$$

当直流输出电压减小时，通过电路一系列调整，使 VT_2 集电极与发射极之间管降压减小，输出直流电压增大，达到稳定直流输出电压的目的。

这一电源电路输出端设有短路保护电路。其工作原理是：当输出端对地端短路时，VT_3 基极电压为 0，VT_3 处于截止状态，导致 VT_1 截止，VT2 也截止，由于没有电流流过调整管 VT_2，因此可以防止输出端短路后烧坏调整管 VT_2。

三、集成直流稳压电源

集成直流稳压电源电路如图 6-41 所示。该电路选用可调式三端集成稳压器 W317。其性能指标为：输出电压 U_O 在 $+5 \sim +12$V 连续可调，最大输出电流 I_{Omax} 为 1A，纹波电压 $\leqslant$ 5mV，电压调整率 $K_u \leqslant 3\%$，电流调整率 $K_i \leqslant 1\%$。

如果集成稳压器 W317 离滤波电容器 C_1 较远，应在 W317 靠近输入端处接一只 0.33μF 的旁路电容器 C_2。电容器 C_3 接在调整端和地之间。它的作用是用来旁路电位器 RP 两端的

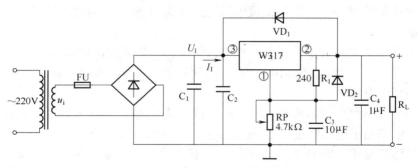

图 6-41　集成直流稳压电源

纹波电压。当 C_3 的容量为 $10\mu F$ 时,纹波抑制比可提高 20dB,减到原来的 1/10。但是,也必须看到,由于在电路中接了电容器 C_3,一旦输入端或输出端发生短路,C_3 中储存的电荷会通过稳压器内部的调整管和基准放大管,进而损坏稳压器。为了防止在这种情况下 C_3 的放电电流通过稳压器,在 R_1 两端并接一只二极管 VD_2。

W317 集成稳压器在没有容性负载的情况下可以稳定地工作。但当输出端有 $500\sim5000pF$ 的容性负载时,就容易发生自激。为了抑制自激,在输出端接一只电容器 C_4。该电容器可以是 $1\mu F$ 的钽电容器,也可以是 $25\mu F$ 的铝电解电容器。该电容器还可以改善电源的瞬态响应。但是接上该电容器以后,集成稳压器的输入端一旦发生短路,C_4 将对稳压器的输出端放电,其放电电流也可能损坏三端集成稳压器,故在稳压器的输入与输出端之间,接一只保护二极管 VD_1。

四、可调式集成稳压电源

图 6-42 所示为可调式集成稳压电源。该电源电路采用 LM(CW)317 三端集成稳压器,输出电压调节范围很宽,可在 $1.25\sim30V$ 范围内连续可调,输出电流可达 1.5A。其内部已具备过载和过热保护功能。该电源使用方便、工作安全可靠,可作为各种小型电子设备的直流电源。

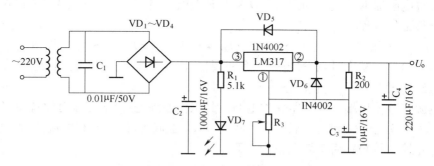

图 6-42　可调式集成稳压电源

该集成稳压电源的输出电压取决于外接电阻器 R_2 和电位器 R_3 的分压比。LM317 输出端与调整端之间的电位差恒等于 1.25V,调整端①的电流极小,所以流过 R_2 和 R_3 的电流几乎相等(约几毫安),通过改变电位器 R_3 的阻值就能改变输出电压 U_0。

为了保持输出电压的稳定性,要求流经 R_2 的电流要小于 5mA,这就限制了电阻器 R_2 的取值。此外,还应注意:在不加散热板时,LM317 的最大允许功耗为 2W,在加 $200\times200\times4$ (mm)散热板后,其最大允许功耗可达 15W。

在图 6-42 所示电路中,VD_5 和 VD_6 为保护二极管,分别用来防止三端集成稳压器的输入端短路时,C_4 和 C_3 对稳压器输入端放电,而损坏稳压器。C_4 有消振和改善负载瞬态响应的作用。

五、多路输出稳压电源

多路输出稳压电源电路如图 6-43 所示。

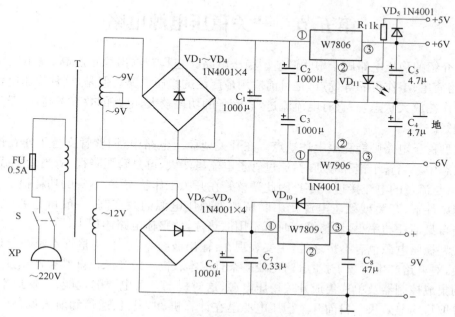

图 6-43 多路输出稳压电源电路

电路采用三端固定输出集成稳压器 W7806、W7906、W7809,构成三路稳压输出,并利用硅二极管正向压降($\approx 1.1V$)特性,在 $+6V$ 稳压基础上构成 $+5V$ 输出。因此,该电路一共有 $+9V$、$+6V$、$-6V$ 以及 $+5V$ 四路稳压输出。各路最大输出电流为 120mA。如果给集成稳压器加装足够大的散热板,并相应加大电源变压器的功率,则该稳压电源的最大输出电流可达 1.5A。本装置适宜电子电路爱好者作为 CMOS 或 TTL 类数字电路小制作电源及其他各种小功率电路的电源。

从图 6-43 可见,$+6V$、$-6V$、$+5V$ 稳压电源的工作原理是:从插头 XP 输入交流 220V,经双刀开关 S、熔断器 FU,与变压器 T 的初级绕组接通。通过变压器降压,在变压器次级输出具有中心抽头(地端)的交流 18V 电压。经二极管 $VD_1 \sim VD_4$ 桥式整流、电容器 C_1 滤波,输出 23V 左右的直流电压。此直流电压经由电容器 C_2、C_3 串联电路分压后,分别为三端集成稳压器 W7806、W7906 输入不稳定电压,即 W7806 的①脚输入 $+11.5V$ 左右直流电压,W7906 的①脚输入 $-11.5V$ 左右直流电压。于是,W7806 输出端(③脚)稳压输出为 $+6V$,W7906 输出端(③脚)稳压输出为 $-6V$。电容器 C_4、C_5 分别作为上述两路稳压输出的滤波元件。另外,在 $+6V$ 稳压电路的基础上,经过二极管 VD_5(正向电压降约 1.1V)后输出 $+5V$ 稳定电压。

$+5V$ 输出端接电阻器 R_1、发光二极管 VD_{11} 串联至地端的电路主要有两个作用:一个是为 VD_5 提供必要的正向偏置电流,另一个是将 VD_{11} 作为稳压电源的工作指示灯。R_1 起限流作用,延长 VD_{11} 的工作寿命。

变压器 T 的另一个次级绕组输出 12V 交流电压,经 $VD_6 \sim VD_9$ 桥式整流(电压降约 2.2V)和 C_6、C_7 滤波后输出约 15V 直流电压。此直流电压经 W7809 稳压后输出 +9V 稳定电压。为了防止 W7809 输出端短路时或电路启动(C_6 充电电流很大)时内部电路损坏,在输出端和输入端之间连接一只二极管 VD_{10}。电容器 C_7 的作用主要是滤去输入端的高次谐波或杂波干扰电压,电容器 C_8 的作用则是在输出端做进一步滤波,使直流稳压输出的纹波电压尽可能地小。

第五节 开关稳压电源电路

前面介绍的稳压电路属于串联调整型稳压电路。它具有输出稳定度高、输出电压波纹系数小、线路简单、工作可靠等优点,是目前应用最广泛的稳压电路。但是,这种稳压电路的调整管总是工作在放大状态,一直有电流流过,故管子的功耗较大,电路的效率不高,一般只能达到 30%～50%。

开关型稳压电路则能克服上述缺点。在开关型稳压电路中,调整管交替工作在饱和与截止两种状态中。当管子饱和导通时,流过管子电流虽然大,可是管压降很小;当管子截止时,管压降大,可是流过的电流接近于零。因此调整管在开关工作状态下,本身的功耗很小。在输出功率相同条件下,开关型稳压电源比串联调整型稳压电源的效率高,一般可达 80%～90%。由于电路自身消耗功率小,调整管有时可不用散热片,故整体电路体积小、质量轻。

开关型稳压电源也有不足之处,主要表现在:输出波纹系数大;调整管不断在导通与截止之间转换,对电路产生射频干扰;电路比较复杂且成本较高。近年来已陆续生产出开关稳压电源专用的集成控制器及单片集成开关稳压电源,这对提高开关电源的性能、降低成本、方便使用维护等取得明显效果。目前开关稳压电源已在计算机、电视机、通信和航天设备中,得到了广泛的应用。

开关型稳压电源种类繁多,按开关信号产生的方式不同,可分为自激式、它激式和同步式三种;按所用控制器件不同,可分为双极型晶体管、功率 MOS 管、场效应管、晶闸管等开关电源;按控制方式不同,可分为脉宽调制(PWM)、脉频调制(PFM)和混合调制三种;按开关电路的结构形式不同,可分为降压型、反相型、升压型和变压器型等;按开关调整管与负载的连接方式不同,可分为串联型和并联型。

一、串联型开关稳压电源

1. 电路组成

串联型开关稳压电源是最常用的开关稳压电源。图 6-44 所示为串联型它激式单端降压开关稳压电源的方框图。

从方框图可看出,与普通串联型稳压电路相比,其采样电路、比较放大器和基准电压提供等电路相同,不同的是增加了开关脉冲发生器(由三角波发生器和脉宽调制电压比较器组成)、开关调整管和储能滤波电路。这三部分的功能分别为:

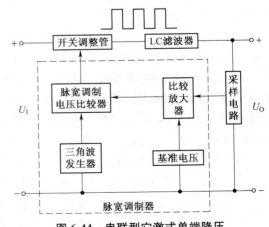

图 6-44 串联型它激式单端降压
开关稳压电源的方框图

开关脉冲发生器。它由三角波发生器和脉宽调制电压比较器组成,其功能是产生开关脉冲。脉冲的宽度受电压比较器输出电压的控制。由于由采样电路、基准电压和电压比较器构成的是负反馈系统,故输出电压U_o升高时,比较放大器输出的控制电压降低,使开关脉冲变窄。反之,U_o下降时,控制电压升高,开关脉冲增宽。

开关调整管。它由功率管组成。它工作在开关状态,在开关脉冲的作用下导通或截止。由开关脉冲的宽窄控制调整管导通与截止的时间比例,从而输出与之成正比的断续脉冲电压。

储能滤波电路。它由电感器 L、电容器 C 和二极管 VD 组成。它的功能是把开关调整管输出的断续脉冲电压变成连续平滑的直流电压。当开关调整管导通时间长、截止时间短时,输出直流电压就高,反之则低。

2. 工作原理

图 6-45 所示为一个实际应用的串联型开关稳压电源的具体电路。电路的工作原理如下:

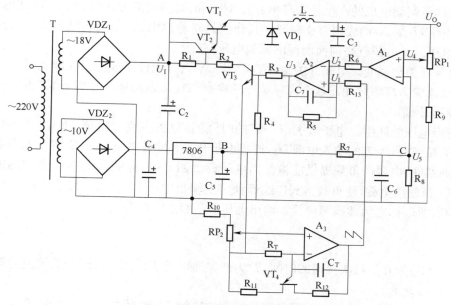

图 6-45　开关稳压电路的原理图

(1)变压与整流滤波。由变压器 T 将市电交流 220V 变换为交流 18V 和交流 10V 两组电压。其中,交流 18V 电压经过整流桥 VDZ_1 和电容器 C_2 的整流滤波,在 A 点形成较为平滑的直流电压 U_I,以供下一级变换。而交流 10V 电压经过整流桥 VDZ_2 和电容器 C_4 的整流滤波,再经三端稳压器 7806 的稳压,在 B 点形成稳定的 6V 直流电压,为开关脉冲发生器(包括由 A_3 等元件构成的三角波发生器和由 A_2 等元件构成的脉宽调制比较器)提供工作电压,并且通过 R_7 和 R_8 的分压在 C 点形成基准电压 U_5。

(2)锯齿波的产生与脉宽调制。三角波发生器由 A_3、VT_4、C_T、R_T、R_{10}、R_{11}、R_{12}、RP_2 组成。其中:C_T 和 R_T 的大小决定三角波的频率,调整 RP_2 可改变三角波的幅度和斜率。三角波发生器输出的三角波形 U_1 如图 6-46 所示。脉宽调制比较器由 A_2、R_5、R_6、R_3、R_{13} 和 C_7 组成。三角波经 R_{13} 接 A_2 的同相输入端,调制电压经 R_6 接 A_2 的反相输入端。此脉宽调制比较器实际上是一个窗口比较器,由图 6-46(b)可见,改变调制电压 U_2 的幅度即可改变调制比较器输出矩形波的占空比。

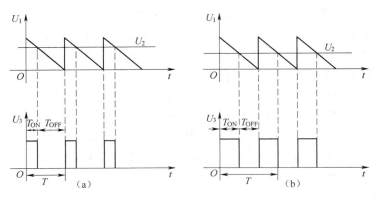

图 6-46　脉宽调制原理

(a)U_2 改变前的矩形波波形　(b)U_2 改变后的矩形波波形

(3)取样与调制电压的产生。取样电路由 RP_1 和 R_9 构成的分压器组成。取样电压 U_4 正比于输出电压 U_O。A_1 构成误差比较器。其作用是将输出电压 U_O 与基准电压 U_5 进行比较，产生误差电压。此电压就是前面所说的调制电压 U_2。

(4)电子开关与逆变。电子开关由 VT_1、VT_2、VT_3 等元件组成。它在脉宽调制比较器的控制下将直流变为高频脉冲。这个高频脉冲的频率与锯齿波的频率相同，而其占空比受脉宽调制比较器的控制。

(5)输出电压的产生。电子开关以一定的时间间隔（由占空比决定）重复地接通和断开。在电子开关接通时，A 点的输入电源 U_1，通过电子开关和滤波电路 L 和 C_3 提供给负载。在整个开关接通期间，电源向负载提供能量。当电子开关断开时，存储在电感 L 器中的能量通过二极管 VD_1 释放给负载，使负载得到连续而稳定的输出电压 U_O。因二极管 VD_1 能使负载电流连续不断，所以称之为续流二极管。输出电压 U_O 可用下式表示：

$$U_O = \frac{T_{ON}}{T} \cdot U_1$$

式中　T_{ON} 为开关每次接通的时间，T 为开关通断的工作周期（即开关接通时间 T_{ON} 和关断时间 T_{OFF} 之和）。

由上式可知，改变开关接通时间和工作周期的比例，U_O 也随之改变。因此，随着负载及输入电源电压的变化，自动调整 T_{ON} 和 T 的比例，便能使输出电压 U_O 维持不变。由于改变接通时间 T_{ON} 和工作周期比例即改变脉冲的占空比，故这种方法称为时间比率控制（Time Ratio Control，缩写为 TRC）。

二、并联型开关稳压电源

除去串联型开关稳压电路外，常用的还有并联型开关稳压电路。在这种电路中，开关管与输入电压和负载是并联的。下面简单分析这种电路的工作原理。

1. 并联型开关稳压电路的工作原理

图 6-47(a)画出了并联开关稳压电路的开关管和储能滤波电路。

当开关脉冲为高电平时，开关管 VT 饱和导通，相当于开关闭合，输入电压 U_1 通过 i_1 向电感器 L 储存能量，如图 6-47(b)所示。这时因电容器 C 已充有电荷，极性是上正下负，所以二极管 VD 截止，负载电阻器 R_L 依靠电容器 C 放电供给电流。

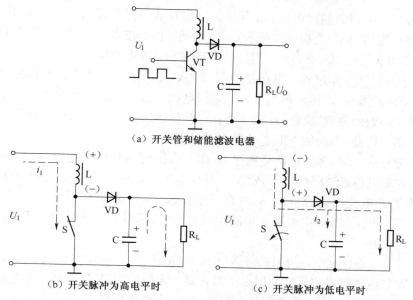

（a）开关管和储能滤波电器

（b）开关脉冲为高电平时　　　　　　　（c）开关脉冲为低电平时

图 6-47　并联开关稳压电路原理图

当开关脉冲为低电平时，开关管 VT 截止，相当于开关断开。由于电感器 L 中电流不能突变，这时电感器两端产生自感电动势，极性是上负下正。它和输入电压相叠加使二极管 VD 导通，产生电流 i_2 向电容器 C 充电并向负载供电，如图 6-48(c)所示。当电感器 L 中释放的能量逐渐减小时，就由电容器 C 向负载放电，并很快转入开关脉冲高电平状态，再一次使 VT 饱和导通，由输入电压 U_1 向电感器 L 输送能量。

用这种并联型开关电路可以组成不用电源变压器的开关稳压电路。

2. 不用电源变压器的开关稳压电路

图 6-48 所示是电视机中常用的一种开关稳压电路。它没有电源变压器，直接由市电 220V 先整流得到 300V 的直流电压，然后通过带脉冲变压器的并联型开关稳压电路的变换，得到＋6.5V、＋100V 和＋35V 的直流电压输出。

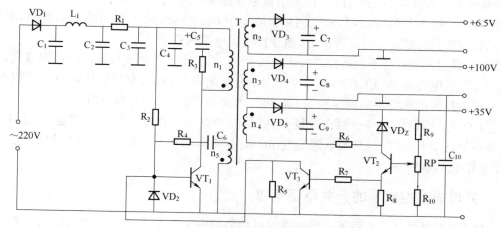

图 6-48　电视机用并联开关稳压电路

图中：VT_1 是开关管；T 是脉冲变压器，n_1 为初级绕组，相当于储能电感器，n_2、n_3、n_4 三个次级绕组得到数值不同的输出电压，n_5 为开关管作间歇振荡时提供正反馈电压的绕组；R_9、RP、R_{10} 为采样电阻器；VD_Z 为稳压二极管，其作用是提供基准电压；VT_2、VT_3 是比较放大器；VD_3、VD_4、VD_5 和 C_7、C_8、C_9 分别是三组续流二极管和滤波电容器。

（1）开关管 VT_1 的工作过程。电路接通后，220V 交流电压经整流滤波得到的直流电压，通过 R_2 加到 VT_1 的基极，产生基极电流和集电极电流。初级绕组 n_1 产生上正下负感应电压。根据同名端极性一致的原理，次级 n_5 也产生上正下负感应电压，并通过 C_6 和 R_4 加到 VT_1 的基极构成正反馈。因此，很快使 VT_1 进入饱和导通状态。

VT_1 饱和导通后，n_5 的感应电动势通过 R_4 和 VT_1 发射结向 C_6 充电，极性为左负右正。随着 C_6 充电，其左端电位逐渐降低，从而使 VT_1 基极电流开始减小，集电极电流也随之减小。由于感性绕组有抵制电流变化的特性，n_5 两端产生自感电动势为上负下正。因此，其负端通过 C_6、R_4 加在 VT_1 基极，使基极电流进一步减小，这种正反馈过程又很快使 VT_1 由饱和导通进入截止状态。

VT_1 截止后，C_6 停止充电，并经过 n_5、VD_2 和 R_4 放电，使 C_6 两端电压减小。C_6 左端电位相应提高，从而使 VT_1 基极电位也随之提高。当升到一定数值时，VT_1 重新产生基极电流，重复开始时的正反馈过程又使 VT_1 饱和导通。可见，VT_1 从饱和到截止，又由截止到饱和，循环往复，起着开关作用。

（2）储能滤波电路的工作过程。电路中三个次级绕组 n_2、n_3 和 n_4 所连接的二极管和电容器构成储能滤波电路。现以 n_2、VD_3 和 C_7 为例分析其工作原理。

当开关管 VT_1 饱和导通时，绕组 n_2 上的感应电压按同名端的规定应是上负下正，VD_3 截止，变压器储存能量，负载电流由 C_7 放电供给，相当于图 6-47（b）所示电路。当开关管 VT_1 截止时，n_2 上感应电压是上正下负，续流二极管 VD_3 导通，变压器释放能量，由 n_2 提供的电流向 C_7 充电并向负载供电，相当于图 6-47（c）所示电路。这样负载上即可以得到平滑的直流电压。

（3）采样电路和比较放大器的工作过程。假如由于某种原因使输出电压略有上升，通过 R_9、RP 和 R_{10} 采样分压电阻器使 VT_2 基极电位也略有升高。但因有稳压管 VD_Z 的作用，VT_2 发射极电位要比基极升高得多，使 VT_2 集电极电流加大，故 R_8 上的电压降增大，从而提高了 VT_3 的基极至发射极间的电压，使 VT_3 集电极电流加大，相当于 r_{ce3} 减小。又因它与 VT_1 的发射结并联，所以使 VT_1 管导通时 r_{be1} 减小，于是 C_6 充电加快，缩短了 VT_1 的导通时间，减小了变压器储存的能量，使输出电压降低，从而维持输出电压的稳定。

这种并联型开关电源不但可以省掉电源变压器，而且由于脉冲变压器工作频率较高，可以做得很小，滤波电容器也因工作频率高可选用小容量的电容器，从而使稳压电源的体积小、质量轻，并可以得到电压值不同的多种稳定输出。因此，它得到了广泛的应用。

实际的开关型稳压电路一般比较复杂，电路的种类和变化也比较多。但是，无论哪种电路，其基本原理都是一样的，只要掌握了电路的基本结构和基本工作原理，对各种不同的开关型稳压电路就不难理解。

三、采用集成控制器的开关稳压电源

采用集成控制器是开关稳压电源电路发展趋势的一个重要方面。它将基准电压源、三角波发生器、比较放大器和脉宽调制电压比较器等电路集成在一块芯片上，使电路简化、使用方便、工作可靠、性能稳定。我国已经系列生产开关电源的集成控制器，主要型号有 SW3520、

SW3420、CW1524、CW2524、CW3524、W2018、W2019 等。

1. 采用 CW3524 集成控制器的开关稳压电源

图 6-49 所示即为采用 CW3524 集成控制器组成的单端输出降压型开关稳压电源实用电路。该电源电路稳压输出电压 U_o 为 +5V，稳压输出电流 I_o 为 1A。

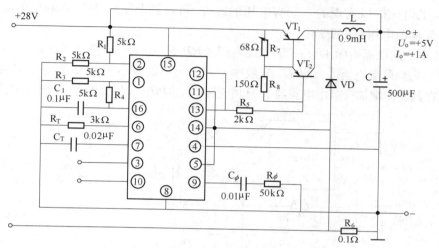

图 6-49　用 CW3524 的开关稳压电源

CW3524 型集成控制器共有 16 个引脚。其内部电路主要包含基准电压、三角波振荡器、比较放大器、脉宽调制电压比较器、限流保护等部分。振荡器的振荡频率由外接元件的参数来确定。

⑮、⑧脚分别接输入电压 U_i 的正、负端；⑫、⑬脚和⑭、⑪脚分别为开关信号的两个输出端（即脉宽调制电压比较器输出信号 u_{o2}），两个输出端可单独使用，亦可并联使用，连接时一端接开关调整管的基极，另一端接⑧脚（即地端）；①、②脚分别为比较放大器的反相输入端和同相输入端；⑯脚为基准电压源输出端；⑥、⑦脚内接三角波振荡器，外接振荡元件 R_T 和 C_T；⑨脚外接为防止电路自激而设置的相位校正元件 R_φ 和 C_φ。

调整管 VT_1、VT_2 均为 PNP 硅功率管，VD 为续流二极管，L 和 C 组成 LC 储能滤波器，R_1 和 R_2 组成取样分压电路，R_3 和 R_4 组成基准电压的分压电路，R_5 为限流电阻器，R_6 为过载保护取样电阻器。

CW3524 内部的基准电压 $U_R = +5V$，由⑯脚引出，通过 R_3 和 R_4 分压，以 $\frac{1}{2}U_R = 2.5V$ 加在比较放大器的反相输入端①脚；输出电压 U_o 通过 R_1 和 R_2 的分压，以 $\frac{1}{2}U_o = 2.5V$ 加至比较放大器的同相输入端②脚。此时，比较放大器因 $U_+ = U_-$，其输出 $u_{o1} = 0$。当开关电源输入电压 $U_i = 28V$ 时，调整管在脉宽调制电压比较器作用下，输出电压为标称值 +5V。

2. 由 DN-25 集成控制器构成的开关稳压电源

DN-25 是单片开关型稳压电源集成控制器件，适合制作中等输出电流、宽调压范围的稳压电源。它的主要性能指标：输入电压 $U_{IN} = 3 \sim 40V$，输出电压 $U_O = 1.25 \sim 24V$（连续可调），最大输出电流 $I_{OM} = 1A$，最大输出功率 $P_{OM} = 36W$，负载短路限制电流 $I_{OSH} \leqslant 1.1A$。

DN-25 采用 8 脚双排直插式封装，内部电路主要包括：振荡器（OSC），R-S 触发器，输出开关，基准电压（$U_{REF} = 1.25V$）和比较器。DN-25 内部振荡器的振荡频率 f 由其③脚外接入的

定时电容 C_3 决定。

由 DN-25 构成的开关稳压电源典型应用电路如图 6-50(a)所示。开机后,振荡器起振,输出的 U_F 信号经 R-S 触发器变换整形,产生一个保持原频率 f 的矩形脉冲激励电压。该电压由内部电路放大后,由②脚输出。输出电压 U_O 的调整是通过调节脉宽调制电压比较器反相输入端⑤脚的电压得以实现的。⑤脚电压的改变,可以调节 R-S 触发器输出的激励脉冲宽度,从而引起输出电压 U_O 的变化。

该稳压电源的性能指标:$U_{IN}=25V$,$U_O=(1+RP/R_1)\times U_{REF}$,稳定度为 0.12%;负载调整率为 0.03%;短路限制电流 $I_{OSH}=1.1A$;效率 $\eta=82.5\%$;纹波小于 $120mV_{P-P}$。如需进一步降低纹波,可在其输出端加一节由电感器 L_1 和电容器 C_4 构成的 LC 滤波器,如图 6-50(b)所示。

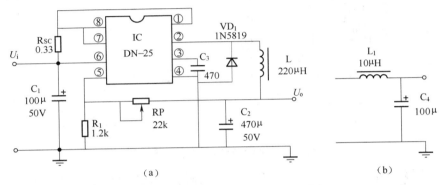

图 6-50　由 DN-25 构成的开关稳压电源

(a)基本电路　(b)附加电路

3. 由 SI81206Z 集成控制器构成的开关稳压电源

SI81206Z 是日本三康电气公司出品的斩波型大功率集成控制器,输出电压为 12V,输出电流可达 6A,并且有过流保护功能。表 6-3 中所列是它的主要性能指标,图 6-51 所示是它的外形及管脚排列。

表 6-3　SI81206Z 主要性能指标

极限指标($T=25℃$)		电气特性($T=25℃$)	
输入电压(V)	45	输入电压(V)	19~45
输出电流(A)	6	输出电压(V)	12±0.2
允许功耗(W)	40	温度系数(mV/℃)	±1.0
工作温度(℃)	−29~90	电源变化率(mV)	150
—	—	负载变化率(mV)	15
—	—	纹波抑制比(dB)	45

采用 SI81206Z 集成控制器构成的 13.8V 开关稳压电源电路如图 6-52 所示。SI81206Z 的输出电压是 12V,为得到 13.8V 的输出电压,在其输出电压检测端(③脚)与输出端(⑧脚)之间串接一个正向压降为 1.8V 左右的发光二极管 VD_5。只要保证 SI81206Z 的输入电压端(⑦脚)在 19~45V 之间,就可输出稳定的 13.8V 电压。图中:C_1 用于抑制开关稳压器自激,它对来自电源线的高频或脉冲扰动也有一定的抑制作用;C_2 用于防止噪声引起过流保护误动作;

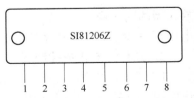

图 6-51　SI81206Z 集成控制器
外形及管脚排列

1. 地　2. 过流保护　3. 输出电压检测
4. 输出电压控制　5. 输出地　6. 输入地
7. 输入　8. 输出

R_1、C_4用于抑制开关稳压器内部产生的噪声；C_3、C_5用于防止异常振荡；电感器L_1用于减少输出电流的脉动系数。本电源可提供5A的负载电流，效率＞86％。

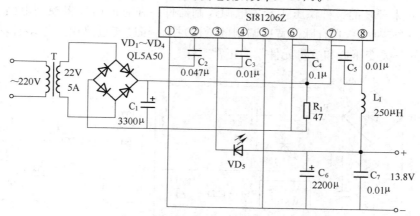

图 6-52　由 SI81206Z 组成的 13.8V 开关稳压电源

4. 由 L4960 集成控制器构成的开关稳压电源

由 L4960 集成控制器组成的开关稳压电源具有高效节能的优点，其电源效率可达 90％以上。L4960 集成控制器的管脚排列如图 6-53 所示。

图 6-54 所示是由 L4960 集成控制器构成的＋5～＋40V 开关稳压电源电路原理图。其工作过程为：交流 220V 电压经过变压器降压、桥式整流和滤波得到直流电压 U_i，输入 L4960①脚，在 L4960 内部软启动电路的作用下，输出电压逐步上升。经过整个内部电路正常工作后，输出电压在 R_3、R_4 上分压取样，送到 L4960 ②脚，在内部误差放大器中先与 5.1V 基准电压进行比较，得到误

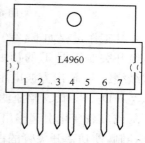

图 6-53　L4960 集成控制器的外形和管脚排列

差电压，再用误差电压的幅度去控制脉冲宽度调制（PWM）比较器输出的脉冲宽度，然后经过功率输出级放大和降压式输出电路（由 L、VD、C_6 和 C_7 构成），使输出电压 U_O 保持不变。在 L4960⑦脚得到的是功率脉冲调制信号。当该信号为高电平（L4960 内部开关功率管导通）时，除了向负载供电之外，还有一部分电能存储在 L 和 C_6、C_7 中，此时续流管 VD 截止。当功率脉冲信号为低电平（开关功率管截止）时，VD 导通，存储在 L 中的电能经过由 VD 构成的回路向负载放电，从而维持输出电压 U_O 不变。

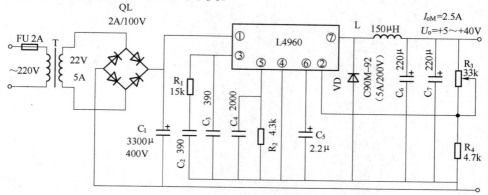

图 6-54　由 L4960 构成的单片式开关电源

5. 由 WS157(WS106)集成控制器构成的开关稳压电源

图 6-55 所示是用 WS157 或 WS106 构成的脉冲调宽式微型开关稳压电源。WS157 和 WS106 是近年来开发的一种稳压式开关电源控制器件。在它的内部将控制电路和功率开关管集成到同一个芯片上,具有脉冲宽度调制(PWM)控制和过流过热保护等多种功能,外部仅需接入合适的开关变压器和少量元件就能正常工作。

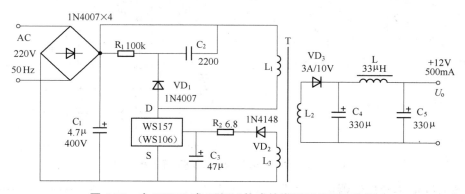

图 6-55　由 WS157 或 WS106 构成的微型开关稳压电源

其工作过程如下:220V 交流市电经整流滤波后,在 C_1 两端得到的 300V 直流电压。该电压经开关变压器 T 的初级绕组 L_1 加在 WS157(WS106)的 D 端,使内部电路得电启动工作。次级绕组 L_2 输出方波电压,经 VD_3、C_4、C_5 等整流滤波后变为直流电压。反馈绕组 L_3 输出电压经 VD_2、R_2 和 C_3 整流滤波后输入 WS157(WS106)的控制端 S 作为采样电压。当输入电压下降或负载变化引起输出电压下降时,反馈电压也下降,通过 WS157(WS106)内部比较处理和控制,使功率开关管的占空比增大,从而保持输出电压不变。R_1、C_2、VD_1 组成反馈钳位电路,可提高变换效率和降低 D 端反向峰值电压。R_2、C_3 和 L_3 的参数值决定反馈采样控制回路的起控状态。由于电路振荡频率很高,所以开关变压器可以做得很小,整个电源可以装在火柴盒大小的盒子中。此电源的稳压精度为 95%,输入电压在 110~260V 之间。

第七章　集成运算放大器电路识读

集成运算放大器是一种模拟集成电路,它具有高放大倍数和深度负反馈的特点。通过改变反馈电路和输入电路的形式及参数,便可实现多种组合和运算功能。有关集成运算放大器的组成、主要参数、选用集成运算放大器时应注意的主要问题、集成运算放大器管脚的主要功能及其识别,以及用万用表鉴别集成运算器的方法等内容,在第三章第二节中均已简要介绍,本章重点介绍由集成运算放大器组成的各种运算电路及其在实际电路中的应用。

第一节　理想集成运算放大器

集成运算放大器实质是一只具有高放大倍数的多级耦合放大器,其输出电压与输入电压之间关系的曲线称为电压传输特性曲线,如图 7-1 所示。该传输特性曲线可分为线性区和饱和区。当运算放大器在线性区工作(如图中虚线所示)时,输出电压 u_o 和两输入端电压之差 $(u_+ - u_-)$ 的函数关系是线性的,可用下式表示:

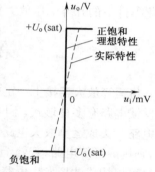

图 7-1　运算放大器的传输特性

$$u_o = A_{uo}(u_+ - u_-) = A_{uo}u_i$$

其中,$u_i = (u_+ - u_-)$,A_{uo} 为开环电压放大倍数。由于运算放大器的开环电压放大倍数很大,即使输入毫伏级以下的信号,也足以使输出电压饱和。此时运算放大器的开环放大倍数 A_{uo} 趋向 ∞。在此情况下,若 $u_+ > u_-$,则输出电压 u_o 为正饱和值 $+U_{O(sat)}$,接近正电源电压;若 $u_+ < u_-$,则 u_o 为负饱和值 $-U_{O(sat)}$,接近负电源电压。其线性区为一条与纵轴重合的直线(如图中实线所示)。

开环电压放大倍数 A_{uo} 趋近于 ∞ 的运算放大器,称为理想电压放大器。在电路分析中,在很多情况下,是把运算放大器作为理想运算放大器进行的。理想运算放大器的主要技术指标如下:

开环电压放大倍数 $A_{uo} \to \infty$;

差模输入电阻 $r_{id} \to \infty$;

开环输出电阻 $r_o \to 0$;

共模抑制比 $K_{CMR} \to \infty$。

输入偏置电流 I_{iB}、输入失调电流 I_{iO} 及输入失调电压 U_{iO} 均为零。

对于工作在线性区的理想运算放大器,根据它们的理想参数可以得出两条重要结论:

(1)由于理想运算放大器的差模输入电阻 r_{id} 趋于无穷大,于是可认为其反相输入端和同相输入端的输入电流为零,即

$$I_i \approx 0$$

（2）由于理想运算放大器的开环电压放大倍数 A_{uo} 趋于无穷大，输出电压又为有限的数值，故

$$u_i = u_+ - u_- = \frac{u_o}{A_{uo}} \approx 0$$

于是

$$u_+ \approx u_-$$

运用这两个结论，可大大简化集成运算放大器应用电路的分析。严格来说，上述结论只适用于理想运算放大器工作在线性区的场合，但由于实际集成运放的特性相当接近于理想集成运算放大器，所以，一般分析运算放大电路时，可将实际运算放大器理想化，即用理想运算放大器代替。

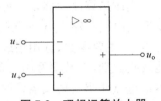

图 7-2   理想运算放大器的图形符号

图 7-2 是理想运算放大器的图形符号，它有两个输入端和一个输出端，反相输入端标"－"号，同相输入端标"＋"号，它们对"地"的电压分别用 u_- 和 u_+ 表示。输出端用"＋"号表示，对地的电压用 u_o 表示。"∞"表示理想化条件下的开环电压放大倍数，"▷"表示信号传输方向。

第二节   集成运算放大电路

将运算放大器接上一定的反馈电路和外接元件，就构成了集成运算放大电路。运算放大器反馈电路有多种形式，不同的反馈电路和不同的输入方式可以组成多种不同用途的运算放大电路。集成运算放大电路的主要类型如图 7-3 所示。由图 7-3 可知，集成运放若引入负反馈，则构成运算电路；若处于开环或引入正反馈，则构成电压比较器；利用运算电路和电压比较器又可以构成波形发生电路。

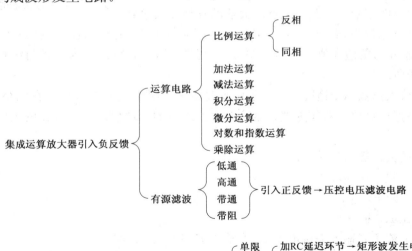

图 7-3   集成运算放大电路构成

由于集成运算放大器的线性区很窄，所以运算放大器在线性区工作通常引入深度负反馈。

在运算电路中引入了深度负反馈,可以认为集成运算放大电路的净输入电压为零(即虚短),净输入电流也为零(虚断)。此时,输出电压与输入电压的关系主要决定于反馈电路与输入电路的参数,而与集成运算放大器本身的参数关系不大。在此情况下,将运算放大器与外部电阻器、电容器、半导体器件等构成不同形式的反馈电路,即可实现加、减、乘、除、微分、积分、对数、比例等运算。

一、反相输入比例放大器

图 7-4 所示是将输入信号加在反相输入端的比例运算电路。其中 R_1 为输入端电阻器,R_F 为反馈电阻器,R_2 为平衡电阻器,且满足 $R_2 = R_1 /\!/ R_F$。

由理想运算放大器的两条重要结论可知,$I_i \approx 0$,$u_+ \approx u_-$。由此,通过 R_F 的电流 i_F 等于通过 R_1 的电流 i_1,即

$$i_F = i_1$$

又由于运算放大器的同相输入端接地,$u_+ = 0$,所以可得

$$u_- \approx u_+ = 0$$

这就是说,当同相端接地 $u_+ = 0$ 时,反相输入端电位 $u_- \approx 0$。它是一个不接地的"地",称为"虚地"。虚地的存在是运算电路在闭环工作状态下的一个重要特征。

由图 7-4 所示电路可得闭环电压输出值为

$$u_o = -\frac{R_F}{R_1} u_i$$

上式表明,该电路的输出电压与输入电压之比仅由电阻器 R_F 与 R_1 的数值决定,而与集成运算放大器本身参数无关。式中的负号表示输出电压与输入电压反相,因而称为反相比例运算放大电路。

当 $R_1 = R_F$ 时,$u_o = -u_i$,反相输入比例运算电路就成了反相器。

二、同相输入比例放大器

图 7-5 所示是输入信号加在同相输入端的比例运算电路。如果输入电压 u_i 为正,输出电压 u_o 也为正。

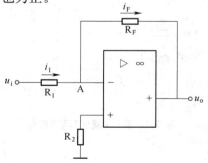

图 7-4　反相输入比例运算电路

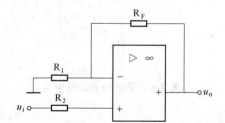

图 7-5　同相输入比例运算电路

根据理想运算放大器工作在线性区时的两个重要结论,由图可以列出同相输入比例运算电路的闭环电压放大倍数为

$$A_{uf} = \frac{u_o}{u_i} = 1 + \frac{R_F}{R_1}$$

上式表明,在理想条件下,同相输入运算放大器与反相输入运算放大器一样,其闭环电压放大倍数 A_{uf} 也仅与外部所接电阻器 R_1 和 R_F 数值的大小有关,而与运算放大器本身的参数无关。式中 A_{uf} 为正值,这表明 u_o 与 u_i 同相,并且 A_{uf} 总是大于 1,这点与反相输入运算放大器不同。

三、反相加法运算电路

图 7-6 所示是一个有三个反相输入信号端的反相加法运算电路。输入电压 u_{i1}、u_{i2}、u_{i3} 都从反相输入端输入,而同相输入端通过平衡电阻器 R_4 接地,R_F 为反馈电阻器。

根据理想运算放大器工作在线性区时的两个重要结论和"虚地"的概念,由图可列出

$$u_o = -\left(\frac{R_F}{R_1}u_{i1} + \frac{R_F}{R_2}u_{i2} + \frac{R_F}{R_3}u_{i3}\right)$$

当 $R_1 = R_2 = R_3$ 时,则上式为

$$u_o = -\frac{R_F}{R_1}(u_{i1} + u_{i2} + u_{i3})$$

即输出量与各输入量之和成比例。当 $R_F = R_1$ 时,则

$$u_o = -(u_{i1} + u_{i2} + u_{i3})$$

由以上三式可见,加法运算电路的输出电压 u_o 与三个输入电压之和成正比,比例系数仅决定于反馈电阻器 R_F 与输入端电阻器数值的大小,而与运算放大器的本身参数无关。只要电阻器的阻值有足够的精度,就可以保证加法运算的精度和稳定性。

图中平衡电阻器 $R_4 = R_1 /\!/ R_2 /\!/ R_3 /\!/ R_F$。

四、减法运算电路

在图 7-7 所示电路中,输入电压 u_{i1} 和 u_{i2} 分别加在运算放大器的反相输入端和同相输入端。这种输入方式称为双端输入,亦称差动输入。由于 u_{i1} 接在反相输入端,u_{i2} 接在同相输入端,因此,可得其输出电压

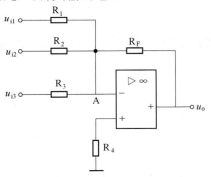

图 7-6　反相加法运算电路

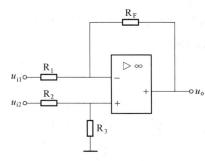

图 7-7　差动(减法)运算电路

$$u_o = \left(1 + \frac{R_F}{R_1}\right)\left(\frac{R_3}{R_2 + R_3}\right)u_{i2} - \frac{R_F}{R_1}u_{i1}$$

当 $R_1 = R_2 = R_3 = R_F$ 时,上式为

$$u_o = u_{i2} - u_{i1}$$

上式说明,对于同相、反相输入端同时输入信号电压的运算放大电路,若其外部电阻均相等,则其输出电压等于两个输入端信号电压之差,故称为减法运算电路,或称减法器。

五、积分运算电路

与反相比例运算电路比较,用电容器 C 代替 R_F 作为反馈元件,就成为积分运算电路,如图 7-8 所示。

图中 A 点为虚地,所以

$$u_o = -\frac{1}{R_1 C}\int u_i \mathrm{d}t$$

上式说明,输出电压与输入电压对时间的积分成正比。

六、微分运算电路

微分运算是积分运算的逆运算,体现在电路上,只需将接在反相输入端的电阻器 R_1 和反馈电容器 C 调换位置,就成为微分运算电路,如图 7-9 所示。

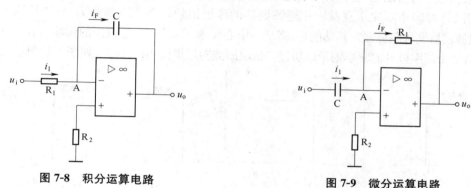

图 7-8　积分运算电路　　　　　　　　　图 7-9　微分运算电路

图中 A 点为虚地,即 $V_A = 0$

$$\text{由} \qquad i_1 = C\frac{\mathrm{d}u_i}{\mathrm{d}t}, \quad \text{即} \; i_F = -\frac{u_o}{R_1}$$

$$\text{则} \qquad u_o = -R_1 C\frac{\mathrm{d}u_i}{\mathrm{d}t}$$

上式说明,输出电压与输入电压对时间的微分成正比。

第三节　由集成运算放大器组成的有源滤波器

滤波电路从根本上说是一种信号处理电路。它的目的是对输入信号的波形和频谱进行加工和处理,将需要的波形和信号保留,将不需要的波形和信号去除或减弱。在现代电子技术的各个领域中,滤波电路都得到广泛应用。在第六章第二节介绍了电容滤波、电感滤波等无源滤波器的构成和原理,还介绍了由晶体管组成的有源滤波电路的构成和原理,本节将重点介绍由集成运算放大器构成的有源滤波器等内容。

常见的有源 RC 滤波器由集成运算放大器、电容器、电阻器组成,主要优点有三:其一,没有使用电感元件,使得有源滤波器的体积较小,质量轻;其二,集成运算放大器具备较好的低频特性;其三,运算放大器可以起到电压跟随器的作用,使每一级(也可以理解为一阶)滤波器与电源和负载阻抗的影响分开,这样就可以独立设计滤波器的各级(从 1 阶到 n 阶),然后将各级联起来,使滤波器的幅频逐渐接近理想的特性,如图 7-10 所示。

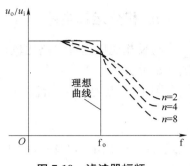

图 7-10　滤波器幅频特性曲线

通常,有源滤波器根据频率响应特性,可分为低通有源滤波器、高通有源滤波器、带通有源滤波器、带阻有源滤波器以及全通有源滤波器等。

低通滤波器的功能是,通过从零到某一截止频率(f_H)的低频信号,而对大于 f_H 的所有频率则完全衰减。低通滤波器的理想幅频特性曲线如图 7-11(a)所示。

高通滤波器的功能是,通过某一截止频率(f_L)以上的高频信号,而对小于 f_L 的所有频率则完全衰减。高通滤波器的理想幅频特性曲线如图 7-11(b)所示。

带通滤波器的功能是,通过某一中心频率 f_0 及其附近范围的频率(f_H-f_L),而对这个频率范围以外的频率则完全衰减。带通滤波器的理想幅频特性曲线如图 7-11(c)所示。

带阻滤波器又称陷波器。其功能是,将某一中心频率 f_0 及其附近范围的频率(f_H-f_L)完全衰减,而对这个范围以外的频率则予以通过。带阻滤波器理想幅频特性曲线如图 7-11(d)所示。

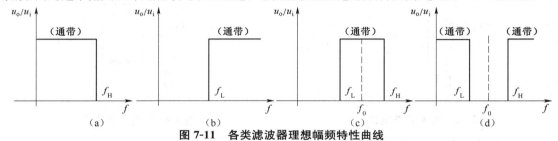

图 7-11　各类滤波器理想幅频特性曲线
(a)低通滤波器　(b)高通滤波器　(c)带通滤波器　(d)带阻滤波器

本节重点讨论一阶和二阶滤波电路的实现。

一、低通有源滤波器

1. 一阶低通有源滤波器

图 7-12 所示为同相输入一阶低通滤波电路。从图中可知,一阶有源滤波器是在 RC 低通滤波器的输出端加入一个由运算放大器组成的跟随器,以提高低通滤波器的带负载能力。如果希望电路不仅有滤波功能,而且有放大功能,则只要将跟随器改为同相比例放大器即可。调整电阻器 R_2 可以改变增益 A_u,调整电阻器 R 可以改变一阶电路的截止频率。

图 7-13 所示是反相输入一阶低通滤波电路。

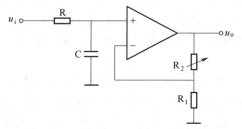

图 7-12　同相输入一阶低通滤波电路

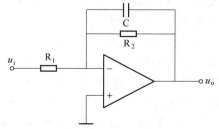

图 7-13　反相输入一阶低通滤波电路

2. 二阶低通有源滤波器

图 7-14 所示为单端正反馈式的二阶低通滤波器。

若 A_u 为运算放大器的增益。为保持电路工作稳定,对 A_u 有所限制:

$$1 \leqslant A_u \leqslant \frac{C_5}{C_3}\left(1 + \frac{R_2}{R_1}\right) + 1$$

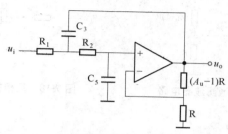

图 7-14　单端正反馈式二阶低通滤波器电路

图 7-15 所示为多端负反馈式的二阶低通滤波器。

多端负反馈滤波器对于元件的灵敏度要求很高,改变某一个元器件值将会同时影响多个滤波参数,这使电路的调整很不方便,但是它的工作稳定程度较高。

图 7-16 所示为双二阶低通滤波器。所谓双二阶电路,就是由运算放大器构成的积分器、加法器及反相器所组成的滤波电路。它能够实现双二阶函数(分子、分母都是二阶函数)。

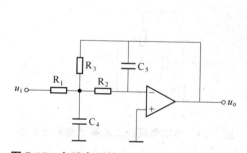

图 7-15　多端负反馈式二阶低通滤波器电路

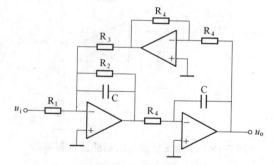

图 7-16　双二阶低通滤波器电路

该电路的特点是:

①滤波特性好,稳定性高;

②通常改变一个元器件值仅影响一个滤波参数,而不影响其他滤波参数,因此电路的调整非常方便;

③从不同的端口输出,具有不同的滤波特性;

④可以用来实现较高的 Q(品质因数)值。

二、高通有源滤波器

高通有源滤波电路也可以通过级联的方式,实现从一阶至 n 阶的高通滤波电路。

1. 一阶高通有源滤波器

图 7-17 所示为同相输入一阶高通有源滤波器。将图 7-17 与图 7-12 比较可知,一阶高通

有源滤波器只是将一阶有源低通滤波器中的 R 和 C 对调即可。

图 7-18 所示为反相输入一阶高通滤波器。

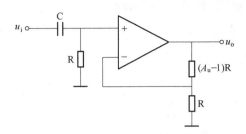

图 7-17 同相输入一阶高通滤波器电路

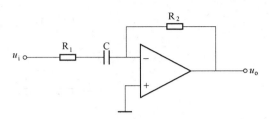

图 7-18 反相输入一阶高通滤波器电路

2. 二阶高通有源滤波器

图 7-19 所示为单端正反馈二阶高通滤波器。

图中，A_u 为运算放大器的增益，与单端正反馈低通滤波器相同，要维持此电路稳定工作，则需

$$1 \leqslant A_u \leqslant 1 + \frac{R_3}{R_5}\left(1 + \frac{C_1}{C_2}\right)$$

图 7-20 所示为多端负反馈二阶高通滤波器。

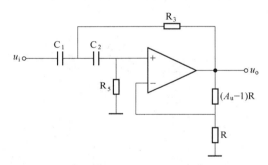

图 7-19 单端正反馈二阶高通滤波器电路

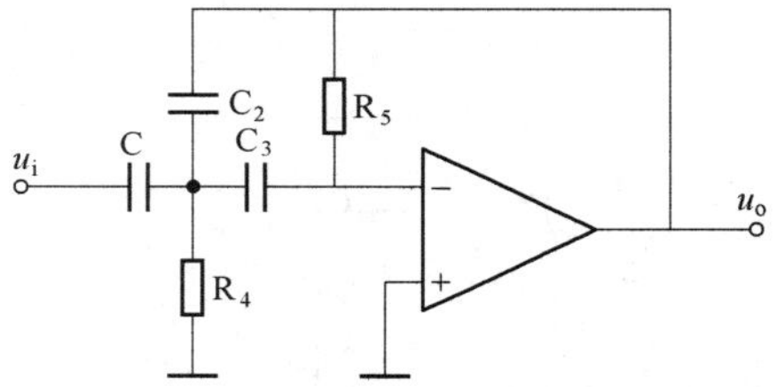

图 7-20 多端负反馈二阶高通滤波器电路

3. 双二阶高通有源滤波器

图 7-21 所示为由反相加法器、反相积分器和反相器组成的双二阶高通滤波器。

三、带通有源滤波器

图 7-22 所示为单端正反馈二阶带通滤波器。将图 7-22 与图 7-12 和图 7-17 做比较可知，将一个一阶 RC 低通滤波器和一个一阶 RC 高通滤波器相串

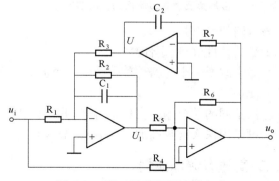

图 7-21 双二阶高通滤波器电路

联，即可构成二阶带通滤波器。由幅值特性曲线也可以说明低通滤波器和高通滤波器是如何构成带通滤波器的，如图 7-23 所示。

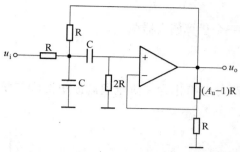

图 7-22　单端正反馈二阶带通滤波器电路

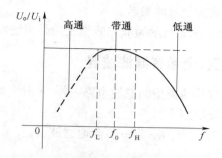

图 7-23　带通滤波器幅值特性曲线

　　调整 R 可以改变滤波器的中心频率 f_0，调整 A_u 可以改变 Q（品质因数）值。为了保证电路工作正常，同相运算放大电路的增益 A_u 必须小于 3。

　　图 7-24 所示为多端负反馈二阶带通滤波器。图 7-25 所示为双二阶型二阶带通滤波器。

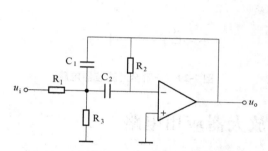

图 7-24　多端负反馈二阶带通滤波器电路

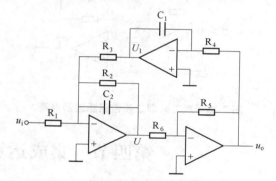

图 7-25　双二阶型二阶带通滤波器电路

四、带阻有源滤波器

　　图 7-26 所示为有源二阶带阻滤波器。

　　带阻特性的 Q（品质因数）值可以通过调整同相运放电路的增益 A_u 来改变，随着 A_u 增大，Q 也增大。然而当 $A_u = 2$ 时电路工作不稳定，因此 A_u 必须小于 2。

　　图 7-27 所示为二阶带阻滤波器，由两个运算放大器构成。

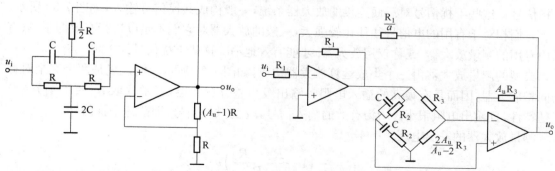

图 7-26　有源二阶带阻滤波器电路　　　　**图 7-27　二阶带阻滤波器电路**

　　调整 C 和 R_2 可以调整带阻中心频率 f_0，C 作为频率粗调，R_2 作为细调。它们的改变不会影响其他滤波参数。

图 7-28 所示为双二阶型二阶带阻滤波器,它由三个运算放大器构成。

五、全通有源滤波器

与其他类型的滤波电路一样,n 阶全通滤波电路可以简化为一阶全通滤波电路和二阶全通滤波电路。

图 7-29 所示为一阶全通滤波器。

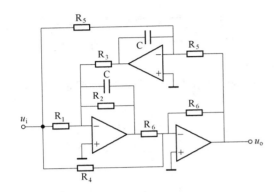

图 7-28　双二阶型二阶带阻滤波器电路

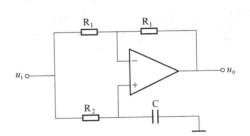

图 7-29　一阶全通滤波器电路

第四节　集成运算放大器应用电路

一、测量放大器

在许多工业应用中,经常要对一些物理量(如温度、压力、流量等)进行测量和控制。在这些情况下,通常需要先利用传感器将这些物理量转换为电信号(电压或电流),再对这些电信号进行放大和处理。由于传感器所处的工作环境一般都比较恶劣,经常受到强大干扰源的干扰,因而在传感器上会产生干扰信号,并和转换得到的电信号叠加在一起。此外,转换得到的电信号往往需要通过屏蔽电缆进行远距离传输,在屏蔽电缆的屏蔽层也不可避免地会接收到一些干扰信号。这些干扰信号对后面连接的放大器系统,一般构成共模信号输入,如图 7-30 所示。由于它们相对于有用的电信号往往比较强大,一般的放大器对它们不足以进行有效抑制,只有采用专用的测量放大器(或称仪用放大器)才能有效地消除这些干扰信号的影响。

典型的测量放大器由三个集成运算放大器构成,如图 7-31 所示。输入级是两个完全对称的同相放大器,因而具有很高的输入电阻。输出级为差分放大器,通常选取 $R_3 = R_4$,故具有跟随特性,且输出电阻很小。u_i 为有效的输入信号,u_C 为共模信号,即前述干扰信号。

测量放大器的输出电压

$$u_o = -\left(1 + \frac{R_1 + R_2}{R}\right)u_i$$

从上式可知,测量放大器的输出电压 u_o 与共模信号 u_C 无关。这表明,图 7-31 所示测量放大器具有很强的共模抑制能力。

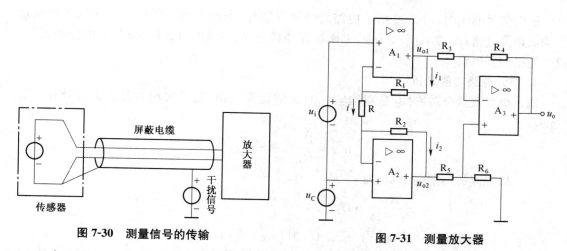

图 7-30　测量信号的传输　　　　　　图 7-31　测量放大器

通常选取 $R_1 = R_2$ 为定值,改变电阻器 R 的大小即可方便地调整测量放大器的放大倍数。

集成运算放大器参数的选取,尤其是电阻器 R_3、R_4、R_5、R_6 的匹配情况会直接影响测量放大器的共模抑制能力。本集成测量放大器因易于实现集成运算放大器与电阻的良好匹配,故具有优异的性能。常用的集成测量放大器的型号有 AD522 型、AD624 型等。

二、火灾报警器电路

图 7-32 所示为火灾报警器电路。u_{i1} 和 u_{i2} 分别来源于两个温度传感器,它们安装在室内同一处。但是,一个安装在金属板上,产生 u_{i1},而另一个安装在塑料壳体内部,产生 u_{i2}。

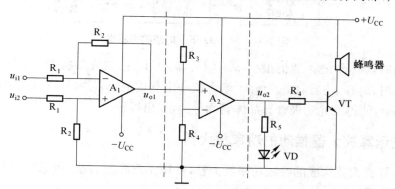

图 7-32　火灾报警器电路

1. 电路功用

在正常情况下,两个温度传感器所产生的电压相等,即 $u_{i1} = u_{i2}$,发光二极管 VD 不发光,蜂鸣器不响。有火情时,安装在金属板上的温度传感器因金属板导热快而温度升高较快,而安装在塑料壳体内的温度传感器温度上升较慢,使 u_{i1} 和 u_{i2} 产生差值电压。当差值电压增大到一定值时,发光二极管 VD 发光,蜂鸣器鸣叫,同时报警。

2. 分解电路

在分析由单个集成运算放大器所组成应用电路的功能时,可根据其有无引入反馈以及反馈的极性,来判断集成运算放大器的工作状态和电路输出与输入的关系。

　　根据信号的流向,图 7-32 所示电路可分为三部分(如图中虚线所示):A_1 引入了负反馈,故构成运算电路;A_2 没有引入反馈,工作在开环状态,故组成电压比较器;其后由分离元件组成声光报警器电路。

3. 单元电路功能分析

　　输入级参数具有对称性,是双端输入的比例运算电路,也可实现差分放大,其输出电压 u_{o1} 为

$$u_{o1} = \frac{R_2}{R_1}(u_{i1} - u_{i2})$$

　　第二级电路的门限电压 U_T 为

$$U_T = \frac{R_4}{R_3 + R_4} \cdot U_{CC}$$

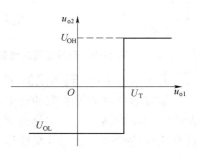

　　当 $u_{o1} < U_T$ 时,$u_{o2} = U_{OL}$;当 $u_{o1} > U_T$ 时,$u_{o2} = U_{OH}$。电路只有一个门限电压,故为单门限比较器。u_{o2} 的高、低电平决定于集成运算放大器输出电压的最大值和最小值。电压传输特性如图 7-33 所示。当 u_{o2} 为高电平时,发光二极管因导通而发光,与此同时晶体管 VT 导通,蜂鸣器鸣叫。

图 7-33　A_2 的电压传输特性

4. 综合分析

　　根据以上分析,画出图 7-32 所示电路的方框图,如图 7-34 所示。

图 7-34　图 7-32 所示电路的方框图

　　在无火情时,$(u_{i1} - u_{i2})$ 数值很小,$u_{o1} < U_T$,$u_{o2} = U_{OL}$,发光二极管和晶体管均截止。

　　在有火情时,$u_{i1} > u_{i2}$,当 $(u_{i1} - u_{i2})$ 增大到一定程度时,$u_{o1} > U_T$,u_{o2} 从低电平跃变为高电平,$u_{o2} = U_{OH}$,使得发光二极管和晶体管均导通,发出报警。

二、集成运算放大器推动的功率放大器

　　由集成运算放大器构成的音频功率放大器,常用于汽车收音机、收录机、报警器及其他要求功率不大的电子装置上。

　　由集成运算放大器构成的音频功率放大器电路如图 7-35 所示。IC_1 选用 LM358 集成双运算放大器:第一级($1/2IC_1$)为前级反相放大器,它将微弱的信号进行电压放大;第二级($1/2IC_1$)构成缓冲隔离放大器。其特点是输入阻抗高、输出阻抗低,从而提高了前级运算放大器带负载的能力,有效地阻隔了后级负载波动对前级放大器的影响。末级采用音频功率放大集成电路 LM386(IC_2)。它对集成双运算放大器 LM358 送来的信号进行功率放大,经耦合电容器 C_5,推动扬声器 BL(8Ω,$0.25 \sim 2W$)发出声音。电路中电阻器 R_5、电容器 C_4 组成高频校正网络,以防止放大器出现自激。输出电容器 C_5 不仅起着隔直作用,同时还影响着低频端频响好坏。

　　调节电位器 RP_1 的大小,可改变第一级的电压放大倍数。调节 RP_2 的大小,可改变 IC_2 输

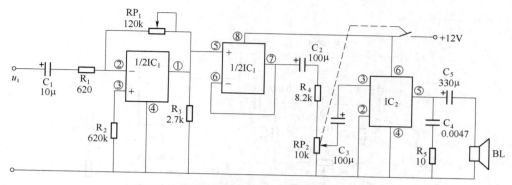

图 7-35　集成运算放大器构成的音频功率放大器

入信号的大小,达到调节输出音量的目的。

三、集成运算放大器构成的继电器驱动电路

采用专用功率比较放大器用于继电器的驱动电路,虽然其响应时间较短,但有时会出现振荡、突跳等现象。

图 7-36 所示继电器驱动电路采用通用集成运算放大器作比较器,虽然在响应速度方面有一定的滞后,但工作稳定。该电路除用来驱动继电器外,还可用来驱动光耦合器或指示灯。

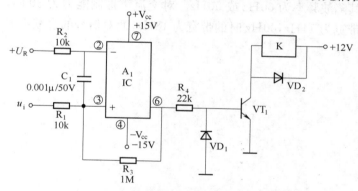

图 7-36　通用集成运算放大器构成的低速比较器

运算放大器开环使用,电阻器 R_1 及 R_3 组成的分压电路在同相输入端形成正反馈,使运算放大器输出接近 $\pm V_{cc}$,因此可获得正、负对称的滞后。当输入电压 $u_i \geqslant U_R$ 时,A_1 的输出接近 V_{cc},并由基极电阻器 R_4 向晶体管 VT_1 基极提供电流。为了防止基极—发射极之间出现大的逆偏置,加了钳位二极管 VD_1。VD_2 的作用是对继电器线圈中产生的反电势进行限压,以保证晶体管 VT_1 的可靠工作。

集成运算放大器 A_1 选用 LM741C 型。晶体管 VT_1 选用 2SC945 型。二极管 VD_1、VD_2 选用 1S1588 型。K 为小型继电器,选用 G5A237P-12V 型。

四、集成运算放大器构成的窄带陷波器

图 7-37 所示是一个经济实用的窄带陷波器,用于音频和测试仪器系统中,用来消除杂波信号或电源交流声。它不要求高精度元件,滤波频率可以从 50Hz 调节到 60Hz。IC 选用集成

运算放大器 LM741CN。

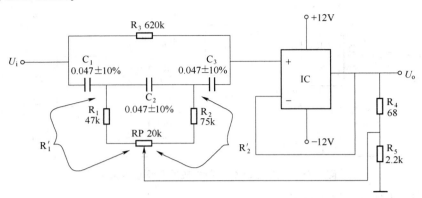

图 7-37　窄带陷波器

该电路采用了有源反馈桥式微分 RC 网络,陷波频率为:

$$f_o = \frac{1}{2\pi C \sqrt{3R_1' \cdot R_2'}}$$

式中　$C_1 = C_2 = C_3 = C$,$R_1' = R_1 + RP_左$,$R_2' = R_2 + RP_右$。

　　陷波带宽是由反馈量决定的,反馈量越大,滤波带宽越窄。采用本电路中所标元件值,可以调节电位器使其陷波频率为 60Hz 或 50Hz。对交流声抑制能力为 30dB。—3dB 处的陷波带宽:50Hz 时的带宽为 14Hz,60Hz 时的带宽为 18Hz,而对信号的衰减不大于 1dB。

第八章　数字集成电路识读

本书第三章第四节至第七节,分别介绍了数字集成电路的基础知识、数字集成电路的分类和技术参数。本章将重点介绍数字集成电路中的时序逻辑器件和集成 555 定时器、数字集成电路的组成及读图方法、常用组合逻辑应用电路的识读、时序逻辑应用电路的识读和 555 定时器应用电路的识读。

第一节　数字集成电路中的时序逻辑器件

在时序电路中经常会使用逻辑器件,常用的逻辑器件有触发器、计数器、寄存器等。

一、触发器

触发器是具有记忆功能的单元电路,由门电路构成,专门用于接收、存储、输出 0 和 1 代码。触发器是时序逻辑电路的基本单元。

触发器有两个特点,其一,它有两个稳定状态,分别为逻辑"1"和"0";其二,在输入信号作用下,两个稳态可以相互转换。

触发器有多种分类方法:按其工作状态分类,可以分为双稳态触发器、单稳态触发器、无稳态触发器等;按结构分类,可以分为基本触发器、同步触发器、边沿触发器、主从触发器等;按功能分,可以分为 RS 触发器、JK 触发器、D 型触发器、T 型触发器、T' 型触发器;按元件组成分,有由分立元件组成的触发器和由集成电路组成的触发器。

1. 由分立元件组成的触发器

（1）由分立元件组成的双稳态触发器。由分立元件组成的双稳态触发器典型电路如图 8-1 所示。

图中,晶体管 VT_1、VT_2 及电阻器 R_1、R_3、R_2、R_4 组成双稳态电路。其工作原理是:电源接通后,双稳态电路的状态为 VT_1 截止、VT_2 饱和;当外电路有适当的脉冲信号输入时,脉冲信号通过 VD_2 加至 VT_2 的基极,使双稳态电路迅速翻转为 VT_1 饱和、VT_2 截止。

（2）由分立元件组成的单稳态触发电路。由分立元件组成的单稳态触发器典型电路如图 8-2 所示。

图中,晶体管 VT_1、VT_2,电阻器 R_1、R_2、R_3、

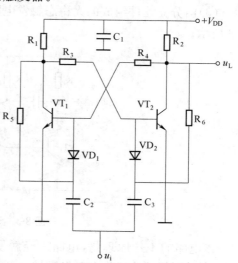

图 8-1　双稳态触发器典型电路

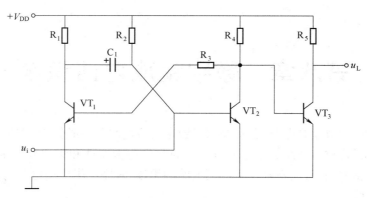

图 8-2　单稳态触发器典型电路

R_4 及电容器 C_1 组成单稳态电路。该电路的结构决定了它只有一种稳态，即晶体管 VT_1 截止、VT_2 饱和导通、VT_3 输出低电位。

该电路的工作原理如下：

①稳态。VT_1 截止、VT_2 饱和导通，电容器 C_1 充有左正右负的电荷，VT_3 输出低电位。

②触发翻转。当电路输入端有触发信号 u_i 输入时，VT_2 基极在信号作用下退出饱和状态进入放大状态，使 VT_2 集电极电压升高，经电阻器 R_3 作用于 VT_1 的基极，导致 VT_1 退出截止状态进入放大状态，使 VT_1 的集电极电位下降，经电容器 C_1 耦合，使 VT_2 基极电位进一步下降，使 VT_2 迅速截止，VT_1 迅速饱和，电路进入暂稳态。

③暂稳态。在暂稳态期间，电路输出高电平。暂稳态的时间由 R_1 与 C_1 的参数决定，而与外界信号无关。

④自动翻转。随着电容器 C_1 放电时间的推移，其右端电位不断升高，使 VT_2 基极的电位随之升高，当电位升到一定值时，VT_2 由截止状态进入饱和导通状态，VT_1 由导通状态进入截止状态。电路完成触发过程。

（3）由分立元件组成的无稳态触发电路。由分立元件组成的无稳态触发器典型电路如图 8-3 所示。

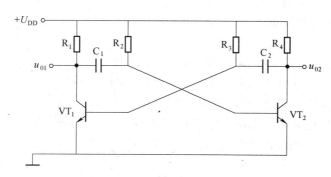

图 8-3　无稳态触发器典型电路

该电路的工作原理是，电路一经触发，晶体管 VT_1、VT_2 便构成一个多谐振荡器，VT_1、VT_2 将周而复始地工作在触发翻转→暂稳态→自动翻转→暂稳态→自动翻转的循环中。在第一次触发后，如果没有新的触发信号输入，则触发器将始终保持这种循环状态。

2. 由集成电路组成的触发器

(1)基本 R-S 触发器。基本 R-S 触发器属于双稳态触发器。它有两个稳定状态,即"0"和"1"。在输入信号的作用下,两个稳定状态可以互相转换。

基本 R-S 触发器是将两个与非门或两个或非门集成电路的输入、输出交叉连接组成的。其逻辑图与电路图形符号分别如图 8-4(a)、(b)所示。

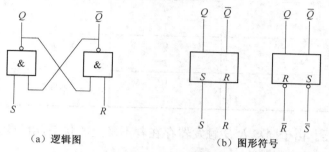

（a）逻辑图　　　　　（b）图形符号

图 8-4　基本 R-S 触发器

由图可见,它有两个输入端(R 和 S)和两个输出端(Q 和 $\overline{Q}$)。其中:R 为复位端,S 为置位端。当 R 为有效时,Q 变为 0,故 R 也称为置 0 端;当 S 为有效时,Q 变为 1,故 S 又称为置 1 端。两个输出端为互补关系。即:$\overline{Q}=1,Q=0;\overline{Q}=0,Q=1$。

触发器有两个稳定状态,Q^n 为原状态(现态),即触发信号输入前的状态,Q^{n+1} 为新状态(次态),即触发信号输入后的状态。

(2)同步 R-S 触发器。基本 R-S 触发器是由 R、S 输入状态直接控制触发器的翻转,这在使用上有许多不便。在实际应用中,往往要求各触发器的翻转在时间上同步,这就需要增加一个同步控制端。只有在同步控制端信号到达时,触发器才能按输入信号改变状态。通常称同步控制信号为时钟信号,简称时钟,用 CP 表示。因此,同步触发器又称为钟控触发器。

图 8-5 所示是同步 R-S 触发器的逻辑电路及其图形符号。图中,与非门 G_A、G_B 组成基本 R-S 触发器,G_C、G_D 组成输入控制门电路。S、R 为信号输入端,CP 是时钟脉冲的输入端。

其逻辑功能如下:$\overline{S}_D$ 端为直接置 1 端,当 $\overline{S}_D = 0$ 时,不论 CP 和 S、R 为何种状态,触发器被置 1。$\overline{R}_D$ 端为直接复 0 端,当 $\overline{R}_D = 0$ 时,触发器被直接复 0。电路工作前,可通过 $\overline{S}_D$ 或 $\overline{R}_D$ 使触发器置 1 或复 0。初始状态预置后,$\overline{S}_D$、$\overline{R}_D$ 均应处于高电平。

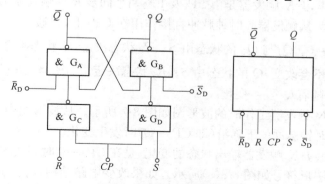

图 8-5　同步 R-S 触发器

(a)电路图;(b)逻辑符号。

同步 R-S 触发器的状态表见表 8-1。

表 8-1　同步 R-S 触发器状态表

S	R	Q^n	Q^{n+1}	功能
0	0	0	0	状态不变
0	0	1	1	
0	1	0	0	复0
0	1	1	0	
1	0	0	1	置1
1	0	1	1	
1	1	0	不确定	不允许
1	1	1		

（3）J-K 触发器。由于同步 R-S 触发器存在着不确定的状态，给应用带来了不便。使用 J-K 触发器可以解决这个问题。

图 8-6 所示为 J-K 触发器的电路图。J-K 触发器的状态见表 8-2。

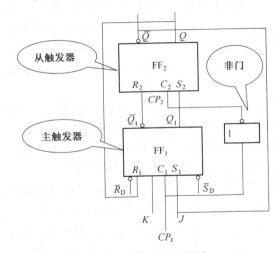

表 8-2　J-K 触发器状态表

J	K	Q_{n+1}	功能
0	0	Q_n	记忆
0	1	0	复0
1	0	1	置1
1	1	$\overline{Q_n}$	计数

图 8-6　J-K 触发器电路

从图中可以看出，J-K 触发器是由 FF_1 及 FF_2 两个同步 R-S 触发器构成的。其中，FF_1 称为主触发器，FF_2 称为从触发器。时钟脉冲直接作用在 CP_1 上，并通过一个非门与 CP_2 相连。当 $CP_1=1$ 时 $CP_2=0$。Q_1 与 $\overline{Q_1}$ 的状态由 S_1、R_1 状态决定，Q 状态不会改变；当 $CP_1=0$ 时 $CP_2=1$，Q_1 的状态不会改变，Q 的状态由 S_2、R_2 状态决定。由于 S_2、R_2 与 Q_1、$\overline{Q_1}$ 直接连接，因此 Q 的状态将会随着 Q_1 发生变化。

图 8-6 所示 J-K 触发器工作时的波形图如图 8-7 所示。从波形图中不难看出，J-K 触发器的状态值总是在时钟脉冲的下降沿（即 $CP_1=0$）时发生变化。

由于图 8-6 所示 J-K 触发器输出状态的变化，是在 $CP_1=0$ 时完成的，故这类触发器称为低电平触发。它的图形符号如图 8-8（a）所示。如果改变电路结构，将主触发器由低电平触发改为用高电平触发，则触发器输出状态是在 $CP_1=1$ 时完成的，这类触发器称为高电平触发。它的图形符号如图 8-8（b）所示。

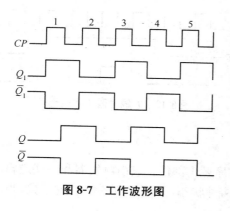

图 8-7　工作波形图

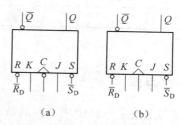

图 8-8　主从型 *J-K* 触发器的逻辑符号
(a)低电平触发　(b)高电平触发

(4)*D* 触发器。将 *J-K* 触发器的 *J* 端通过一个非门与 *K* 端相连,输入端用 *D* 表示,就构成了 *D* 触发器。其电路如图 8-9 所示。

D 触发器的逻辑分析如下:当输入端 $D=1$ 时,$J=1$、$K=0$,在时钟脉冲 *CP* 的下降沿 *Q* 端置 1;当 $D=0$ 时,$J=0$、$K=1$,在时钟脉冲 *CP* 的下降沿 *Q* 端复 0。其逻辑功能可以用 $Q_{n+1}=D_n$ 来表示。*D* 触发器的状态见表 8-3。

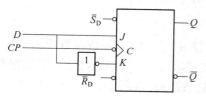

图 8-9　*D* 触发器电路

表 8-3　*D* 触发器状态表

D_n	Q_{n+1}
0	0
1	1

与 *J-K* 触发器一样,*D* 触发器也有下降沿翻转和上升沿翻转两类,即低电平触发和高电平触发。其图形符号分别如图 8-10(a)、(b)所示。

(5)*T* 触发器。将 *J-K* 触发器的 *J* 端和 *K* 端相连,输入端用 *T* 表示,就构成 *T* 触发器。其电路及图形符号分别如图 8-11(a)、(b)所示。

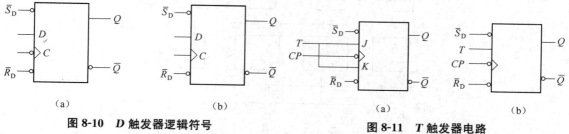

(a)　　　　　　　　　　(b)

图 8-10　*D* 触发器逻辑符号
(a)低电平触发　(b)高电平触发

(a)　　　　　　　　　　(b)

图 8-11　*T* 触发器电路
(a)电路图;(b)逻辑符号

T 触发器的逻辑分析如下:

当输入 $T=1$ 时,$J=K=1$,*J-K* 触发器处于计数状态,每来一个时钟脉冲,*Q* 翻转一次;当输入 $T=0$ 时,$J=K=0$,*J-K* 触发器处于记忆状态,时钟脉冲出现不影响 *Q* 的状态。*T* 触发器的状态见表 8-4,工作时的波形如图 8-12 所示。

表8-4　T 触发器状态表

T	Q_{n+1}	功能
0	Q_n	记忆
1	$\overline{Q_n}$	计数

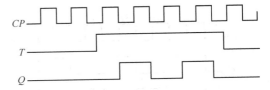

图8-12　T 触发器工作波形图

二、寄存器

寄存器是数字电路中用来存放数码或指令的时序逻辑部件。它由触发器和一些逻辑门电路组成。触发器用来存放数码,一个触发器有 0、1 两种状态,只能存放一位二进制数,当需要存放 n 位数时,就得用 n 个触发器。

寄存器存取数码的方式有串行和并行两种。串行方式是指在一个时钟脉冲作用下,只存入或取出一位数码,n 位数码需经 n 个时钟脉冲作用才能全部存入或取出。这种存取方式称为串行输入或串行输出。具有串行输入或输出功能的寄存器称为移位寄存器。它不仅能存放数码,而且还具有运算功能。并行方式是指在一个时钟脉冲作用下,n 位数码可同时全部存入或取出。这种存取方式称为并行输入或并行输出。具有并行输入或输出的寄存器称为数码寄存器。它只有存放数码的功能。

1. 由触发器构成的数码寄存器

由 4 个 D 触发器组成的 4 位数码寄存器电路如图 8-13 所示。4 位待存数码 D_3、D_2、D_1、D_0 与 4 个 D 触发器的输入端相连接。存放数码前,在清零端 $\overline{R}_D$ 加一负脉冲,清除寄存器中原有数码,使各触发器均处于 0 态,准备接收新的数码。设待存数码 $D_3 D_2 D_1 D_0 = 1011$,当寄存脉冲到来时,4 个触发器的输出端分别为 $Q_3 = 1$,$Q_2 = 0$,$Q_1 = 1$,$Q_0 = 1$。寄存脉冲过后,各触发器保持原态,数码被寄存。当需要取出该数码时,可发出取数脉冲,将 4 个与门打开,4 位数码分别从 4 个与门输出。只要不存入新的数码,原来的数码可重复取用,并一直保持下去。上述工作方式,即为并行输入、并行输出方式。

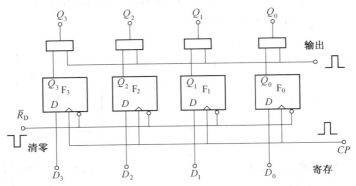

图8-13　4 位数码寄存器电路

2. 由触发器构成的移位寄存器

移位寄存器按照移位方向可分为左移位寄存器、右移位寄存器、双向移位寄存器。图 8-14 所示是用 D 触发器构成的 4 位左移位寄存器。待存数码由触发器 F_0 的输入端 D_0 输入,在移位脉冲作用下,可将数码从右向左逐步移入寄存器中。

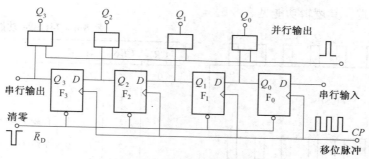

图 8-14　4 位左移位寄存器

其工作过程如下：输入数据前需进行清零，使各触发器均为 0 态。设待存数码为 1010，则先将数码的最高位 1 送入 F_0 的输入端，即 $D_0=1$，当第一个移位脉冲 CP 的上升沿到来时，F_0 的输出端 $Q_0=1$，移位寄存器呈 0001 状态。随后将数码的次高位 0 送入 F_0 的输入端，则 $D_0=0$，$D_1=Q_0=1$。当第二个移位脉冲到来时，$Q_1=1$，$Q_0=0$，寄存器变为 0010 状态。经 4 个移位脉冲后，4 位数码全部移入寄存器。其状态见表 8-5。

表 8-5　左移位寄存器状态表

移 位 脉 冲	Q_3	Q_2	Q_1	Q_1	移 位 过 程
0	0	0	0	0	清零
1	0	0	0	1	左移 1 位
2	0	0	1	0	左移 2 位
3	0	1	0	1	左移 3 位
4	1	0	1	0	左移 4 位

该数码寄存器有两种输出方式，数码存入后，在并行输出端送入取数脉冲，4 位数码便同时出现在 4 个与门的输出端。若需要串行输出时，数据存入后可将 D_0 接地，即 $D_0=0$，再经 4 个移位脉冲作用后，数码便由触发器 F_3 的输出端依次送出。图 8-15 所示为串行输入、串行输出工作波形图。由图可见，4 个移位脉冲后，寄存器的状态为 1010，第 8 个脉冲后，寄存器为 0000。

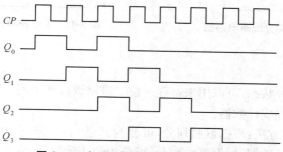

图 8-15　左移位寄存器串入/串出波形图

3. 集成电路寄存器

目前各种功能的寄存器大都集成化，中规模集成电路 74LS194 就是一种功能比较齐全的 4 位双向移位寄存器。其管脚排列如图 8-16 所示。图中 A、B、C、D 为并行输入端，Q_A、Q_B、Q_C、Q_D 为并行输出端，D_{SR} 为数据右移输入端，D_{SL} 为数据左移输入端，$\overline{CR}$ 为清零端，M_1、M_0

为工作模式控制端。其逻辑功能见表 8-6。

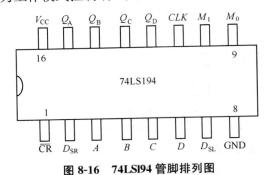

图 8-16　74LSl94 管脚排列图

表 8-6　74LSl94 功能表

$\overline{CR}$	CLK	M_1	M_0	功　　能
0	×	×	×	清 0
1	↑	0	0	保持
1	↑	0	1	右移：$D_{SR} \to Q_A \to Q_B \to Q_C \to Q_D$
1	↑	1	0	左移：$D_{SL} \to Q_D \to Q_C \to Q_B \to Q_A$
1	↑	1	1	并入：$Q_A Q_B Q_C Q_D = ABCD$

用 74LS194 构成的 4 位脉冲分配器（亦称环形计数器）电路如图 8-17 所示。

工作前首先在 M_0 端加预置正脉冲，使 $M_1 M_0 = 11$，寄存器处于并行输入工作状态，$ABCD$ 的数码 0001 在 CLK 移位脉冲作用下，并行存入 $Q_A Q_B Q_C Q_D$。预置脉冲过后，$M_1 M_0 = 10$，寄存器处在左移位工作状态，每来一个移位脉冲，$Q_D \sim Q_A$ 循环左移一位，工作波形如图 8-18 所示。由波形图可知，从 $Q_D \sim Q_A$ 每端均可输出系列脉冲，但彼此相隔移位脉冲的一个周期时间。

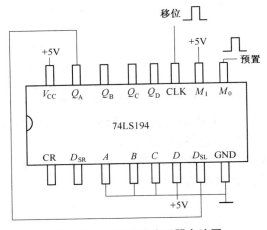

图 8-17　4 位脉冲分配器电路图

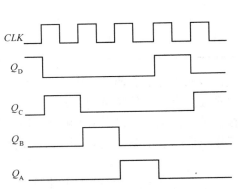

图 8-18　4 位脉冲分配器的工作波形图

三、计数器

一个触发器，有两种状态，可以用来寄存一位二进制数或两个码，如要表达多位数，多种状态，就需用多只触发器构成计数器。

计数器有多种分类方法：根据数制划分，可分为二进制、五进制、六进制、七进制、十进制、二十四进制、任意进制计数器；根据算法划分，可分为加法计数器、减法计数器等。本节主要介绍二进制计数器。

1. 二进制加法计数器

用主从 J-K 触发器组成的二进制加法计数器电路如图 8-19 所示。

加法计数器的构成及主要功能：

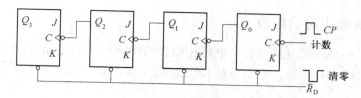

图 8-19　四位二进制加法计数器

（1）计数器可以寄存信息、保存数据，因此必须用触发器构成。因一个触发器只有两种状态，只能表示一位二进制数，所以有几位二进制数，就要用几个触发器构成计数器。

（2）二进制计数是逢二进一的，所以每一位触发器的 CP 脉冲应来自低一位触发器的进位输出。

（3）计数器中每一位触发器均有一个输出端（Q 端），在最低位应有一个计数脉冲输入端 CP。

用 J-K 触发器构成计数器时，J、K 端应悬空（表示高电平）。

2. 二进制减法计数器

减法计数器与加法计数器的不同之处是：

（1）计数器的原始状态为全"1"，所以要设置"1"控制端。

（2）当低位为 0—1 时，因需向高位借位，所以高位的 CP 端应接到低位的 $\overline{Q}$ 端。此时，低位 Q 端为"0"，而 $\overline{Q}$ 端为"1"，当减"1"时，$\overline{Q}$ 端从"1"变为"0"，产生一个负跳变，使高位触发器翻转（即借位）。

将图 8-19 所示电路稍作变动，即将触发器 F_3、F_2、F_1 的时钟信号分别与前级触发器的 $\overline{Q}$ 端相连，即可构成四位异步二进制减法计数器。二进制减法计数器电路如图 8-20 所示。

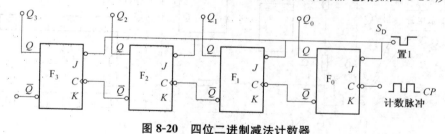

图 8-20　四位二进制减法计数器

第二节　集成 555 定时器

555 定时器是一种多用途的单片集成电路。若在其外部配上少许阻容元件，便能构成单稳态触发器、多谐振荡器等多种用途不同的脉冲电路。由于它性能优良、使用灵活方便，在工业自动控制、家用电器、电子玩具等许多领域都得到广泛应用。

555 定时器按内部元件不同，分为双极型（TTL 型）和单极性（CMOS 型）两种。双极型 555 定时器的电源电压在 4.5～16V 之间，输出电流大，能直接驱动继电器等负载，并能提供与 TTL、CMOS 电路相容的逻辑电平；CMOS 型定时器输出电流较小、功耗低，适用电源电压范围宽（通常为 3～18V），定时元件的选择范围大。尽管 555 定时器产品型号繁多，但它们的逻辑功能和外部管脚排列却完全相同。

一、555 定时器电路的组成

555 定时器是一种模拟电路和数字电路相结合的中规模集成电路,其内部结构及管脚排列分别如图 8-21(a)、(b)所示。它由分压器、比较器、基本 $R\text{-}S$ 触发器和放电晶体管等部分组成。

单极型定时器一般接有输出缓冲级,以提高驱动负载的能力。分压器由三只 $5\text{k}\Omega$ 的等值电阻器串联而成,"555"由此而得名。分压器为比较器 A_1、A_2 提供参考电压。比较器由两个结构相同的集成运算放大器 A_1、A_2 组成。比较器 A_1 的参考电压为 $\frac{2}{3}U_{CC}$,加在同相输入端;比较器 A_2 的参考电压为 $\frac{1}{3}U_{CC}$,加在反相输入端。高电平触发信号加在 A_1 的反相输入端,与同相输入端的参考电压比较后,其结果作为基本 $R\text{-}S$ 触发器 $\overline{R_D}$ 端的输入信号;低电平触发信号加在 A_2 的同相输入端,与反相输入端的参考电压比较后,其结果作为基本 $R\text{-}S$ 触发器 $\overline{S}_D$ 端的输入信号。基本 $R\text{-}S$ 触发器的输出状态受比较器 A_1、A_2 的输出端控制。

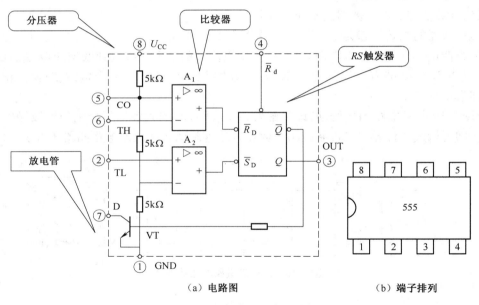

（a）电路图　　　　　　　（b）端子排列

图 8-21　集成 555 定时器

555 定时器各管脚的功能说明如下:

⑧脚为电源电压 U_{CC}。当外接电源电压在允许范围内变化时,电路均能正常工作。

⑥脚为高电平触发端 TH。当输入的触发电压低于 $\frac{2}{3}U_{CC}$ 时,A_1 的输出为高电平 1;当输入电压高于 $\frac{2}{3}U_{CC}$ 时,A_1 输出低电平 0,使 $R\text{-}S$ 触发器复 0。

②脚为低电平触发端 TL。当输入的触发电压高于 $\frac{1}{3}U_{CC}$ 时,A_2 输出高电平 1;当输入电压低于 $\frac{1}{3}U_{CC}$ 时,A_2 输出低电平 0,使 $R\text{-}S$ 触发器置 1。

③脚为输出端 OUT。输出电流达 200mA，可直接驱动继电器、发光二极管、扬声器、指示灯等。

④脚为复位端 $\overline{R}_d$。低电平有效。输入负脉冲时，触发器直接复 0。平时 $\overline{R}_d$ 保持高电平。

⑤脚为电压控制端 CO。若在该端外加一电压，就可改变比较器的参考电压值。当此端不用时，一般用一只 $0.01\mu F$ 电容器接地，以防止干扰电压的影响。

⑦脚为放电端 D。当 R-S 触发器的 $\overline{Q}$ 端为高电平 1 时，放电晶体管 VT 导通，外接电容器通过 VT 放电。晶体管起放电开关的作用。

①脚为接地端 GND。

由上述各脚功能，可得 555 定时器的功能表见表 8-7。

表 8-7　555 定时器功能表

$\overline{R}_d$	TH	TL	$\overline{R}_D$	$\overline{S}_D$	Q	$\overline{Q}$	OUT
0	$\times$	$\times$	$\times$	$\times$	0	1	0
1	$>\frac{2}{3}U_{CC}$	$>\frac{1}{3}U_{CC}$	0	1	0	1	0
1	$<\frac{2}{3}U_{CC}$	$<\frac{1}{3}U_{CC}$	1	0	1	0	1
1	$<\frac{2}{3}U_{CC}$	$>\frac{1}{3}U_{CC}$	1	1	保持原状态		

二、555 定时器组成单稳态触发器

用 555 定时器组成的单稳态触发器电路如图 8-22(a)所示。R、C 为外接元件，触发信号 u_i 由②脚输入。

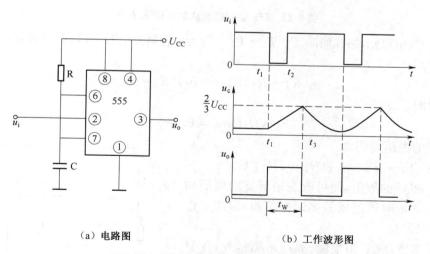

（a）电路图　　　　　　　　（b）工作波形图

图 8-22　555 定时器组成的单稳态电路

如果 u_i 是一串负脉冲，在电路的输出端 u_o 可得到一串矩形脉冲，其工作电压波形如图 8-22(b)所示。

输出脉冲的宽度 t_W 与充电时间常数 RC 有关，

$$t_W = RC\ln3 = 1.1RC$$

当一个触发脉冲使单稳态触发器进入暂稳状态后,在 t_W 时间内的其他触发脉冲对电路不起作用,因此,触发脉冲 u_i 的周期必须大于 t_W,才能保证 u_i 的每一个负脉冲都能有效地触发。

单稳态触发器可以构成定时电路,与继电器、晶闸管配合或驱动放大电路,可实现自动控制、定时开关等功能。

三、555 定时器组成多谐振荡器

由 555 定时器组成的多谐振荡器电路如图 8-23(a)所示,其中电阻器 R_1、R_2 和电容器 C 为外接元件。其工作电压波形如图 8-23(b)所示。

当电容器充电时,定时器输出 $u_o = 1$;当电容放电时,$u_o = 0$。电容器不断地进行充、放电,输出端便获得矩形波。多谐振荡器无外部信号输入,却能输出矩形波,其实质是将直流形式的电能变为矩形波形式的电能。

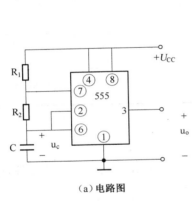

（a）电路图

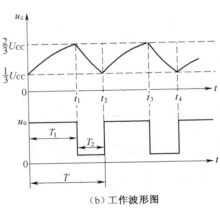

（b）工作波形图

图 8-23　555 定时器组成的多谐振荡器

由图 8-23(b)可知,振荡周期 $T = T_1 + T_2$。T_1 为电容器充电时间,T_2 为电容器放电时间。

充电时间

$$T_1 = (R_1 + R_2)C\ln2 = 0.7(R_1 + R_2)C$$

放电时间

$$T_2 = R_2 C\ln2 = 0.7R_2 C$$

矩形波的振荡周期

$$T = T_1 + T_2 = 0.7(R_1 + 2R_2)C$$

改变 R_1、R_2 和 C 的数值,便可改变矩形波的周期和频率。由 555 定时器组成的多谐振荡器,最高工作频率可达 500kHz。

对于矩形波,除了用幅度、周期来衡量外,还有一个参数——占空比 q

$$q = \frac{脉宽\ t_W}{周期\ T}$$

式中　t_W 指一个输出周期内高电平所占的时间。

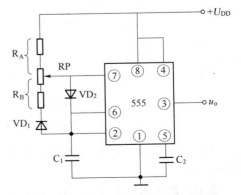

图 8-24　可调占空比的多谐振荡器

图 8-24 所示电路产生矩形波的占空比 q，根据需要可以调整。这是因为它的充、放电路径不同。当输出 u_0 为高电平时，电源经 R_A、VD_2 对电容器 C_1 充电；当 u_0 为低电平时，电容器 C_1 经 VD_1、R_B 放电。调节电阻器 RP 即可改变 R_A、R_B 的值，进而改变充、放电时间，也就改变了矩形脉冲的占空比 q。

$$q = \frac{R_A}{R_A + R_B}$$

555 集成定时器的应用非常广泛，有关 555 集成定时器的应用电路将在本章第六节中单独介绍。

第三节　逻辑电路图的组成及识读方法

一、逻辑电路图的组成

逻辑电路图是一种用逻辑符号绘制的图形。它是用二进制逻辑单元(如各种门电路、触发器、译码器、计数器等)的图形符号绘制的电路图，用以表达系统的逻辑功能、连接关系和工作原理。

1. 逻辑符号

逻辑电路图的主要组成部分是二进制逻辑单元图形符号，简称逻辑符号。了解和熟悉逻辑符号，是绘制和阅读逻辑电路图的基础。

逻辑符号由方框、限定符号及使用时附加的输入线、输出线等组成。

（1）方框符号。方框符号有三种形式，分别为单元框、公共控制单元框、公共输出单元框，见表 8-8。方框的大小是任意的，主要由输入、输出线数量及电路图的总体布局决定。

表 8-8　逻辑图形方框符号

单元框	公共控制单元框	公共输出单元框
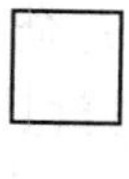	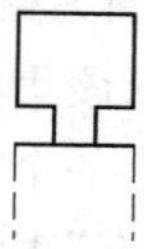	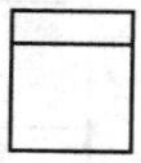

单元框是基本方框，公共控制单元框和公共输出单元框是在此基础上扩展出来的，用于缩小某些符号所占面积，增强表达能力。

公共控制单元框表示电路的一个或多个输入（或输出）端，与一个以上单元电路所共有。例如，图 8-25(a)中公共控制单元框上的输入端 EN 没有标注关联标记，则表示在公共控制单元框下面的三个单元框(阵列)均受 EN 控制。当公共控制单元框的输入或输出端标有关联标记时，则表示仅对下面单元框中标有相同标记的单元起输入控制作用。如图 8-25(a)中"G1"中的"1"，就表示其对下面三个单元框中两个标记有"1"的单元框起输入控制作用。根据上述的约定，图 8-25(a)的公共控制框也可以用图 8-25(b)的形式表达。

公共输出单元框，其输出表示与阵列有关的公共输出。图 8-26(a)所示公共输出框的输出 e，表示其上两个阵列输出 b、c 先和 a 相与后再输出。若阵列中有一个以上输出，则只有其具

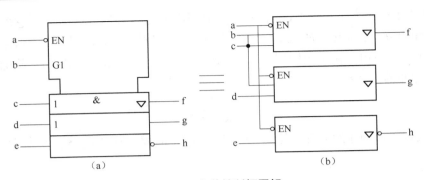

图 8-25　公共控制框图解

(a)逻辑符号　　(b)等效逻辑符号

有相同的内部逻辑状态时,方可采用公共输出单元框。如图 8-26(a)中第二单元有 c 和 d 两个输出,只有 c 可参与公共输出单元框的输出,而 d 则不能参与。根据上述的约定,图 8-26(a)表示的公共输出单元框可以用 8-26(b)的形式表示。

(2)限定符号。限定符号由总的定性符号(主符号)、输入输出定性符号(包括方框内和方框外)组成。主符号表示方框功能的主要部分。例如,"&"表示与功能;"≥1"表示或功能等。当单元的功能完全由输入输出的定性符号决定时,可省去主符号。

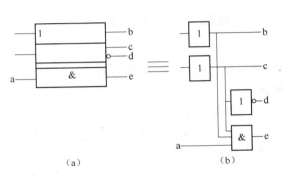

图 8-26　公共输出单元框图解

(a)逻辑符号　　(b)等效逻辑符号

3. 二进制逻辑单元图形符号识读举例

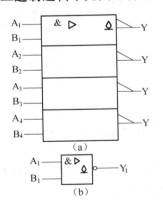

图 8-27　CT54/74LS38 逻辑符号图

(a)逻辑单元符号　(b)引脚示意图

图 8-27(a)所示为四输入二与非缓冲器(CT54/74LS38)的逻辑单元图形符号。图中四个单元框表示该集成电路中有四个逻辑功能完全相同的单元,第一个单元框内主符号就是其逻辑功能。主符号"&"表示与功能,"▷"表示缓冲器。引出线内部符号"◇"表示开路输出,框外输出线定性符号"├─"表示输出端的极性,可等效为非逻辑。需要说明的是,在一般逻辑电路图中,对较复杂的逻辑单元,有时不以其逻辑图形符号表示,而是以其引脚排列图或引脚示意图表示,如图 8-27(b)所示。这时,必须查阅有关手册,据手册提供的逻辑符号,弄清其逻辑功能,才能更好地阅读和分析逻辑电路图。

二、逻辑电路图识读的一般步骤

对一般的逻辑电路图,要读懂它,并对其进行分析,可按下列步骤进行:

1. 了解电路的用途

了解电路用途,是识读电子电路的基本要求。只有在了解其用途的基础上,才能有的放矢地对电路所列的各部分功能和作用进行分析。

2. 找出信号通路

可以从处理信号传输连线、起控制作用信号连线等分析、判断逻辑电路图中信号的性质和流向,从而找出信号的通路。

3. 划出单元电路

根据信号传输和控制的路径,结合电路图本身提供的资料(如波形图、表格等资料及文字说明等),并根据已掌握的逻辑电路知识,划分出各部分的单元电路。

4. 画出框图

若逻辑电路图未附框图说明,则为了清晰地分析电路中信号的走向和各部分的功能,可先将各部分用框图表示,再根据信号通路在框图上连线,构成电路方框图。

5. 分析电路功能

依次分析各框图中所列电路功能和作用。必要时应画出波形,说明各信号在时间上先后的配合关系,即画出工作时序图。

第四节　组合逻辑应用电路识读

一、楼道灯声光控制电路

图 8-28 所示为楼道灯声光控制电路。电路图中,驻极体话筒 BM(接收声音信号)和光电二极管 VD(接收光信号)是电路的输入端,照明灯 H 是负载,信号处理流程方向为从左到右。识图方法就是按照从左到右的顺序,从输入端到输出端依次分析。

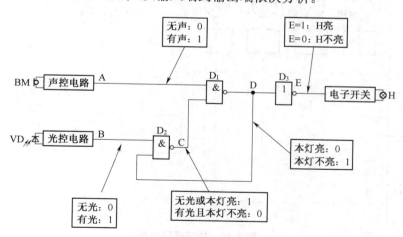

图 8-28　楼道灯声光控制电路

当驻极体话筒 BM 接收到声音信号时,经声控电路放大、整形和延时后,其输出端 A 点为"1"。该信号送入与非门 D_1 的上输入端。如果这时是在夜晚,无光亮,则光控电路输出端 B 点为"0"。又由于照明灯未亮,故 D 点为"1",因此与非门 D_2 输出端 C 点为"1"。该信号送入与

非门 D_1 的下输入端。由于与非门 D_1 的两个输入端都为"1",其输出端 D 点变为"0"。反相器 D_3 输出端 E 点为"1",使电子开关导通,照明灯 H 点亮。由于声控电路中含有延时电路,声音信号消失后再延时一段时间,A 点电平才变为"0",使照明灯 H 点亮后延时一段时间熄灭。当照明灯 H 点亮时,D 点的"0"同时加至 D_2 的下输入端将其关闭,使得 B 点的光控信号无法通过。这样,即使有灯光照射到光电二极管 VD 上,系统也不会误认为是白天,而造成照明灯刚点亮就立即被关闭。

如果是在白天,环境光被光电二极管 VD 接收,光控电路输出端 B 点为"1"。由于照明灯未亮,故 D 点也为"1",所以与非门 D_2 输出端 C 点为"0"。该信号送入与非门 D_1 的下输入端,关闭与非门 D_1。D_1 输出端 D 点恒为"1",E 点则为"0",使电子开关关断。此时不论声控电路输出如何,照明灯 H 均不亮。

通过以上分析,可以归纳出楼道灯的声光控制逻辑功能为:

①白天楼道灯不工作。

②晚上有一定声音时楼道灯打开。

③声音消失后楼道灯延时一段时间关闭。

④照明灯点亮后不会被误认为是白天。

二、故障报警电路

图 8-29 所示是一例由逻辑元件组成的故障报警电路。电路中用到九个非门,一个或门,两只晶体管 VT_1、VT_2,一只续流二极管 VD,四只指示灯 $HL_A \sim HL_D$,一个蜂鸣器 HA,一个继电器 KA,一台电动机 M。

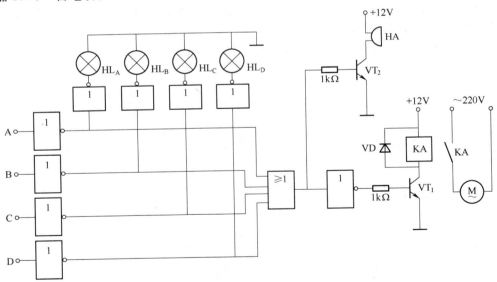

图 8-29　故障报警电路

当工作正常时,输入端 A,B,C,D 均为 l(表示温度或压力等参数均正常)。这时:晶体管 VT_1 导通,继电器 KA 吸合,电动机 M 转动;晶体管 VT_2 截止,蜂鸣器 HA 不响;四路状态指示灯 $HL_A \sim HL_D$ 全亮。

如果系统中某路出现故障(例如 A 路),则 A 的状态从 1 变为 0。这时:VT_1 截止,继电器

KA 断开,电动机 M 停转;VT$_2$ 导通,蜂鸣器 HA 发出报警声响;HL$_A$ 熄灭,表示 A 路发生故障。

三、两地控制一灯的电路

为了方便,楼梯上使用的照明灯,要求在楼上、楼下都能控制其亮灭。图 8-30 所示为楼上楼下两地用两只双联开关控制一盏灯的电路。该电路用两根导线把 A、B 两地的两只双联开关连接起来,在两个地方通过两只开关中任意一个开关都可以控制一盏白炽灯的开或者关。无论在哪一端,扳动一下开关,灯即点亮;再扳动一下开关,灯即熄灭。

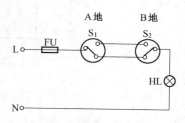

**图 8-30　用两只双联开关
两地控制一盏灯电路**

用图 8-31 所示为由逻辑元件组成的在 A、B 两地控制一个照明灯的电路。当 $F=1$ 时,灯亮;反之则灭。

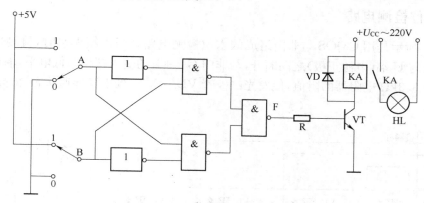

图 8-31　两地控制一灯的逻辑电路

由图 8-31 可写出逻辑式

$$F = \overline{\overline{\overline{A}B} \cdot \overline{A\overline{B}}} = \overline{\overline{\overline{A}B}} + \overline{\overline{A\overline{B}}} = \overline{A}B + A\overline{B} = A \oplus B$$

由逻辑式可列出逻辑状态表 8-9。

表 8-9　两地控制一灯的逻辑状态表

开关状态		输　出	照明灯状态
A	B	F	
0	0	0	灭
0	1	1	亮
1	0	1	亮
1	1	0	灭

由逻辑状态表可知,该电路满足异或逻辑关系。

图 8-31 所示的逻辑电路可用一只 74LS20 型四输入双与非门数字集成电路和一只 74LS00 型二输入四与非门数字集成电路完成。由上述两只集成电路组成的两地控一灯电路如图 8-32 所示。

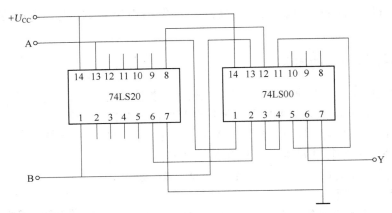

图 8-32　由集成电路接成的两地控制一灯电路

四、水位检测电路

图 8-33 所示是用 CMOS 与非门组成的水位检测电路。当水箱无水时,检测杆上的固定铜箍 A~D 与 U 端(电源正极)之间断开,与非门 G_1~G_4 的输入端均为低电平,输出端均为高电平。调整 $3.3k\Omega$ 电阻器的阻值,使发光二极管 VL_1~VL_4 处于微导通状态,微亮度适中。

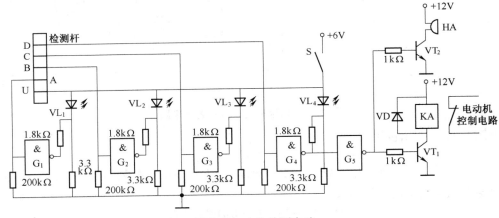

图 8-33　水位检测电路

水箱开始注水,当注到高度 A 时,U 与 A 之间通过水接通,这时 G_1 的输入为高电平,输出为低电平,将相应的发光二极管 VL_1 点亮。随着水位的升高,发光二极管 VL_2、VL_3、VL_4 依次点亮。当最后一个 VL_4 点亮时,说明水已注满。这时 G_4 输出为低电平,而使 G_5 输出为高电平,因而晶体管 VT_1 和 VT_2 导通。VT_1 导通,断开电动机的控制电路,电动机停止注水;VT_2 导通,使蜂鸣器 HA 发出报警声响。

第五节　时序逻辑应用电路识读

时序逻辑电路包括各种触发器、移位寄存器和计数器等。时序逻辑电路一般由组合逻辑电路和存储电路两部分组成,如图 8-34 所示。

存储电路的核心单元是触发器。它将电路的输出状态存储下来并反馈到电路的输入端，因此时序逻辑电路具有记忆功能。时序逻辑电路的特点是，任一时刻输出信号的状态不仅与当时输入信号的状态有关，而且还与原来的电路状态有关，即与前一时刻输入信号的状态有关。分析时序逻辑电路一定要抓住与时间有关这个关键。

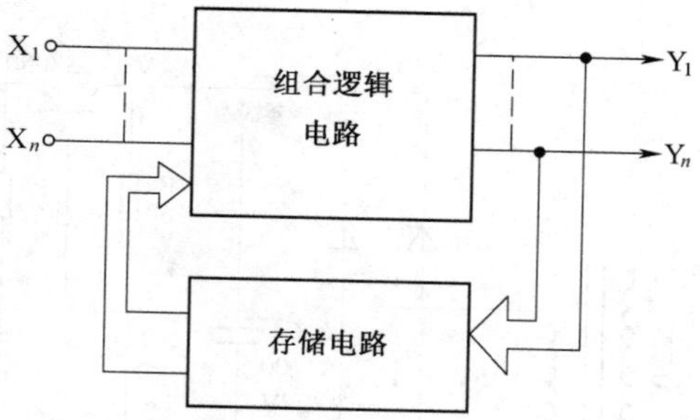

图 8-34　时序逻辑电路方框图

一、双稳态触发器应用电路

1. 声控开关电路

声控开关电路的电原理如图 8-35 所示。该电路主要由音频放大电路、双稳态电路和驱动电路三部分组成。晶体管 VT_1 及电阻器 R_2、R_4 和晶体管 VT_2 及电阻器 R_5、R_6 组成两级音频放大电路；晶体管 VT_3、VT_4 及电阻器 R_8、R_{10}、R_{11}、R_{12} 等组成双稳态电路；晶体管 VT_5 及其周围元件组成驱动电路。

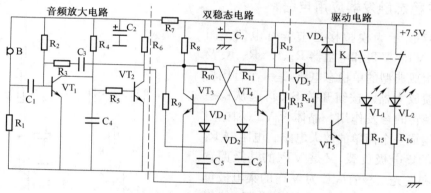

图 8-35　声控开关电路原理图

其工作原理如下：电源接通时，双稳态电路的状态为 VT_3 截止，VT_4 饱和。这时 VT_5 截止，继电器 K 不吸合，绿色显示灯 VL_2 亮。当驻极体话筒 B 接收到音频信号时，经 C_1 耦合至 VT_1 的基极，放大后由集电极直接输入至 VT_2 的基极，在 VT_2 的集电极得到一负方波，经微分电路处理后得到一负尖脉冲波，通过 VD_2 加至 VT_4 基极，使双稳态电路迅速翻转，继电器 K 吸合，绿色显示灯 VL_2 熄灭，红色显示灯 VL_1 点亮。

2. 光敏检测报警器

光敏检测报警器电路原理如图 8-36 所示。

图中虚线框内是典型的射极耦合双稳态电路，即施密特触发电路。虚线框左边是常见的串联型稳压电源，右边为一光控基本放大电路。B 为压电陶瓷蜂鸣器。

光敏检测报警器工作原理如下：当无光照时，光敏二极管 VL_2 呈高阻态。晶体管 VT_5 因截止而输出高电平，使得双稳态触发电路处于 VT_4 饱和、VT_3 截止状态。这时，发光二极管不发光，蜂鸣器 B 无声，即不报警。当有光照时，光敏二极管 VL_2 呈低阻态。晶体管 VT_5 因饱和而输出低电平，使得双稳态触发器处于 VT_4 截止、VT_3 饱和状态。这时，发光二极管 VL_1 发光，蜂鸣器 B 发出报警声。

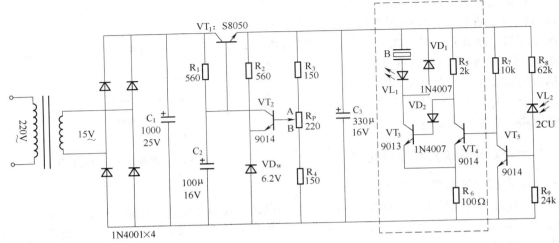

图 8-36　光敏检测报警器电路原理图

二、单稳态触发器应用电路

图 8-37 所示为模拟楼道节能灯电路。图中，晶体管 VT_1、VT_2 和电阻器 R_1、R_2、R_3、R_4 及电容器 C 组成典型的单稳态电路，是一个首尾相接的正反馈放大器。按钮开关 SA 可起从稳态到暂稳态翻转的触发作用。晶体管 VT_3 和电阻器 R_4、R_5 组成一个简单的放大电路。电阻器 R_4 既是 VT_2 的集电极负载，又是 VT_3 的基极偏置电阻。R_5 和发光二极管 VL 为 VT_3 的集电极负载。R_3 是 VT_2 到 VT_1 的直流耦合电阻，使得 VT_1 的直流工作状态受到 VT_2 的控制。

电路工作原理如下：

（1）稳态。图 8-37 所示电路的结构决定了它只有一种稳态，即晶体管 VT_1 截止、VT_2 饱和导通。在这种状态下，电容器 C 充有"左正右负"

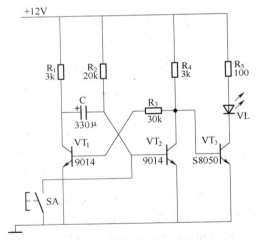

图 8-37　模拟楼道节能灯电路图

的电荷，发光二极管 VL 因晶体管 VT_2 集电极输出低电平、VT_3 截止而不亮。

（2）触发翻转。按下按钮开关 SA，晶体管 VT_2 因基极被对地短接而退出饱和导通状态，进入放大状态，使得 VT_2 集电极电位升高，经电阻器 R_3 加至晶体管 VT_1 基极，使 VT_1 退出原来的截止状态进入放大状态，又使得 VT_1 的集电极电位下降，经电容器 C 耦合，使 VT_2 基极电位进一步下降，从而形成一个强烈的正反馈，使 VT_2 迅速截止、VT_1 迅速饱和，电路进入暂稳态。

晶体管 VT_3 因 VT_2 截止（集电极输出高电位）而导通，使得发光二极管发光。

（3）暂稳态。VT_2 截止、VT_1 饱和后，电容器 C 放电。放电时间常数为

$$\tau = R_2 \cdot C$$

（4）自动翻转。随着电容器 C 放电时间的推移，其右端电位不断升高，加在晶体管 VT_2 基极的电位也不断升高，VT_2 又由截止状态进入微导通状态，电路进入另一个正反馈过程，使

VT$_1$迅速截止、VT$_2$迅速饱和,VT$_2$输出低电平,VT$_3$截止,发光二极管 VL 熄灭。

三、无稳态触发器应用电路

1. 熔断器熔断报警器

熔断器 FU 熔断报警电路如图 8-38 所示电路。当熔断器 FU 熔断后,220V 交流电经电阻器降压及电容器滤波后成为低压直流电,供报警电路使用。在这里 VT$_1$、VT$_2$组成自激多谐振荡器(无稳态触发器),推动压电陶瓷片 B 发声,发光二极管 VL 发光。

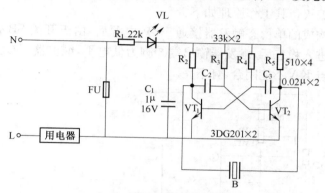

图 8-38　熔断器熔断报警器

2. 汽车转弯闪光指示灯

当汽车转弯时,转弯方向指示灯一闪一闪地发光,用以指示汽车转弯的方向,以引起来往车辆及行人的注意。有的汽车转弯时,不但转弯指示灯一闪一闪地发光,还有声音鸣叫。汽车转弯闪光指示灯电路如图 8-39 所示。图中:FU 为熔断器,HL 为汽车转弯闪光指示灯,R$_1$～R$_6$为电阻器,KA 是中间继电器,VT$_1$ 和 VT$_2$ 是两只晶体管。

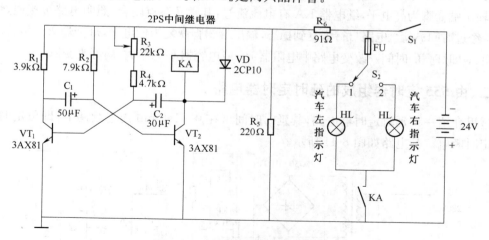

图 8-39　汽车转弯闪光指示灯电路

电路的工作原理是:晶体管 VT$_1$、VT$_2$组成无稳态触发器。当开关 S$_1$合上时,无稳态触发电路开始工作,VT$_2$交替饱和导通与截止。VT$_2$导通时,KA 继电器得电动作,KA 的常开触点闭合,指示灯亮;VT$_2$截止时,KA 失电,KA 的常开触点断开,指示灯灭。VT$_2$导通与截止交替变化,从而使继电器 KA 不断吸合与释放,使指示灯电路交替接通和断开,灯发出一闪一闪的亮光。当 S_2 合在"1"上时,汽车左边指示灯发光;当 S_2 合到"2"上时,汽车右边指示灯发光。

第六节　555定时器应用电路识读

一、楼梯照明灯的控制电路

图 8-40 所示是楼梯照明灯的控制电路。平时照明灯不亮,按下开关 SB,灯被点亮,经一定时间后灯泡自动熄灭。其工作原理如下:

由 555 定时器构成的单稳态触发器接通＋6V 电源后,由于开关 SB 处于常开位置,其②脚为高电平。电路进入稳态后,触发器输出端③脚为低电平,继电器 KA 无电流通过,串接在照明电路的常开触点 KA 不能闭合,灯不亮。

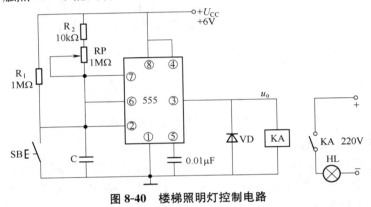

图 8-40　楼梯照明灯控制电路

按下开关 SB 后,②脚被接地,相当于在低触发端输入了一个负脉冲,使电路由稳态转入暂稳状态,输出端③脚为高电平,继电器 KA 有电流流过,其常开触点闭合,照明电路被接通,灯泡被点亮。经过时间 t_W 后,电路自行恢复到稳态,输出端③脚恢复为低电平,灯泡熄灭。暂稳态的持续时间 t_W 即灯亮的时间。改变电路中电阻器 RP 或电容器 C 的参数,均可改变 t_W。

二、由 555 定时器组成的延时定时器电路

这里介绍一种延时定时器电路,其延时时间可在 $0\sim150\mathrm{min}$ 内连续调节,即可定时供电,也可定时断电。其电路如图 8-41 所示。

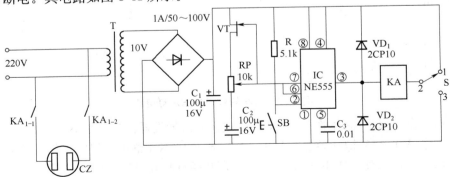

图 8-41　延时定时器电路

图中,由 555 时基集成电路构成单稳态电路。220V 交流电压经变压器 T 降压、全桥整流器整流、电容器 C_1 滤波后得到约 12V 直流电压,给 555 集成电路供电。按下启动按钮 SB,低电平通过 SB 加至 IC 的②脚使 IC 中的单稳态触发电路触发,③脚输出高电平。当闭/断选择开关 S 接"3"位时,继电器 KA 吸合,其常开触点 KA_{1-1}、KA_{1-2} 闭合给插座 CZ 送电。同时恒流管 VT 的源极开始对定时电容器 C_2 充电。IC 的⑥脚为高触发端,当 C_2 两端电压充到 2/3 电源电压时,IC 状态翻转,③脚变为低电平。KA 断电释放,KA_{1-1}、KA_{1-2} 断开,停止对 CZ 的供电,实现定时断电功能。供电时间由 RP、C_2 的取值决定。当 S 置"1"位时,继电器 KA 的状态恰好相反。即按下启动按钮后 KA 释放,经延时后吸合,故电路具有定时供电功能。调整 RP 的参数能改变延时时间的长短。本电路的定时时间在 0 ~ 150min 可调。

IC 可选用 NE555、μA555、LM555 等时基集成电路。VT 选用场效应管 3DJ6F。C_2 选用漏电小的电解电容器,若要求定时精度较高则可选 CA 型钽电容器。KA 选用直流电阻 450Ω、工作电压为 12V 的小型继电器,如 JRX-4F 型。该型继电器的触点容量为交流 220V、3A。全桥整流器选用 1A/50~100V。电路安装完毕,可将 RP 的旋钮对应面板进行刻度,以方便使用时选择定时时间。

三、由 555 定时器组成的电容测试仪

图 8-42 所示为电容测试仪电路。图中的 IC_1 组成多谐振荡器。其振荡频率为 60Hz 左右,输出的脉冲方波信号为 IC_2 提供触发脉冲。IC_2 组成单稳态电路,在 IC_1 输出脉冲的触发下,IC_2 的翻转频率也为 60Hz 左右。当 R_1 阻值确定后,IC_2 输出电压的占空比取决于待测电容 C_x 的容量。C_x 容量越大,则输出电压的占空比越大,即 IC_2 输出的电压脉冲越宽。IC_3 及其外围电路组成滤波和电压跟随电路,其中 C_5 起滤波作用。输出电压 U_o 等于 $IC_3$③脚的电压。它是 IC_2 输出脉冲经阻容滤波后的平均值。在这种电路中,待测电容 C_x 的值与输出电压 U_o 之间有着很好的线性关系。由于 IC_2 单稳态电路输出脉冲宽度 $t_W = 1.1R_3C_x$,计算出占空比,就可以根据输出电压 U_o 的大小,估算出 C_x 的容量。

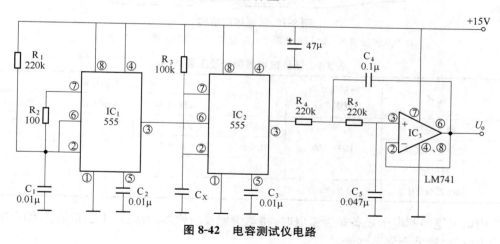

图 8-42　电容测试仪电路

第九章　电子设备装配

电子设备的安装与调试是把理论付诸实践的过程,是把人们的主观设想转变为电子设备的过程,是把设计转变为产品的过程,当然,这一过程也是对理论设计做出检验、修改,使之更加完善的过程。实际上,任何一个好的设计方案都是安装、调试后又经多次修改才得到的。从底板布局的设计,到焊接、走线、元件装拆,再到整机检测、调试,都需要具备专门的知识和技能。这一章介绍装配所需的知识。

第一节　装配工具

电子设备装配工具多为便携式,常用的有试电笔、钢丝钳、电工刀、螺钉旋具、钢卷尺、尖嘴钳、剥线钳、锉刀、电烙铁及各种活动扳手等。

一、试电笔

试电笔常用来测试 500V 以下导体或各种电子设备是否带电,是一种辅助安全工具。其外形有螺钉旋具式和钢笔式两种,由氖管、电阻器、弹簧和笔身等部分组成。试电笔结构如图 9-1 所示。低压试电笔型号及主要规格见表 9-1。

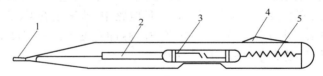

图 9-1　试电笔的结构

1. 笔尖的金属体　2. 碳质电阻器　3. 氖管　4. 笔尾金属体　5. 弹簧

表 9-1　低压试电笔型号及主要规格

型号	品名	测量电压的范围(V)	总长(mm)	炭质电阻器		
				长度(mm)	阻值(MΩ)	功率(W)
108	测电旋具		140±3	10±1		1
111	笔型测电旋具	100~500	125±3	15±1	≥2	0.5
505	测电笔		116±3	15±1		
301	测电器(矿用)	100~2000	170±1	10±1		1

当用试电笔检测电子设备是否带电时,将笔尖触及所检测的部位,用手指触及笔尾的金属体。若带电,氖管就会发出红光。

二、钢丝钳

钢丝钳是一种夹持或折断金属薄片、切断金属丝的工具。技术工人使用的钢丝钳,在柄部套有绝缘套管（耐压 500V）。其规格用钢丝钳全长的毫米数表示。钢丝钳的基本尺寸应符合表9-2的规定。钢丝钳的构造如图 9-2 所示。钢丝钳的不同部位有不同的用途：钳口用来弯绞或钳夹导线线头，齿口用来紧固或松动螺母，刃口用来剪切导线或剖削导线绝缘层，刃口还可用来拔出铁钉；铡口用来铡切导线线芯、钢丝和镀锌铁丝等较硬的金属。

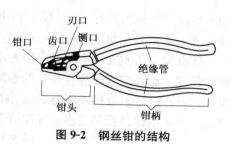

图9-2　钢丝钳的结构

常用的钢丝钳有 160mm、180mm、200mm 三种规格。

表 9-2　钢丝钳的基本尺寸

全长 L（mm）	钳口长（mm）	钳头宽（mm）	嘴顶宽（mm）	嘴顶厚（mm）
160±8	28±4	25	6.3	12
180±9	32±4	28	7.1	13
200±10	36±4	32	8.0	14

三、电工刀

电工刀是用来剖削电线绝缘层，切割绳索等的常用工具。使用时，刀口应朝外剖削，但不能在带电体或器材上剖削，以防触电。电工刀按刀刃形状分为 A 型和 B 型，按用途又分为一用和多用。电工刀外形如图 9-3 所示。

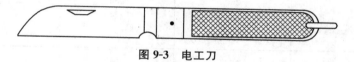

图9-3　电工刀

电工刀分为大、中、小三号，各号的规格尺寸及允许偏差应符合表9-3的规定。

表 9-3　电工刀的规格尺寸及偏差

名称	大号		中号		小号	
	尺寸（mm）	允差（mm）	尺寸（mm）	允差（mm）	尺寸（mm）	允差（mm）
刀柄长度	115	±1	105	±1	95	±1
刃部厚度	0.7	±0.1	0.7	±0.1	0.6	±0.1
锯片齿距	2	±0.1	2	±0.1	2	±0.1

四、螺钉旋具

螺钉旋具俗称螺丝刀、起子、改锥等。它分为一字槽（平口）和十字槽两种，分别如图 9-4（a）、（b）所示，主要用来旋紧或拧松头部带一字槽（平口）和十字槽的螺钉及木螺钉。电工应使

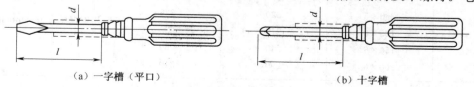

（a）一字槽（平口）　　　　　　（b）十字槽

图9-4　螺钉旋具

用木柄或塑料柄的螺钉旋具,不可使用金属杆直通柄顶的螺钉旋具,以防触电。为了避免金属杆触及人体或触及邻近带电体,宜在金属杆上穿套绝缘管。

螺钉旋具木质旋柄的材料一般为硬杂木,其含水率不大于16%。塑料旋柄的材料应有足够的强度。旋杆的端面应与旋杆的轴线垂直,旋柄与旋杆应装配牢固。木质旋柄不应有虫蛀、腐朽、裂纹等;塑料旋柄不应有裂纹、缩孔、气泡等。一字槽螺钉旋具基本尺寸应符合表9-4的规定。十字槽螺钉旋具基本尺寸应符合表9-5的规定。

表 9-4　一字槽螺钉旋具的规格　　　　　　　　　　（mm）

公称尺寸 （杆身长度×杆身直径）	全长		用途及说明
	塑柄	木柄	工作部分（宽度×厚度）
50×3	100	—	3×0.4
75×3	125	—	
75×4	140	—	4×0.55
100×4	165	—	
50×5	120	135	5×0.65
75×5	145	160	
100×6	190	210	6×0.8
100×7	200	220	7×1.0
150×7	250	270	
150×8	260	285	8×1.1
200×8	310	335	
250×8	360	385	
250×9	370	400	9×1.4
300×9	420	450	
350×9	470	500	

表 9-5　十字槽螺钉旋具的规格　　　　　　　　　　（mm）

槽号	公称尺寸 （杆身长度×杆身直径）	全长		用途及说明
		塑柄	木柄	
1#	50×4	115	135	用于直径为2～2.5mm的螺钉
	75×4	140	160	
	100×4	165	185	
	150×4	215	235	
	200×4	265	285	
2#	75×5	145	160	用于直径为3～5mm的螺钉
	100×5	170	180	
	250×5	320	335	
	125×6	215	235	
	150×6	240	260	
	200×6	290	310	

续表 9-5

槽号	公称尺寸 (杆身长度×杆身直径)	全长		用途及说明
		塑柄	木柄	
3#	100×8 150×8 200×8 250×8	210 260 310 360	235 285 335 385	用于直径为 6～8mm 的螺钉
4#	250×9 300×9 350×9 400×9	370 420 470 520	400 450 500 550	用于直径为 10～12mm 的螺钉

五、尖嘴钳

尖嘴钳的头部尖细而长,适用于在狭小的工作空间操作,可以用来弯扭和钳断直径为 1 mm 以内的导线,将其弯制成所要求的形状,并可夹持、安装较小的螺钉、垫圈等。有铁柄和绝缘柄两种,电工多选用带绝缘柄的尖嘴钳,耐压 500V。其外形如图 9-5 所示。

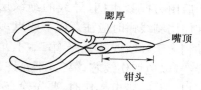

图 9-5　尖嘴钳

尖嘴钳的基本尺寸应符合表 9-6 的规定。

表 9-6　尖嘴钳的基本尺寸　　　　　　　　　(mm)

全长	钳口长	钳头宽(最大)	嘴顶宽(最大)	腮厚(最大)	嘴顶厚(最大)
125±6	32±2.5	15	2.5	8.0	2.0
140±7	40±3.2	16	2.5	8.0	2.0
160±8	50±4.0	18	3.2	9.0	2.5
180±9	63±5.0	20	4.0	10.0	3.2
200±10	80±6.3	22	5.0	11.0	4.0

六、斜口钳

斜口钳的头部"扁斜",斜口钳又称断线钳。其外形如图 9-6 所示。斜口钳专供剪断较粗的金属丝、线材、导线及电缆等,适合在工作位置狭窄和有斜度的空间操作。常用耐压 500V、带绝缘柄的斜口钳。

斜口钳的基本尺寸应符合表 9-7 的规定。

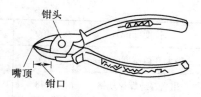

图 9-6　斜口钳

表9-7 斜口钳的基本尺寸 （mm）

全长	钳口长	钳头宽（最大）	嘴顶厚（最大）
125±6	18	22	10
140±7	20	25	11
160±8	22	28	12
180±9	25	32	14
200±10	28	36	16

七、剥线钳

剥线钳是用来剥落小直径导线绝缘层的专用工具。其外形如图9-7所示。剥线钳的钳口部分设有几个不同尺寸的刃口，以剥落0.5～3mm标称直径导线的绝缘层。其柄部是绝缘的，耐压为500V。

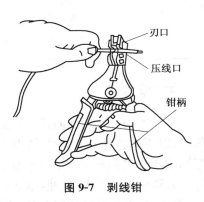

图9-7 剥线钳

使用剥线钳时，将待剥导线的线端放入合适的刃口中，然后用力握紧钳柄，导线的绝缘层即被剥落并自动弹出。在使用剥线钳时应注意以下四点：第一，选择的刃口直径必须稍大于导线线芯直径；第二，不允许用小刃口剥大直径的导线，以免切伤线芯；第三，不允许当钢丝钳使用，以免损坏刃口；第四，带电操作时，要先检查柄部绝缘是否良好，以防触电。

八、活扳手

活扳手是用于紧固和松动六角或方头螺栓、螺钉、螺母的一种专用工具。其构造如图9-8（a）所示。由于活扳手的开口尺寸可以在一定的范围内任意调节，因此特别适合在螺栓规格多的场合使用。活扳手的规格以长度×最大开口宽度（mm）表示。活扳手的基本尺寸应符合表9-8的规定。常用的有150×19（mm）、200×24（mm）、250×30（mm）、300×36（mm）等几种。

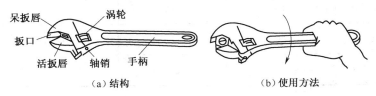

（a）结构　　　　　　　　　　　　　　（b）使用方法

图9-8 活扳手的构造及其使用方法

表9-8 活扳手的基本尺寸

长度（mm）	100	150	200	250	300	375	450	600
最大开口宽度（mm）	14	19	24	30	36	46	55	65
相当普通螺栓规格	M8	M12	M16	M20	M24	M30	M36	M42
试验负荷（N）	410	690	1050	1500	1900	2830	3500	3900

使用时,将扳口放在螺母上,调节蜗轮,使扳口将螺母轻轻咬住,按图 9-8(b)所示的方向施力(不可反向施力,以免损坏扳唇)。扳动较大螺母,需较大力矩时,应握在手柄端部或选择较大规格的活扳手;扳动较小螺母,需较小力矩时,为防止螺母损坏而"打滑",应握在手柄的根部或选择较小规格的活扳手。

九、电烙铁

电烙铁是锡焊的主要工具。锡焊即通过电烙铁,利用受热熔化的焊锡,对铜、铜合金、钢和镀锌薄钢板等材料进行焊接。电烙铁主要由手柄、电热元件、烙铁头等组成。根据烙铁头的加热方式不同,电烙铁可分为内热式和外热式两种。其中,内热式电烙铁的热利用率高。其外形及结构如图 9-9 所示。电烙铁的规格是用消耗的电功率来表示的,通常在 $20\sim300\mathrm{W}$ 之间。仪器装配中,一般选用 $50\mathrm{W}$ 以下的电烙铁。

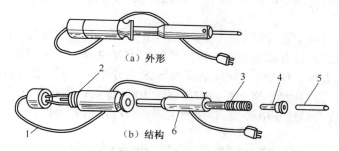

(a)外形

(b)结构

图 9-9　内热式电烙铁

1. 电源线　2. 木柄　3. 加热元件　4. 传热筒　5. 烙铁头　6. 外壳

电烙铁的基本类型与规格表 9-9。

表 9-9　电烙铁的基本型式与规格

类型	规格(W)	加 热 方 式
内热式	20,35,50,70 100,150,200,300	电热元件插入铜头空腔内加热
外热式	30,50,75,100 150,200,300,500	铜头插入电热元件内腔加热
快热式	60,100	由变压器感应出低电压大电流进行加热

锡焊所用的材料是焊锡和助焊剂。焊锡是由锡、铅和锑等元素所组成的低熔点合金。助焊剂具有清除污物和抑制焊接面表面氧化的作用,是锡焊过程中不可缺少的辅助材料。常用的助焊剂有固体松香、松香和酒精的混合溶液。

初次使用的电烙铁,使用前,对于紫铜烙铁头,应先除去烙铁头的氧化层,然后将烙铁头的头部用锉刀锉成 $45°$ 的尖角。通电加热,当烙铁头变成紫色时,先将烙铁头沾上一层助焊剂(松香),再在焊锡上轻轻擦动,这时烙铁头就会沾上一层焊锡,这样就可以进行焊接了。

使用电烙铁应注意以下几点:

(1)使用前应认真检查电源插头、电源线是否完好,烙铁头是否松动。电烙铁插头应使用三端电源插头。若使用两端电源插头的电烙铁,则应将电烙铁的接地线与工作场所的公共接地端连接,使电烙铁的外壳妥善接地。使用三插头电源线可以有效避免电烙铁漏电,这一点在焊接集成电路和CMOS等电子元器件时显得尤为重要。否则,会损坏这类元器件。

(2)在使用过程中不能用烙铁头随意敲击其他物体,以免损坏内部电热元件。烙铁头上的焊锡过多时可用布擦,不可乱甩,以防烫伤自己和他人。

(3)焊接过程中,焊接间隙应将电烙铁妥善放在烙铁架上,不能到处乱放。

(4)烙铁头应保持清洁,使用时可常在石棉毡垫上擦几下,以除去氧化层。使用一段时间,烙铁头可能出现不能沾上锡(俗称烧死)的现象。此时,可先用剖刀剃除锡料,再用锉刀清除表面的氧化层。

(5)烙铁经长时间使用后,烙铁头上可能出现凹坑,影响正常焊接。此时,可用锉刀对其整形。

(6)焊接点必须焊透焊牢,锡液必须充分渗透焊点内。烙铁头在焊接处停留的时间随焊件的大小和特点而定。

(7)焊点常见的问题主要有两类:其一是虚焊,其二是夹生焊。所谓虚焊,是指焊件表面没有充分镀上锡,焊件之间没有被锡固定。产生虚焊的主要原因是,焊件表面的氧化层没有被清除干净,或焊剂用的太少。所谓夹生焊,是指焊锡未充分熔化,焊件表面锡晶粗糙,焊点强度低。产生夹生焊的主要原因是,烙铁头的表面温度不够,或烙铁头在焊点停留的时间太短。

(8)使用完毕,应及时拔下电源插头,切断电源。待冷却后妥善保管。

第二节　元器件的装配

一、装配方式

元器件的规格多种多样,引脚长短不一,装配时应根据需要和允许的安装高度,将所有元器件的引脚适当剪短、剪齐,如图9-10所示。

元器件在电路板上的装配方式主要有立式和卧式两种。立式装配如图9-11所示。元器件直立于电路板上,应注意将元器件的标志朝向便于观察的方向,以便校核电路和日后维修。元器件立式装配占用电路板平面面积较小,有利于缩小整机电路板面积。卧式装配如图9-12所示。元器件横卧于电路板上,同样应注意将元器件的标志朝向便于观察的方向。元器件卧式装配时可降低电路板上的装配高度,在电路板上部空间距离较小时很适用。根据整机的具体空间情况,往往一块电路板上的元器件混合采用立式装配和卧式装配方式。

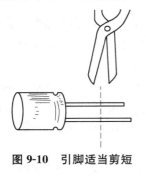

图9-10　引脚适当剪短

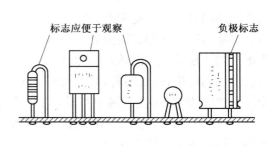

图9-11　元器件立式装配

　　为了方便地将元器件插到印制电路板上,提高插件效率,应预先将元器件的引线加工成一定的形状。有些元器件的引脚在安装焊接到印制电路板上时需要折转方向或弯曲,此时应注意,所有元器件的引脚都不能齐根部折弯,以防引脚齐根折断,如图 9-13 所示。塑封半导体器件如齐根折弯其管脚,还可能损坏管芯。当元器件引脚需要改变方向或弯曲时,应采用图 9-14 所示的正确的方法来折弯。在图 9-14 中(a)、(b)、(c)为卧式装配的弯折成型,(d)、(e)、(f)为立式装配的弯折成型。成型时引线弯折处应距根部 2mm 以上,弯曲半径不小于引线直径的两倍,以减小机械应力,防止引线折断或被拔出。图中(a)、(f)成型后的元件可直接贴装到印制电路板上;图(b)、(d)主要用于双面印制电路板或发热器件的成型,元件装配时与印制电路板保持 2～5mm 的距离;图(c)、(e)用绕环使引线较长,多用于焊接怕热的元器件或易破损的玻璃壳体二极管。凡有标记的元器件,引线成型后其标称值应处于查看方便的位置。

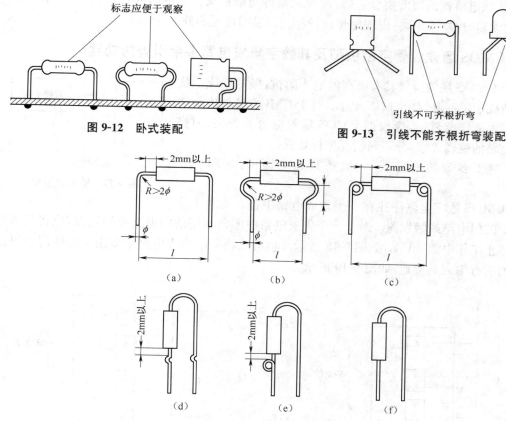

图 9-12　卧式装配

图 9-13　引线不能齐根折弯装配

图 9-14　元器件引脚正确的折弯方法
(a)、(b)、(c)卧式装配　　(d)、(e)、(f)立式装配

　　折弯所用的工具有自动折弯机、手动折弯机、手动绕环器和圆嘴钳等。使用圆嘴钳折弯时应注意勿用力过猛,以免损坏元器件。

　　对于一些较简单的电路,也可以将元器件直接搭焊在电路板的铜箔面上,如图 9-15 所示。采用元器件搭焊方式可以免除在电路板上钻孔,简化了装配工艺。对于金属大功率管、变压器等元器件,仅仅直接依靠引脚的焊接已不足以支撑元器件自身质量,应先将其用螺钉固定在电路板上,然后再将引脚焊入电路板,如图 9-16 所示。

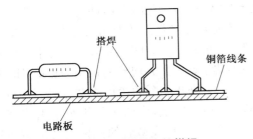

图 9-15　元器件直接搭焊

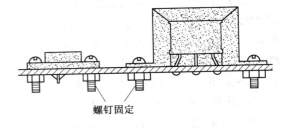

图 9-16　较重元器件的装配

　　使用电烙铁焊接电子元器件前,应先将元器件引线和电路板的焊接点清除干净,并在焊接处涂上松香酒精溶液,然后镀上锡,再用焊锡将镀上锡的焊件焊接起来。焊接时应选用低熔点的焊锡丝,除电烙铁的温度要合适外,被焊元器件与烙铁头接触的时间也要适当,一般为 2～3s。时间太短,焊接不牢,易出现虚焊;时间太长,易损坏元器件。

二、CMOS 场效应管空闲引脚及其数字集成电路多余引脚的处置

　　由于 CMOS 场效应管具有极高的输入阻抗,极易感应干扰电压而造成逻辑混乱,甚至损坏,因此,对于 CMOS 场效应管空闲的引脚不能任意悬空,应根据 CMOS 场效应管的种类、引脚功能和电路的逻辑要求,分不同情况进行处置。

　　(1)对于多余的输出端,一般将其悬空即可,如图 9-17 所示。

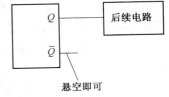

图 9-17　输出端悬空

　　(2)CMOS 数字电路往往在一个集成电路中包含有若干个互相独立的门电路或触发器。对于一个集成电路中多余不用的门电路或触发器,应将其所有输入端接正工作电源＋V_{DD},如图 9-18 所示。也可以将一个集成电路中多余不用的门电路或触发器的所有输入端接地,如图 9-19 所示。

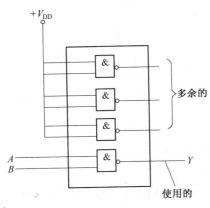

图 9-18　多余输入端接正工作电源

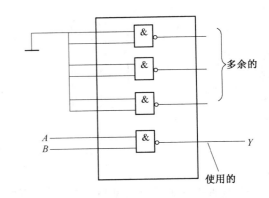

图 9-19　多余输入端接地

　　(3)门电路往往具有多个输入端,而这些输入端不一定全都用上。对于与门、与非门多余的输入端,应将其接正电源＋V_{DD},如图 9-20 所示,以保证其逻辑功能正常。

　　(4)对于或门、或非门多余的输入端,应将其接地,如图 9-21 所示,以保证其逻辑功能

正常。

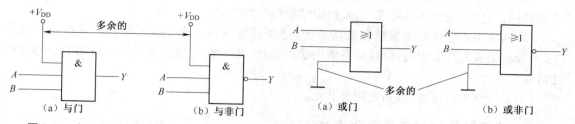

图 9-20　与门及与非门多余输入端接正电源　　　图 9-21　或门及或非门多余输入端接地

　　(5)对于与门、与非门、或门、或非门多余的输入端,还可将其与使用中的输入端并接在一起,如图 9-22 所示,也能保证其正常的逻辑功能。

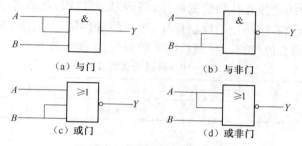

图 9-22　多余的输入端的接法

　　(6)对于触发器、计数器、译码器、寄存器等数字电路不用的输入端,应根据电路逻辑功能的要求,将其接系统的正电源$+V_{DD}$或接地。例如,对于不用的清零端 R("1"电平清零)或置位端 S("1"电平置位),应将其接地,如图 9-23(a)所示。而对于不用的清零端 $\bar{R}$("0"电平清零)或置位端 $\bar{S}$("0"电平置位),则应将其接正电源$+V_{DD}$,如图 9-23(b)所示。

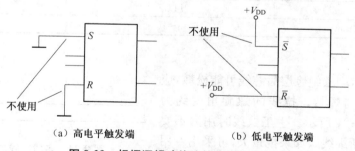

（a）高电平触发端　　　　　　　　　（b）低电平触发端

图 9-23　根据逻辑功能连接不用的输入端

第三节　导线线端加工与捆扎

一、导线装配的要求

　　导线装配的总体要求是:合理布局,整齐美观,安装可靠,便于检查和排除故障。
　　具体要求主要有以下几点:
　　(1)导线直径应和插接板的插孔直径相一致,过粗会损坏插孔,过细则与插孔接触不良。

（2）为检查电路方便，不同用途的导线可以选用不同颜色。一般习惯是正电源用红色线，负电源用蓝色线，地线用黑色线，信号线用其他颜色的线等。

（3）连接用的导线要求紧贴在插接板上，避免接触不良。连接线不允许跨接在集成电路上，一般从集成电路周围通过，且尽量做到横平竖直，便于查线和更换器件。高频电路部分的连线应尽量短。

（4）装配仪器时注意，电路之间要共地。

二、绝缘导线的加工步骤和方法

绝缘导线的加工主要可分为以下几个步骤：剪裁、剥头、捻头（多股线）、浸锡、清洁。

1. 剪裁

在装配仪器时，导线应按先长后短的顺序，用剪刀、斜口钳、自动剪线机或半自动剪线机进行剪切。如果是绝缘导线，应防止绝缘层损坏，影响绝缘性能。手工裁减导线时要拉直再剪。自动裁减导线时可用调直机拉直。导线长度可按表 9-10 选择公差。

表 9-10　导线长度的公差

导线长度(mm)	50	50～100	100～200	200～500	500～1 000	1000 以上
公差(mm)	+3	+5	+5～+10	+10～+15	+15～+20	+30

2. 剥头

剥头为绝缘导线的两端去掉一段绝缘层而露出芯线的过程。导线剥头可采用刀剪法和热剪法。刀剪法操作简单，但有可能损伤芯线；热剪法操作虽不伤芯线，但加工过程中绝缘材料会产生有害气体。当使用剥线钳剥头时，应选择与芯线粗细相配的钳口。钳口不能过大，以免漏剪；也不能过小，以免损伤芯线。当剥头长度无特殊要求时，可按表 9-11 选择剥头长度。

表 9-11　剥头长度的选择

芯线截面积(mm^2)	1 以下	1.1～2.5
剥头长度(mm)	8～10	10～14

3. 捻头

对于多股线，剥去绝缘层后芯线可能松散，应捻紧，以便浸锡与焊接。捻线的螺旋角度约为 $30°～45°$，如图 9-24 所示。手工捻线时用力不要过大，否则易捻断细线。如果批量大，可采用专用捻线机。

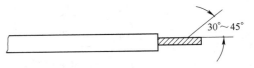

图 9-24　多股芯线的捻线角度

4. 浸锡

绝缘导线经过剥头、捻头后，应进行浸锡。浸锡是为了使导线及元器件安装时容易焊接，防止产生虚焊、夹生焊。

（1）芯线浸锡。浸锡前应先浸助焊剂，然后再浸锡。浸锡时间一般为 1～3 s，且只能浸到距绝缘层线 1～2 mm 处，以防止导线绝缘层因过热而收缩或者破裂。浸锡后要立刻浸入酒精中散热。

（2）裸导线浸锡。在浸锡前裸导线应先用刀具、砂纸或专用设备等刮除浸锡端面的氧化层，再蘸上助焊剂后进行浸锡。若使用镀银导线，则不需要进行浸锡。如果银层已氧化，则仍需清除氧化层及浸锡。

(3)元器件引线及焊片的浸锡。在浸锡前元器件的引线必须用刀具在距元器件根部 2～5 mm 处开始清除氧化层,如图 9-25(a)、(b)所示。浸锡应在去除氧化层后的数小时内完成。焊片浸锡前也应清除氧化层。无孔焊片浸锡的长度应根据焊点的大小或工艺来确定,有孔焊片浸锡应没过小孔 2～5mm,浸锡后不能将小孔堵塞,如图 9-25(c)所示。浸锡时间应根据焊片或引线的粗细酌情掌握,一般为 2～5s。时间过短,焊片或引线未能充分预热,易造成浸锡不良。时间太长,大部分热量传到器件内部,易造成器件变质、损坏。元器件引线、焊片浸锡后应立刻浸入酒精中进行散热。

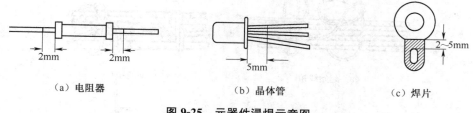

（a）电阻器　　　　　　　　（b）晶体管　　　　　　　　（c）焊片

图 9-25　元器件浸焊示意图
图中涂黑、涂灰部分为浸锡的部分

经过浸锡的焊片、引线等,其浸锡层要牢固、均匀,表面光滑,无孔状、无锡瘤。

5. 清洁

通过浸锡后,绝缘导线接头上一般还残留了部分助焊剂,需用液相(工业酒精、航空汽油、洗板水)进行清洗。提高焊接的可靠性。

三、线扎加工

1. 线把扎制

有的电子设备整机的线路很复杂,电路连接所用的导线较多,如果不进行整理,则显得十分散乱,既不美观,也不便于查找。为此,在装配工作中,常用线绳或线扎搭扣等把导线扎制成各种不同形状的线扎(或称线把、线束)。线扎拐弯处的半径应比线扎直径大两倍以上。导线的长短应合适,排列要整齐美观。线扎分支线到焊点应有 10～30mm 的余量。导线不要拉得过紧,以免在焊接、振动时将焊片或导线拉断。导线走线要尽量短,并注意避开电场的影响。输入、输出的导线尽量不排在一个线扎内,以防止信号回授引起自激。如果必须排在一起,则应使用屏蔽导线。射频电缆不排在线扎内。连接电子管灯丝的两根导线应拧成绳状之后再排线,以减少交流噪声干扰。靠近高温热源的线束容易影响电路正常工作,应有隔热措施,如加石棉板、石棉绳等隔热材料。

在排列线扎的导线时,若导线较多,排线不易平稳,可先用废铜线或其他废金属线临时绑扎在线束主要位置上,然后用线绳从主干线束绑扎起,继而绑分支线束,并随时拆除临时绑线。导线较少的小线扎,不必排完导线再绑扎。绑线在线束上要松紧适当,过紧易破坏导线绝缘,过松线束不挺直。

每两线扣之间的距离可以这样掌握:线束直径在 10mm 以下的,间距为 15～22 mm;线束直径在 10～30mm 的,间距为 20～40mm;线束直径在 30mm 以上的,间距为 40～60mm。绑线扣应放在线束下面。

　　绑扎线束的材料有棉线、亚麻线、尼龙线、尼龙丝等。绑扎前可将棉线、亚麻线、尼龙线在温度不高的石蜡或地蜡溶液中浸一下，以增强线的涩性，使线扣不易松脱。

2. 绑扎线束的方法

　　(1)线绳绑扎。图 9-26(a)所示是起始线扣的结法。先绕一圈拉紧，再绕第二圈，第二圈与第一圈靠紧。图 9-26 (b)、(c)两图所示是中间线扣的结法。其中，图(b)所示为绕两圈后结扣；图(c)所示是绕一圈后结扣。终端线扣结法如图 9-26 (d)所示。先绕一个像图(b)那样的中间线扣，再绕一圈固定扣。绑扎完毕起始线扣与终端线扣应涂上清漆，以防止松脱。

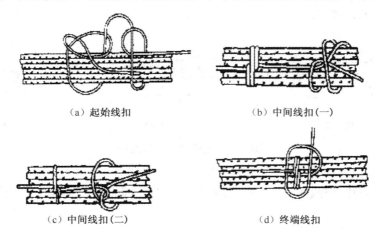

(a) 起始线扣　　　　　　　　　　(b) 中间线扣(一)

(c) 中间线扣(二)　　　　　　　　(d) 终端线扣

图 9-26　线束线扣绑扎示意图

　　线束较粗、带分支线线束的绑扎方法如图 9-27 所示。在分支拐弯处应多绕几圈线绳，以便加固。

　　(2)黏合剂结扎。导线较少时，可用黏合剂四氯化呋喃粘合成线束，如图 9-28 所示。粘合完不要马上移动线束，要经过 2～3min，待黏合剂凝固后再移动。

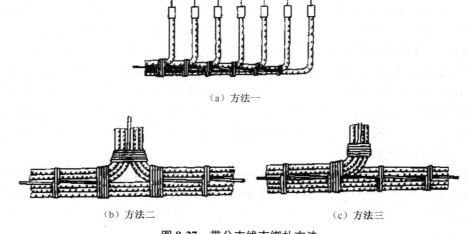

(a) 方法一

(b) 方法二　　　　　　　　　　(c) 方法三

图 9-27　带分支线束绑扎方法

　　(3)线扎搭扣。

　　线扎搭扣有许多式样，如图 9-29 所示。用线扎搭扣绑扎导线时，可用专用工具拉紧，但不要过紧，否则会破坏搭扣锁。拉紧后剪去多余长度即完成了一个线扣的绑扎，如图 9-30 所示。

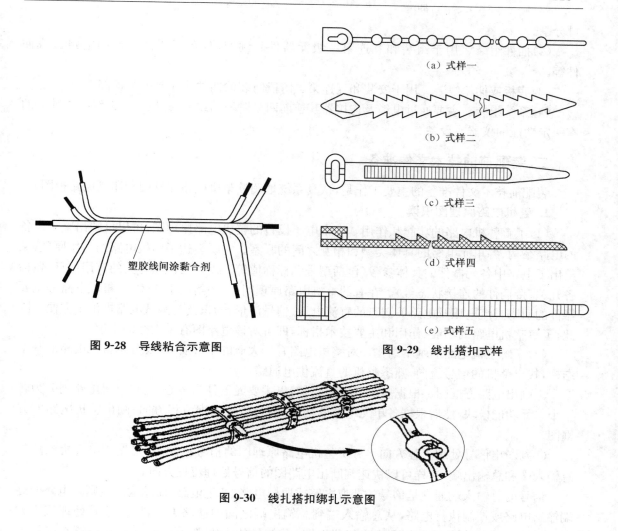

（a）式样一

（b）式样二

（c）式样三

（d）式样四

（e）式样五

塑胶线间涂黏合剂

图 9-28　导线粘合示意图

图 9-29　线扎搭扣式样

图 9-30　线扎搭扣绑扎示意图

第四节　电子设备的整机装配

电子设备的整机装配是严格按照设计要求,将相关的电子元器件、零部件、整件装接到规定的位置上,并组成具有一定功能电子设备的过程。它又分为电气装配和机械装配两部分。电气装配是从电气性能要求出发,根据元器件和部件的布局,通过引线将它们连接起来;机械装配则是根据产品设计的技术要求,将零部件按位置精度、表面配合精度和运动精度装配起来。本节主要介绍电气装配。

一、整机组装的内容和阶段划分

电子设备整机组装的主要内容包括:电子设备单元的划分,元器件的布局,元器件、线扎、零部件的加工处理,各种元器件的安装、焊接,零部件、组合件的装配及整机总装。在装配过程中,根据装配单元的尺寸大小、复杂程度和特点的不同,可将电子设备的装配分成四个阶段:

（1）元件组装。是最初级的组装,通常指电路元器件和集成电路的组装,其特点是结构不可分割。

（2）插件组装。用于组装和互连第一级元器件。例如，装有元器件的印制电路板或插件等。

（3）底板或插箱组装。用于安装和互连第二阶段组装的插件或印制电路板部件。

（4）系统组装。主要通过电缆及连接器互连前两个阶段的组装，并以电源馈线构成独立的有一定功能的仪器或设备。

二、装配前的技术文件准备

装配前技术文件准备的主要工作是，认真系统地阅读整机电路原理图和印制电路板图。

1. 整机电路原理图识读

（1）了解整机电路的功能和作用。一个电子设备的整机电路原理图，可以反映出整个设备的电路结构、各单元电路的具体类型和相互之间的联系。它既表达了整机电路的工作原理，又给出了电路中各元器件的具体参数（包括型号和标称值等），以及与识图有关的有用信息（包括各开关、接插件的连接状态等）。在有的整机电路原理图中，还给出了晶体管、集成电路等主要器件的引脚直流电压及电路关键点的直流电压、信号波形，为识读与测试电路提供了方便。因此，了解整机电路的功能、作用和主要技术指标，即可对该电路图有个大概的了解。

（2）了解整机电路的基本结构。对整机电路有了大概的了解后，还要分析整机电路的基本结构，找出整机的信号流向，熟悉整机的直流供电通路。

①画出电路方框图。根据整机的电路结构，以主要元器件为核心，先将整机电路划分为若干个单元功能模块，然后根据各单元电路的功能，结合信号处理流程方向，画出整机电路的方框图。

②判断出信号处理流程方向。分析整机电路原理图的信号流向时，要先找出整机电路的总输入端和总输出端，这样可以快速判断出电路图的信号处理流程方向。

信号的总输入端通常是信号的获取电路或取样电路、产生电路，而总输出端则是电路的终端输出电路或控制执行电路，从总输入端到总输出端之间的通路方向，即为信号处理流程方向。总输入端到总输出端之间的这部分电路，是信号放大电路，或是电压变换、频率变换等电路。

一般情况下，整机电路中信号的传输方向是从左侧至右侧。

③分析直流供电。电源电路是整机电路中各单元电路的共享部分，几乎所有的电子产品都离不开电源电路（该电路通常设置在整机电路原理图的右下方）。分析主电源电路时，应从电源输入端开始；分析各单元电路的直流供电时，可先找到电源电路输出端的电源线和接地线，然后顺着电源线的走向进行逐级分析。

（3）了解单元电路类型、功能及特点。

①了解单元电路的类型和功能。识读单元电路时，首先应了解单元电路的类型和功能，分析该单元电路是模拟电路、数字电路，还是电源电路。

若单元电路是模拟电路，则应分析是属于放大电路、振荡电路、调制电路、解调电路及有源滤波电路中的哪一种类型。

若单元电路是数字电路，则应分析是属于门电路、触发器电路、译码器电路、计数器电路及脉冲电路中的哪 一种类型。

若单元电路是电源电路,则应分析是一般降压式电源电路,还是开关电源电路。若是一般降压式电源电路,还应分析其降压电路是变压器降压电路,还是电容器降压电路;整流电路是半波整流电路,还是全波整流电路;滤波电路是电容滤波电路,还是电感滤波电路;稳压电路是并联稳压电路,还是串联稳压电路。

②了解单元电路的特点。单元电路识图时,应了解单元电路的特点,弄清楚单元电路输入信号与输出信号之间的关系,信号在该单元电路中如何从输入端传输到输出端,以及信号在此传输过程中受到了怎样的处理,是放大、衰减,还是控制。

应该注意的是:用来描述电路工作原理的单元电路,与实际的单元电路有一定差别。电路原理图中的单元电路,各元器件之间采用最短的连线,各元器件排列紧凑且有规律;而在实际的单元电路中,有的个别组件与该单元电路离的较远,线路较长。

③了解主要元器件的作用。要了解该单元电路中各元器件的特性及主要作用,并能分析出各元器件在出现开路、短路或性能变差后,对整个电路和单元电路的直流工作点有什么不良影响,单元电路的输出信号会发生什么样的变化,是导致信号消失,还是信号变差了。

④掌握电路的等效分析方法。分析电路的交流状态时,可使用交流等效电路分析方法,先将交流回路中的信号耦合电容器和旁路电容器视为短路,画出交流等效电路,再分析电路在有信号输入时,各环节的电压和电流是否按输入信号的规律变化,电路是处于放大、振荡状态,还是处于整形、限幅、鉴相等状态。

分析电路的直流状态时,应使用直流等效电路分析方法,先将电容器视为开路,将电感器视为短路,画出直流等效电路后,再分析电路的直流电源通路及级间耦合方式,弄清楚晶体管的偏置特性、静态工作点及所处工作状态。例如,晶体管是处于放大状态、饱和状态,还是截止状态;二极管是处于导通状态,还是截止状态。

分析由电阻器、电容器、电感器及二极管组成的峰值检波电路、耦合电路、积分电路、微分电路及退耦电路时,应使用时间常数分析法。若阻容组件的时间常数不同,尽管电路的形式和接法相似,但所起的作用不同。

分析各种滤波、陷波、谐振、选频等电路时,可使用频率特性分析法,粗略地估算电路的中心频率,看电路本身所具有的频率是否与其所处理信号的频谱相适应。

⑤集成电路应用电路的识图。识读由集成电路组成的单元电路时,应先了解该集成电路的性能参数、内电路框图及各引脚功能(这些资料可以查阅集成电路的应用手册),分清电源端(V_{CC}或V_{DD})、接地端(GND或V_{SS})和各相关信号端。对于微处理器(CPU)和超级芯片等集成电路,还应找出复位端(RESET或RST)和总线数据端(SDA)、总线时钟端(SCL)。不了解集成电路的内部结构和引脚功能,就很难读懂集成电路的应用电路。

2. 印制电路板图的识读

(1)了解印制电路板图的特点。印制电路板图反映的是设备印制线路板上线路布线的实际情况,通过印制电路板图可以方便地在印制线路板上找到电原理图中某个元器件的具体位置。

印制电路板图是用印制铜箔线路来表示各元器件之间的连线,而不像电路原理图中是用实线线条来表示各元器件之间的连线,铜箔线路和元器件的排列、分布也不像电原理图那么有规律。印制电路板图上大面积的铜箔线路是整机电路的公共接地部分,一些大功率元器件的散热器通常与公共接地部分相连。

（2）以元器件的外形特征为线索。在识读印制电路板图时，应根据电路中主要元器件的外形特征来快速找到该单元电路及这些元器件。不容易查找的电阻器和电容器，可先对照电原理图上标注的型号，找到与其连接的晶体管、集成电路等器件，熟悉相关的连接线路，再通过这些外形特征较明显的器件来间接找到阻容器件。

有的电子产品在印制电路板的元器件安装面上直接标注出元器件的文字符号（元器件代号），只要将电原理图上标注的元器件符号与印制电路板上的符号进行对照，即可查找出元器件的位置。

三、装配前的实物准备

1. 元器件的筛选

为了提高整机的质量和可靠性，在整机装配前，对购买回来的各类元器件，要进行认真的检验和精心筛选，剔除不合格的元器件。

元器件的筛选是多方面的，主要包括对元器件外观检验和用仪器仪表对元器件电气性能的检验等，对有特殊要求的元器件还要进行老化筛选。如表面有无损伤、变形，几何尺寸是否符合要求，型号、规格是否与装配图要求相符等。

2. 元器件引线成型

在电子设备整机装配时，为了满足安装尺寸与印制电路板的配合，提高整机装配质量，防止元器件脱落、虚焊，使元器件排列整齐、美观，元器件引线成型是不可缺少的工艺流程。

3. 零部件的加工

对需要加工的零部件，应根据图纸的要求进行加工处理，待焊接的零部件引脚，需去氧化层、镀锡、清洗助焊剂。

4. 导线与电缆的加工

导线是整机装配中电路之间、分机之间进行电气连接与相互间传递信号必不可少的线材，在装配前必须对所使用的线材进行加工。

导线与电缆的加工，需按要求下线，根据工艺要求进行剥线、捻头、上锡、清洗，以备装配时使用。

电子设备中，电路连接所用的导线既多又复杂，如果不加任何整理，就会显得十分散乱，势必影响整机的空间美观，给检测、维修带来麻烦。为了解决这个问题，常常用线绳或线扎搭扣等把导线扎制成各种不同形状的线扎。

四、元器件及插件的组装

1. 印制电路板的焊接

印制电路板的焊接应遵守焊接的技术要求，并根据不同的电子产品所设计的工艺要求进行焊接。

2. 单板焊接

（1）电阻器、二极管可采用立式安装或水平安装，紧贴印制电路板，且型号和标称值应便于观察。若电阻器的阻值用色环表示，各电阻器的装配方向应一致。

（2）电解电容器尽量插到底部，离线路板的高度不得超过 2mm，特别注意电解电容器的正负极不能插反。片式电容器高出印制电路板不超过 4mm。

(3)晶体管一般应采用立式安装,离印制电路板的高度以 5mm 为宜。

(4)集成电路、接插件底座应与印制电路板紧贴。

(5)接插件要求焊接美观、均匀、端正、整齐、高低有序。

(6)焊点要求圆滑、光亮、均匀,无虚焊、假焊、搭焊、连焊和漏焊,剪脚后的留头以 1mm 左右为适。

3. 插拔式接插件的焊接

(1)插拔式接插件的接头上有焊接孔的,需将导线插入焊接孔中焊接,多股线焊接要捻头。焊锡要适中,焊接处要加套管。

(2)焊接要牢固可靠,有一定的插拔强度。

(3)10 芯扁平电缆的焊接,要用专用的压线工具操作。

五、零部件的装配

1. 面板的装配

面板、机壳既构成电子设备的主体骨架,保护机内部件,也决定了电子设备的外观造型,并为电子设备的使用、维护和运输带来方便。目前,电子设备的面板、机壳已向全塑化方向发展。

根据面板装配图,在前面板上,一般装配指示灯、显示器件、输入控制开关;在后面板上安装电源开关、电源接插件、熔断器等。在安装时需注意以下几点:

(1)面板上零部件需采用螺钉安装,需加防松垫圈,既防止松动,又保护面板。

(2)面板、机壳用来安装印制电路板、显像管、变压器等部件,装配时应先里后外、先小后大、先低后高、先轻后重。

(3)印制电路板安装要平稳,螺钉紧固要适中。印制电路板安装距离机壳要有 10 mm 左右的距离,不可紧贴机壳,以免变形、开裂,影响电气性能。

(4)显示器件可先用黏合剂粘贴在面板上,再加装螺钉。各种可动件、钮子开关的动作要操作灵活自如。

(5)面板、机壳上的铭牌、装饰板、控制指示、安全标记等应按要求端正牢固地装接或粘接在固定位置。使用黏合剂时用量要适当,防止量多溢出。若黏合剂污染了外壳,要及时用清洁剂擦净。

(6)当面板、机壳采用自攻螺钉合拢时,自攻螺钉应垂直,无偏斜、无松动。装配完毕,用"风枪"清洁面板、机壳表面。

2. 散热器的装配

大功率元器件一般都安装在散热器上,以便提高效率。电子元器件大多采用铝合金材料制成的散热器。安装时元器件与散热器之间的接触面要平整、清洁,装配孔距要准确,防止装紧后安装件变形。散热器上的紧固件要拧紧,保证良好的接触,以利于散热。为使接触面密合,常常在接触面上适当涂些硅脂,以提高散热效率。散热器的安装部位应放在机器的边沿或机壳等容易散热的地方,以便提高散热效果。

3. 屏蔽罩的装配

随着电子技术的发展,电子整机日趋微型化、集成化,造成整机内部组件的装配密度越来越高,相互之间容易产生干扰。为了抑制干扰,提高产品的性能,在整机装配时采用屏蔽技术,安装屏蔽罩。

屏蔽罩的装配方式有多种,当采用螺装或铆装方式时,螺钉、铆钉的紧固要牢靠、均匀;当采用锡焊方式时,焊点、焊缝应做到光滑、无毛刺。

4. 电源变压器的安装

电源变压器的 4 个螺孔要用螺钉固定,并加装弹簧垫圈。引线焊接要规范,并用套管套好,防止漏电。

第五节　电子设备整机装配实例

本节通过音频信号发生器整机装配过程的介绍,进一步加深读者对本章内容的理解,同时也为下一步的独立操作奠定基础。

一、电路工作原理

音频信号发生器实质上是一个正弦波自激振荡器。即在放大器的输入端没有外加任何信号,而在输出端却能输出稳定的正弦振荡信号。要使放大器产生稳定的正弦振荡波,必须具备一定的相位条件和幅值条件。

图 9-31 是音频信号发生器的电原理图。电路中由晶体管 VT_1 组成的反相放大器,是一个共射极放大电路。它的输出电压与输入电压相位差为 $180°$。要满足振荡电路的相位平衡条件,反馈电路必须使这一特定频率的正弦电压通过它时再移相 $180°$,这样就使电路成为一个正反馈电路。RC 电路有移相作用,但是一节 RC 电路最大只能相移 $90°$,而且此时信号的输出幅值已接近为零。所以需要三节 RC 移相电路来完成再移相 $180°$ 的任务。

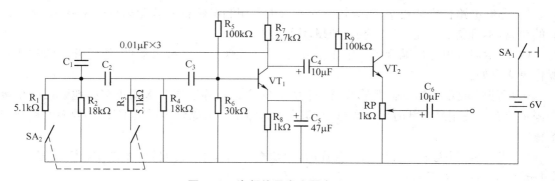

图 9-31　音频信号发生器电原理图

电阻器 R_5 和 R_6 是 VT_1 的直流偏置电阻器,R_7 是放大器的负载电阻器,R_8 是发射极反馈电阻器,使电路工作得更稳定。电容器 C_5 是发射极旁路电容。振荡器的反馈电路由三节相位领先的 RC 移相器组成,即由电阻器 R_2、R_4、R_6 和电容器 C_1、C_2、C_3 组成。

这个音频信号发生器的频率有两档。电阻器 R_1 和 R_3 是为改变振荡器的振荡频率而设置的。当开关 SA_2 断开时,音频信号发生器的输出频率为 $400Hz$。当开关 SA_2 闭合时,电阻器 R_1 和 R_3 分别并联在电阻器 R_2 和 R_4 上,使 RC 电路的时间常数减小,音频信号发生器的输出频率为 $1000Hz$。为了减小振荡器输出端的负载对振荡器频率特性的影响,在电路中加了一级射极输出器,由晶体管 VT_2、电阻器 R_9 和电位器 RP 等组成。C_4、C_6 是耦合电容器。输出信号的大小由电位器来调节。

这台音频信号发生器的最大输出幅值将近 3V(峰—峰值)，信号的失真度为 5％。如果用双连电位器代替电阻器 R_1 和 R_3，(去掉开关 SA_2)就可以实现输出频率的连续调节。

2. 元器件选择

由于这是一个简易的音频信号发生器，可以使用金属膜电阻器，这样电路工作得更稳定些。晶体管的放大倍数在本例中有关键作用。放大倍数选的过小，会使输出信号的幅值受到限制；放大倍数选的过大，容易引起输出信号波形失真。本例中，晶体管 VT_1 的放大倍数在 50 倍左右，晶体管 VT_2 的放大倍数大于 100 倍。三只涤纶电容器的容量应尽量一致。所用的元器件如下列所示：

R_1、R_3：5.1 kΩ、1/8 W 碳膜电阻器；R_2、R_4：18 kΩ、1/8 W 碳膜电阻器；R_6：30 kΩ、1/8 W 碳膜电阻器；R_5、R_9：100 kΩ、1/8 W 碳膜电阻器；R_7：2.7 kΩ、1/8 W 碳膜电阻器；R_8：1 kΩ、1/8 W 碳膜电阻器。

RP：1 kΩ 微调电位器。

C_1、C_2、C_3：0.01 μF 涤纶电容器；C_4、C_6：10 μF/10 V 电解电容器；C_5：47 μF/10 V 电解电容器。

VT_1、VT_2：9014 型 NPN 晶体管。

SA_1：1×2 小型开关；SA_2：2×2 小型开关。

50 mm×35 mm 电路板。

3. 电路的制作与调试

首先对所用元器件进行检查，对元器件的引线进行处理。按照图 9-32 的电路板安装图和图 9-33 的电路板元件图进行组装和焊接。先装电路板上的元器件，后连接开关与电源连线。SA_2 是 2×2 小型开关，它有 6 个接点，其中一边的两个接点不用，中间的两点连接在一起，另外两个接点与电路板进行连接。

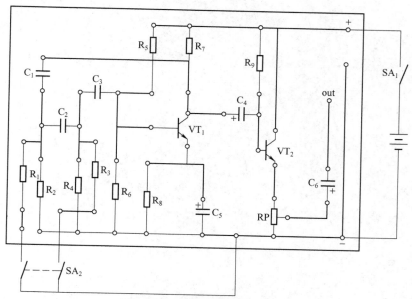

图 9-32　电路板安装图

电路装好后需要进行调试。用万用电表的直流电压档测量晶体管 VT_1 的集电极电压，应在 3V 左右。否则，要改变电阻器 R_5 的阻值。需要注意：VT_1 基极电压的变化对振荡器频率的影响较大,基极电压升高,振荡器的频率也升高。晶体管 VT_2 的发射极电压,也要在 3V 左右。如果不合适,应调整电阻器 R_9 的阻值。

为了保证音频信号发生器的输出幅值和工作频率更稳定,一定要使用带稳压的电源供电。如果要得到精确的输出频率,则需要利用频率计进行仔细的调整。一般只需调整电阻器 $R_1 \sim R_4$ 即可。

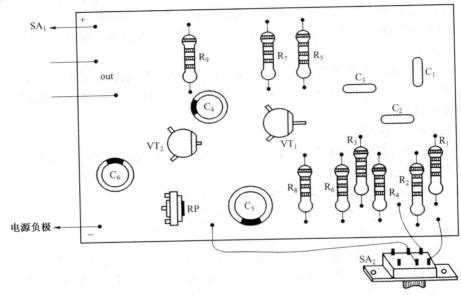

图 9-33　电路板元件安装图

第十章　常用电子测量仪器仪表

电子测量仪器仪表是指利用电学原理和电子电路将被测量转换成可直接观测的指示值或等效信息的器具。它包括指示式仪器仪表、比较式仪器仪表、记录式仪器仪表、数字式仪器仪表、自动测量仪器仪表等。本章重点介绍常用的几种电子测量仪器仪表，包括指针式万用表、数字式万用表、示波器、信号发生器、交流毫伏计、频率计等，主要介绍基本结构、工作原理、使用操作方法及注意事项等。

第一节　指针式万用表

通常所说的万用电表，是指模拟式万用表，即指针式万用表。简称万用表或三用表，在国家标准中又称为复用表。目前，常见的指针式万用表有 MF-47 型等。MF-47 型指针式万用表外形如图 10-1 所示。

图 10-1　MF-47 型指针式万用表外观

万用表的特点是量程多、功能多、用途广、操作简单、携带方便及价格低廉。万用表不仅可以测量直流电流、直流电压，也可以测量交流电压、电阻及音频电平等，有的万用表还可以测量交流电流、电功率、电感、电容以及用于晶体管的简易测试等。因此，万用表是一种多用途的电工仪表，在电气维修和测量中被广泛地应用。

万用表是将磁电式测量机构（又称表头）同测量电路相配合，来实现各种电量的测量的。

实质上万用表是由多量程的直流电流表、多量程的直流电压表、多量程整流式交流电压表及多量程的欧姆表所组成的,但它们合用一只表头,并在表盘上绘出多条对应被测电量的标尺。根据不同的被测量,将选择开关置于相应的位置,便可达到测量的目的。

一、MF-47 型万用电表结构和技术指标

1. 结构特征

MF-47 型万用电表造型大方,设计紧凑,结构牢固,携带方便,零部件均选用优良材料及工艺处理,具有良好的电气性能和机械强度。其结构具有以下特点:

(1)MF-47 型指针式万用表采用高灵敏度测量机构(表头),性能稳定,并置于单独的罩中。表头罩采用塑料框架和玻璃相结合,不但具有良好的密封性,避免产生静电,保证测量精度,还可以延长使用寿命。

(2)线路采用印制电路板,设计紧凑、整齐,维修方便。

(3)测量机构采用硅二极管保护,保证电流过载时不损坏表头。线路中还设有 0.5A 熔丝装置,以防止误用时烧坏电路。

(4)在设计上考虑了温度和频率补偿,受温度影响小,频率范围宽。

(5)低电阻档选用 2♯ 干电池,容量大、寿命长。两组电池装于盒内,换电池时只需卸下电池盖板,不必打开表盒。

(6)若配加本厂生产的专用高压探头,可以测量电视接收机内 25kV 以下高压。

(7)表外壳装有提把,不仅携带方便,必要时提把可以作倾斜支撑。

(8)有一档晶体管静态直流电流放大系数检测装置,以供在临时情况下检测晶体管。

(9)为了便于读数,标度盘与开关指示盘分别印制成红、绿、黑三色。交流电压档位为红色、晶体管档位为绿色、其余档位为白色或黑色。MF-47 型指针式万用表标度盘如图 10-2 所示。

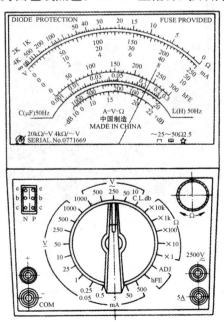

图 10-2　MF-47 型万用表的面板示意图

标度盘共有六条刻度,第一条供测电阻用(黑色线);第二条供测交直流电压、直流电流用(黑色线);第三条供测晶体管放大倍数用(绿色线);第四条供测量电容用(红色线);第五条供测电感用(红色线);第六条供测音频电平用(红色线)。标度盘上装有反光镜,可消除视差。

(10)交直流 2500V 和直流 5A 的测量分别使用单独插座。

(11)采用整体软塑红、黑表笔,经久耐用。

2. 电路原理

MF-47 型指针式万用表的电路原理如图 10-3 所示。

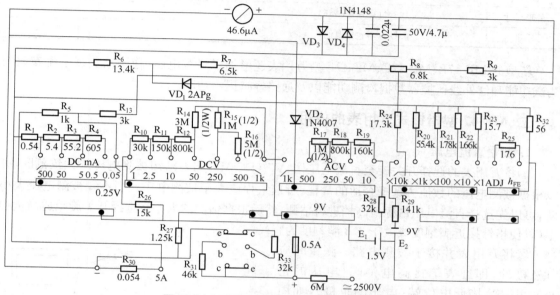

图 10-3 MF-47 型指针式万用表电路原理图

3. 技术指标

该表要求在环境温度 $0℃\sim40℃$、相对湿度 85% 的条件下使用,各项技术性指标符合 GB7676 国家标准和 IEC51 国际标准有关条款的规定。MF-47 型指针式万用表的技术指标见表 10-1。

表 10-1 MF-47 型指针式万用表的技术指标

测量项目	量程范围	灵敏度或电压降	精确度等级	误差表示方法
直流电流	$0\sim0.05mA\sim0.5mA\sim5mA\sim50mA$ $\sim500\ mA\sim5A$	0.3V	2.5	以量程的百分数计算
直流电压	$0\sim0.25V\sim1V\sim2.5V\sim10V\sim50V\sim$ $250V\sim500V\sim1000V\sim2500V$	$20k\Omega/V$	2.5	以量程的百分数计算
交流电压	$0\sim10V\sim50V\sim250V$ $(45\sim65\sim5000Hz)\sim$ $500V\sim1000V\sim2500V(45\sim65Hz)$	$4k\Omega/V$	5	以量程的百分数计算
直流电阻	$R\times1\Omega、R\times10\Omega、R\times100\Omega、R\times1k\Omega、$ $R\times10k\Omega$	$R\times1\Omega$ 中心刻度为 16.5Ω	2.5	以标度尺弧长的百分数计算
			10	以指示值的百分数计算
音频电平	$-10\sim+22dB$	—	—	—

续表 10-1

测量项目	量程范围	灵敏度或电压降	精确度等级	误差表示方法
晶体管直流放大倍数 h_{FE}	$0\sim300$	—	—	—
电感	$20\sim1000mH$	—	—	—
电容	$0.001\sim0.3\mu F$	—	—	—
外形尺寸	$165\times112\times49$(mm)	—	—	—
质量	0.8kg(不包括电池)	—	—	—

新型的 MF-47B、MF-47C、MF-47F 型万用表还增加了负载电压(稳压)、负载电流参数的测试功能和红外线遥控器数据检测功能以及通路蜂鸣提示功能。

二、MF-47 型指针式万用表的使用

1. 测量直流电压

①将万用表的选择开关旋至直流电压档"V"(DC V),如果已知被测电压的大致范围,可以根据被测电压的数值去选择合适的量程,所选量程应大于被测电压。当不知被测电压大小时,可以先选择直流电压量程最高档进行估测,然后根据估测的大小将选择开关旋至适当量程上(以使指针接近满刻度或大于 2/3 满刻度为宜)。

②将万用表并接于被测电路。测量时应注意极性,即红表笔接高电位端(电压的正极),黑表笔接低电位端(电压的负极),如图 10-4 所示。如果不知被测电压极性,应先将转换开关置于直流电压最高档进行点测,观察万用表指针的偏转方向,以确定极性。点测的动作应迅速,防止表头因严重过载、指针反偏将表针打弯。

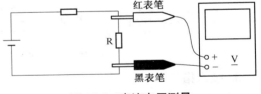

图 10-4　直流电压测量

假如误用交流电压档去测直流电压,由于万用表的接法不同,此时万用表的示数可能偏高一倍或者指针不动。

③正确读数。在标有"一"或"DC"符号的刻度线上读取数据。

④当被测电压在 1000~2500V 之间时,需将红表笔插入万用表右下侧的 2500V 量程扩展孔中进行测量。这时选择开关应置于直流电压 1000V 档。

2. 测量交流电压

①将选择开关置于交流电压挡"V"(AC V),正确选择量程,其方法与测直流电压相同。若误用直流电压档测交流电压,则表针在原位附近抖动或根本不动。

②测量交流电压时,不分正负极,可将红、黑表笔分别接触被测元器件的两端即可。

③正确读数。在标有"~"或"AC"符号的刻度线上读取数据。

④当被测电压在 1000~2500V 时,应将红表笔插入万用表右下侧的 2500V 量程扩展孔中进行测量。这时选择开关应置于交流电压 1000V 档。

MF-47 型万用表若配以高压探头可测量电视机≤25kV 的高压。测量时选择开关应置于 0.05mA(50μA) 位置上,高压探头的红黑插头分别插入万用表的"＋"、"－"插孔中,接地夹与电视机金属底板连接,而即可进行测量。

在测量交流电压时,还要了解被测电压的频率是否在万用表的工作范围内。若超出了万用表的工作频率范围,测量数值将严重降低。

3. 测量直流电流

①选择档位。将万用表的选择开关置于直流电流档(DC mA)。如果已知被测电流的大致范围,则选择略大于被测电流值的那一档。如果不知被测电流的范围,可先选择直流电流量程最大一档进行估测,再根据指针偏转情况选择合适的量程。

②测量直流电流时,应先切断被测电路电源,将检测支路断开一端,将万用表串联在电路中,且要注意正负极性。将红表笔接电路的正极(或电流流入端),黑表笔接触电路的负极(或电流流出端)。不可接反,否则指针反偏。若不知道电路极性,可将选择开关置于直流电压最高挡,在带电的情况下,先点测一下试探极性,然后再将万用表串入电路中测量电流。

万用表串入被测回路测量时,既可以串入电源正极与被测电路之间[如图 10-5 (a)所示],也可串入被测电路与电源负极之间[如图 10-5 (b)所示]。

③当用万用表测量 500mA 及其以下直流电流时,将选择开关置于所需的"mA"档。当测量 500mA 以上至 5A 的直流电流时,将选择开关置于"500mA"档,并将正表笔(红表笔)插入"5A"专用量程扩展插孔。

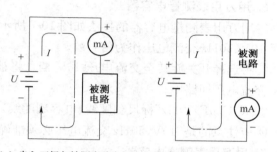

(a) 串入正极与被测电路之间　　(b) 串入负极与被测电路之间

图 10-5　直流电流的测量

4. 测量交流电流

有的万用表能够测量交流电流。其测量方法与测量直流电流相似,先将选择开关置于适当的"交流 A"档,再将万用表串入被测电流回路即可测量。测量 200mA 以下交流电流时,红表笔插入"mA" 插孔;测量 200mA 及以上交流电流时,红表笔插入"A" 插孔。

5. 测量电阻

①不要带电测量电路中的电阻器。测量前应断开被测电阻器与其他元器件的连接线。

②将选择开关置于电阻档"Ω"的适当量程。选择量程,即尽量使指针指在刻度线的 2/3 位置。若不知被测电阻器的大小,可先选择高档位试测一下,然后选取合适的量程。

③测量前应进行调零。在所选电阻档位,将两表笔短接,指针不指零位时,调节调零旋钮,使指针指准确指在 0Ω 刻线上,如图 10-6 所示。每次换档后均应重新调零。如某个电阻档位不能调节至欧姆零位,则说明万用表内的电池电压太低,已不符合使用要求,应及时更换电池。在 MF-47 型万用表内置 1.5V 电池一只,用

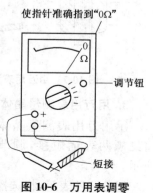

图 10-6　万用表调零

于 $R×1$~$R×1k$ 档电阻的测量,置 9V 电池一只,用于 $R×10k$ 档电阻的测量。

④测量。将红、黑两表笔分别接触被测电阻器的两端,并保证接触紧密。被测对象不能有并联支路,当被测线路有并联支路时,测得的电阻值不是该电路的实际值,而是某一等效电阻值。尤其测量大电阻时,不能同时用两手接触表笔的导电部分,防止人体电阻使测量出现较大的误差。

⑤正确读数。在标有"Ω"符号的刻度线上读取的数据,再乘以选择开关所在档位的倍率。即:

被测电阻值＝刻度线示数×电阻档倍率

例如:将选择开关选在电阻测量"Ω"的"×100"档,测量时相应"Ω"刻度线上的示数为"15"则

被测电阻值＝15×100＝1500(Ω)＝1.5kΩ

⑥当用万用表检查电解电容器漏电电阻时,应先切断电源,再拆下电容器并放电,然后将转换开关置于"$R×1k$"档,用红表笔接电容器负极,黑表笔接电容器正极进行测量。

6. 用万用表测量电容器

①用万用表测量电容器的接法如图 10-7 所示,通过电源变压器将交流 220V 市电降压后获得 10V、50Hz 交流电压作为信号源。

②将选择开关旋转至交流电压 10V 档。将被测电容器 C 与任一表笔串联后,再串接于 10V 交流电压回路中。

③从"C(μF)50Hz"标尺刻度线(电容刻度线)上读取数据。

④应注意的是,10V、50Hz 交流电压必须准确,否则会影响测量的准确性。

7. 用万用表测量电感器

用万用表测量电感器的接法如图 10-8 所示。用万用表测量电感器与测量电容器的方法相同。将被测电感器 L 与任一表笔串联后,再串接于 10V 交流电压回路中。从"L(H)50Hz"标尺刻度线(电感刻度线)上读取数据。

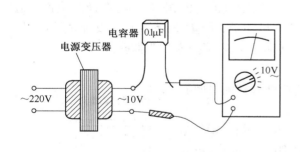

图 10-7　用万用表测量电容器

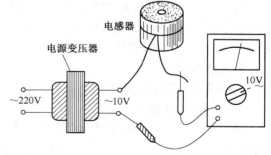

图 10-8　用万用表测量电感器

8. 用万用表测量晶体管直流放大倍数 h_{FE}

①用万用表测量晶体管直流放大倍数。先将选择开关置于"ADJ(校准)"档位,然后将红黑两表笔短接,调节欧姆调零旋钮,使表针对准 h_{FE} 刻度线的"300"处,如图 10-9所示。

②分开两表笔,将选择开关转动至"h_{FE}"档位,即可插入晶体管进行测量。

③如果待测晶体管为 NPN 型,其 E、B、C 三只管脚对应插入"N"排管座内;若为 PNP 型晶体管,则其 E、B、C 三只管脚应对应插入"P"排管座内。注意,晶体管的 E、B、C 三个管脚要与插座对应,不可插错。

④指针在"h_{FE}"刻度线示数即为晶体管的直流放大倍数 $h_{FE}(\beta)$ 值。

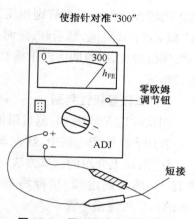

图 10-9　用万用表测量晶体管直流放大倍数

9. 反向截止电流 I_{ceo}、I_{cbo} 的测量

I_{ceo} 为集电极与发射极间的反向截止电流(基极开路)。I_{cbo} 为集电极与基极间反向截止电流(发射极开路)。

①选择开关置于 $R \times 1k$ 档,将红、黑表笔短接,调节零欧姆调节旋钮,使指针对准零欧姆上(此时满度电流值约 $90\mu A$)。

②分开表笔,将欲测的晶体管插入管座内。NPN 型晶体管应插入 N 排管座,PNP 型晶体管应插入 P 排管座。当测量 I_{ceo} 时,将 E 极和 C 极分别插入管座内,B 极悬空,如图 10-10(b)所示,当测量 I_{cbo} 时,将 B 极和 C 极分别插入管座内,E 极悬空,如图 10-10(a)所示。此时指针指示的数值分别乘上 1.2 即为反向截止电流 I_{ceo} 和 I_{cbo} 的实际值。

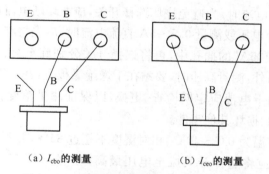

（a）I_{cbo} 的测量　　　　　（b）I_{ceo} 的测量

图 10-10　晶体三极管反向截止电流的测量

③当 I_{ceo} 电流值大于 $90\mu A$ 时,可换用 $R \times 100$ 档进行测量(此时满度电流值约为 $900\mu A$)。

10. 晶体管管脚极性的辨别

可用 $R \times 1k$ 档进行三极管管脚极性的辨别。

①先判定基极 B。由于 B 与 C,B 与 E 之间分别是两个 PN 结,它的反向电阻很大,而正向电阻很小。测试时可任意取晶体管一脚假定为基极。将红表笔接"基极",黑表笔分别去接触另两个管脚,如此时测得都是低阻值,则红表笔所接触的管脚即为基极 B,并且是 P 型管,(如用上法测得均为高阻值,则为 N 型管)。如测量时两个管脚的阻值差异很大,可另选一个管脚为假定基极,直至满足上述条件为止。

②再判定集电极 C。对于 PNP 型晶体管,当 C 极接负电压,E 极接正电压时,电流放大倍

数才比较大,而 NPN 型管则相反。测试时先假定其中一脚为 C 极,红表笔接"C"极,黑表笔接"E"极,记下其阻值,然后红、黑两表笔交换测试,又测得一阻值。若后测得的一组电阻值比前一次测得的大,则说明假设正确且是 PNP 型管。反之则是 NPN 型管,且引脚的实际极性与假设相反。

11. 二极管极性判别

测试时选 $R \times 1k$ 档,测得阻值较小时与黑表笔连接的一端即为正极。

万用表在欧姆电路中,红表笔为电池负极,黑表笔为电池正极。

注意:以上介绍的测试方法,一般都只能用 $R \times 100$、$R \times 1k$ 档,如果用 $R \times 10k$ 档,则因表内有 9V 的较高电压,可能将晶体管的 PN 结击穿,若用 $R \times 1$ 档测量,因电流过大(约 60mA),也可能损坏管子。

三、注意事项

(1)每次测量时,都应看清楚选择开关是否在所测类别的相应档位,表笔是否在相应的插孔内。要养成"测量先看档,不看不测量"的良好习惯。当测量未知的电压或电流时,应先将选择开关置于最高档位,待试测数值后,方可将选择开关转至适当位置,避免烧坏电路或打弯指针。

如偶然发生因过载而烧断熔丝时,可打开表盒换上相同型号的熔丝。

(2)当测量高压或大电流时,为避免烧坏选择开关,应在切断电流情况下,变换量限。当测量 1000～2500V 交、直流电压或测量 0.5～5A 直流电流时,应先将红表笔从"+"插孔中拔出,分别插到标有"2500V"或"5A"的插孔中,再将选择开关分别旋至交、直流电压 1000V 或直流电流 500mA 量程上。另外,测量高压时,要站在干燥绝缘板上,并一手操作,防止意外事故。

(3)万用表中使用的干电池应定期检查、更换,以保证测量精度。如长期不用,应取出电池,以防止电液溢出腐蚀、损坏其他零件。

(4)仪表应保存在室温为 0℃～40℃、相对湿度不超过 85％,并不含腐蚀性气体的环境中。

(5)每次使用完毕,应将选择开关拨至电压最高档。在 MF-47 型万用表的表盘上标有"□"符号,表示标尺位置为水平,应将万用表水平放置。

第二节　数字式万用表

近十几年来,数字式仪表发展很快。它具有测量精度高、灵敏度高、速度快及数字显示等特点。进入 20 世纪 80 年代后,随着单片 CMOS A/D 转换器的广泛使用,新型袖珍式数字万用表也迅速得到普及。

本节以 MS8215 型数字万用表为例,介绍数字式万用表的使用方法。

一、MS8215 型数字万用表的构造与功能

1. 仪表外观

万用表的外观如图 10-11 所示。

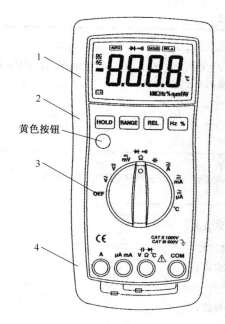
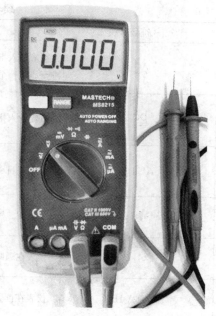

（a）MS8217型外型图　　　　　　　　（b）MS8215型实物外观图

图 10-11　万用表的外观

1. 液晶显示器　2. 功能按键　3. 选择开关　4. 输入插座

2. 液晶显示器

显示器的面板如图 10-12 所示。

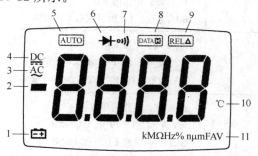

图 10-12　显示器的面板

显示器面板的符号说明见表 10-2。

表 10-2　显示器面板的符号说明

号码	符号	含　义
1	⊟−⊞	电池电量低 本电池符号出现时，应尽快更换电池
2	▬	负输入极性指示

续表 10-2

号码	符号	含　义
3	$\underset{\sim}{AC}$	交流输入指示。交流电压或电流是以输入绝对值的平均值来显示的,并校准至显示一个正弦波的等效均方根值
4	$\underset{\cdots}{DC}$	直流输入指示
5	AUTO	仪表在自动量程模式下,会自动选择具有最佳分辨率的量程
6	▶⊢	仪表在二极管测试模式下
7	○))))	仪表在通断测试模式下
8	DATA-H	仪表在读数保持模式下
9	REL△(仅限 MS8217)	仪表在相对测量模式下
10	℃(仅限 MS8217 型)	℃:摄氏度。温度的单位
11	V,mV	V:伏特。电压的单位 mV:毫伏。1×10^{-3}或 0.001 伏特
	A,mA,μA	A:安培。电流的单位 mA:毫安。1×10^{-3}或 0.001 安培 μA:微安。1×10^{-6}或 0.000001 安培
	Ω,kΩ,MΩ	Ω:欧姆。电阻的单位 kΩ:千欧。1×10^{3}或 1000 欧姆 MΩ:1×10^{6}或 1 000 000 欧姆
	％(仅限 MS8217)	％:百分比。使用于占空系数测量
	Hz,kHz,MHz (仅限 MS8217)	Hz:赫兹。频率的单位(周期/秒) kHz:千赫。1×10^{3}或 1000 赫兹 MHz:兆赫。1×10^{6}或 1 000 000 赫兹
	μF,nF	F:法拉。电容的单位 μF:微法。1×10^{-6}或 0.000001 法拉 nF:纳法。1×10^{-9}或 0.000000001 法拉
12	OL	对所选择的量程来说,输入过高

3. 功能按键操作说明

功能按键操作说明见表 10-3。

表 10-3 功能按键操作说明

按键	功能	操作介绍
黄色按钮	Ω ▶| ◦))) A、mA 和 μA 开机通电时按住	选择电阻测量、二极管测试或通断测试 选择直流或交流电流 取消电池节能功能
HOLD	任何档位	按"HOLD"键进入或退出读数保持模式
RANGE	V～、V⎓、Ω、A、mA 和 μA	"按 RANGE"键进入手动量程模式 "按 RANGE"键可以逐步选择适当的量程(对所选择的功能档) 持续按住"RANGE"键超过 2s 会回到自动量程模式
REL(仅限 MS8217)	任何档位	按"REL"键进入或退出相对测量模式
Hz%(仅限 MS8217 型)	V～、A、mA 和 μA	按"Hz ％"键启动频率计数器 再按一次进入占空系数(负载因数)模式 再按一次退出频率计数器模式

4. 选择开关操作说明

选择开关档位的操作说明见表 10-4。

表 10-4 选择开关档位的操作说明

选择开关档位	功 能
V～	交流电压测量
V⎓	直流电压测量
mV⎓	直流毫伏电压测量
Ω ▶| ◦)))	Ω 电阻测量;▶| 二极管测试;◦)))通断测试
⊣| ⊢	电容测量
A≈	0.01A 到 10.00A 的直流或交流电流测量
mA≈	0.01mA 到 400mA 的直流或交流电流测量
μA≈	0.1μA 到 4000μA 的直流或交流电流测量
℃(仅限 MS8217 型)	温度测量

5. 输入插座使用说明

输入插座的使用说明见表 10-5。

表 10-5 输入插座的使用说明

输入插座	描 述
COM	所有测量的公共输入端(与黑色测试笔相连)。
⊣| ▶| V Ω ℃	电压、电阻、电容、温度(仅限 MS8217 型)、频率(仅限 MS8217 型)、二极管测量及通断测试的正输入端(与红色表笔相连)
μA/mA	电流 μA、mA 和频率(仅限 MS8217 型)的正输入端(与红色表笔相连)
A	电流 4A、10A 和频率(仅限 MS8217 型)的正输入端(与红色表笔相连)

二、MS8215 型数字万用表使用

1. 读数保持模式

读数保持功能可以将目前的读数保持在显示器上。在自动量程模式下启动读数保持功能将使仪表切换到手动量程模式，但原有量程维持不变。通过改变测量功能档位、按"RANGE"键或再按一次"HOLD"键都可以退出读数保持模式。

要进入和退出读数保持模式：

①按一下"HOLD"键，读数将被保持且"DATA-H"符号同时显示在液晶显示器上。

②再按一下"HOLD"键将使仪表恢复到正常测量状态。

2. 手动量程模式和自动量程模式

MS8215 型万用表在选择量程时有两种模式——手动量程和自动量程。在自动量程模式下，仪表会为检测到的输入量选择最佳量程。在这种模式下，当转换测试点时无需重置量程。在手动量程模式下，需要操作者自己选择所需的量程，并把仪表锁定在指定的量程下。

对于超过一个量程的测量功能档，仪表会将自动量程模式作为默认模式。当仪表在自动量程模式时，显示器会显示"AUTO"符号。

进入和退出手动量程模式：

①按"RANGE"键，仪表进入手动量程模式。"AUTO"符号消失。每按一次"RANGE"键，量程会增加一档。当量程到最高档时，仪表会循环回到最低的一档。

注意：当仪表进入读数保持模式后，如果以手动方式改变量程，则仪表会退出该模式。

②要退出手动量程模式，持续按住"RANGE"键 2s，仪表回到自动量程模式且显示器显示"AUTO"符号。

3. 电池节能功能

仪表开启节能功能后，30min 未使用，仪表将自动进入"休眠状态"并使显示器白屏。按"HOLD"键或转动选择开关将"唤醒"仪表。

在开启仪表的同时按下黄色功能键，将取消仪表的电池节电功能。

4. 相对测量模式（仅限 MS8217 型数字万用表）

除频率测量功能以外的所有测量功能，都可以进入相对测量模式。要进入和退出相对测量模式：

①将仪表设在所要的功能，把测试表笔连接到下一步要进行比较测量的电路上。

②按"REL"键，仪表将会把当前的测量读数储存为参考值，同时进入相对测量模式。此时仪表显示参考值和后续读数间的差值。

③持续按"REL"键超过 2s，仪表退出相对测量模式，恢复正常测量状态。

三、MS8215 型数字万用表技术指标

（1）使用环境条件。

600V CAT. Ⅲ 及 1000V CAT. Ⅱ 。

污染等级：2。

海拔高度<2000m。

工作环境温湿度：10℃～40℃，＜80％RH（＜10℃时不考虑）。

储存环境温湿度：－10℃～60℃，＜70％RH（取掉电池）。

温度系数：0.1×准确度/℃（＜18℃或＞28℃）。

测量端和大地之间允许的最大电压：1000V直流或交流有效值

（2）熔断器（管状）：μA和mA档，500mA/250V，$\phi5\times20$（mm）；A档，10A/250V，$\phi6.3\times$32（mm）。

（3）采样速率：约3次/s。

（4）显示器：4位液晶显示器。按照测量功能档位自动显示单位符号。

（5）电池类型：AAA　1.5V

（6）外形尺寸：185（L）×87（W）×53（H）mm.

（7）质量：约360g（含电池）。

四、测量电压

1. 测量交流和直流电压

（1）测量方法。图10-13（a）为实际测量交流电压220V示意图，图10-13（b）为实际测量直流电压1.5V干电池示意图，注意（a）、（b）两图选择开关的档位不同。

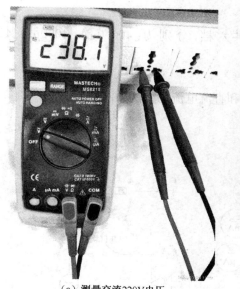
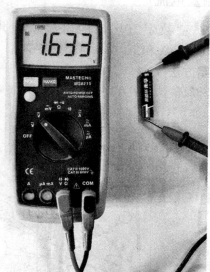

　　　　（a）测量交流220V电压　　　　　　　　　　（b）测量1.5V干电池直流电压

图10-13　测量交流和直流电压示意图

MS8215数字万用表的电压量程共五档，分别为：400.0mV、4.000V、40.00V、400.0V和1000V（交流电压400.0mV量程只存在于手动量程模式内）。

测量交流或直流电压的方法步骤如下：

①根据电路中电压的性质和估测值，将选择开关分别置于DC V、AC V或DC mV档。

②分别把黑色表笔和红色表笔连接到COM输入插座和V输入插座。

③将两表笔的测试端分别接于待测电路两端（与待测电路并联）。

④由液晶显示器读取测量电压值。在测量直流电压时，显示器会同时显示红色表笔所连

接的电压极性。

（2）注意事项。

① 在 400mV 量程，即使没有输入或连接测试笔，仪表也会有若干显示。在这种情况下，应将两表笔的测试端接触一下，使仪表显示回零。

② 测量交流电压的直流偏压时，为得到更佳的精度，应先测量交流电压。记下测量交流电压的量程，而后以手动方式选择和该交流电压相同或更高的直流电压量程。这样可以确保输入保护电路没有被用上，从而改善直流测量的精度。

③ 不可测量高于 1000V 直流或交流有效值的电压，以防遭到电击损坏仪表。不可在公共端和大地间施加超过 1000V 直流或交流有效值电压，以防遭到电击损坏仪表。

2. 判断市电火线和零线

市电火线（相线的俗称）和零线的判断通常采用测电笔，在手头没有测电笔的情况下，也可以用数字万用表来判断。

判断方法是：先将选择开关置于交流电压 20V 档，再将黑表笔的测试端悬空，将红表笔的测试端分别接触市电的两根导线，同时观察显示屏显示的数字，结果会发现显示屏显示的数字一次大、一次小，显示数字大的那次测量红表笔所接导线为火线。

五、测量电流

MS8215 型数字万用表的电流量程共六档，分别为：400.0μA、4000μA、40.00mA、400.0mA、4.000A 和 10.00A。

1. 测量方法

用 MS8215 型数字万用表测量交流电流和直流电流的方法如图 10-14 所示。

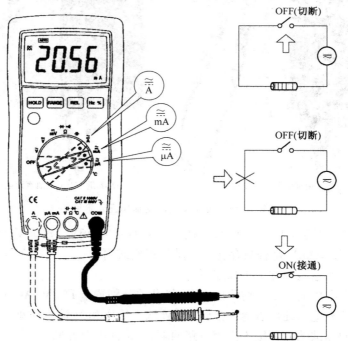

图 10-14　测量电流的方法示意图

(1)切断被测电路的电源。将全部高压电容器放电。

(2)根据被测电流的性质和预估值,将选择开关分别置于 μA、mA 或 A 档位。

(3)按黄色功能按钮选择直流电流或交流电流测量方式。

(4)把黑色表笔连接到 COM 输入插座。如被测电流小于 400mA,将红色表笔连接到"mA"输入插座;如被测电流在 400mA～10A 间,将红色表笔连接到"A"输入插座,如图 10-14 中虚线所示。

(5)断开待测的电路。把黑色表笔连接到被断开的电路一端,把红色表笔连接到被断开的电路的另一端。(把测试笔反过来连接会使读数变为负数,但不会损坏仪表。)

(6)接上电路的电源,然后读出显示的读数。如果显示器只显示"OL",表示输入超过所选量程,应将选择开关置于更高量程。

(7)切断被测电路的电源。将全部高压电容器放电,并把电路恢复原状。

2. 注意事项

当开路电压对地超过 250V 时,切勿尝试在电路上进行电流测量。如果测量时熔断器(管形)被烧断,可能会损坏仪表或伤害操作人员。为避免仪表或被测设备被损坏,进行电流测量之前,应先检查仪表的熔断器(管形)。测量时,应使用正确的输入插座、功能档和量程。当测试笔被插在电流输入插座上的时候,切勿把测试笔另一端并联跨接到任何电路上。

第三节　示　波　器

一、概述

在电子技术领域,电信号波形的观察和测量是一项很重要的内容。示波器能快速地把肉眼看不见的电信号的时变规律以可见的形象显示出来,用来研究信号瞬时幅度随时间的变化关系,也可以用来测量脉冲的幅值、上升时间等过渡特性,还能像频率表、相位表那样测试信号的周期频率和相位,以及测试调制信号的参数,估计信号的非线性失真等。示波器是电信号的"全息"测量仪器,表征电信号特征的所有参数,几乎都可以用示波器进行测量。

目前,在家用电子产品的维修中,示波器已成为极为重要的维修工具。过去的家用电子产品品种较少,电路也比较简单,用一只万用表往往可以完成电视机、收录机等产品的维修工作。随着新电路、新器件的应用,特别是数字技术在家用电子产品中的应用,单一的万用表就不能解决维修中出现的种种问题了。例如采用大规模和超大规模数字电路的 DVD 影碟机、大屏幕彩色电视机,以及各种数字音频视频设备的维修,往往离不开示波器,而示波器的使用可以大大提高维修效率。

示波器不单是一种用途广泛的信号测试仪,而且是一种良好的信号比较仪,目前已广泛地用它作直角坐标或极坐标显示器,或用它组成自动或半自动的测试仪器或测试系统。随着电子技术的发展,示波器的用途和功能还将不断增加。

电子示波器的种类是多种多样的,分类方法也各不相同。按所用示波管不同,可分为单踪示波器、多踪示波器、记忆示波器等;按其功能不同,可分为通用示波器、多用示波器、脉冲示波器、高压示波器等。

　　图 10-15 所示是单踪示波器电原理的方框图,图 10-16 所示是双踪示波器电原理的方框图。双踪示波器能够同时观测两个被测信号的波形。图中只画出了 Y 轴系统单元电路的方框,X 轴系统单元电路的方框与单踪示波器中的 X 轴输入相同。

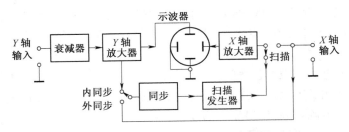

图 10-15　单踪示波器电原理方框图

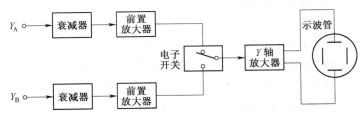

图 10-16　双踪示波器(Y 轴系统)电原理方框图

二、ST-16 型示波器面板布局及主要技术性能

1. ST-16 型示波器的组成

　　ST-16 型示波器是一种小型的通用示波器,频率响应为 $0 \sim 5\text{MHz}$,垂直输入灵敏度为 20mV/div,扫描时基系统采用触发扫描,适用于一般脉冲参量的测试,功率约为 55VA。图 10-17 所示是其电原理方框图。

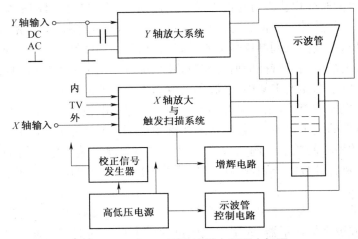

图 10-17　ST-16 型示波器电原理方框图

2. ST-16 型示波器面板旋钮开关的作用

　　图 10-18 所示是 ST-16 型示波器的面板示意图。面板上各旋钮开关的作用如下:
(1)"开"(ON):电源开关。

（2）☼：辉度调节。

（3）⊙：聚焦调节。

（4）○：辅助聚焦调节，与"⊙"配合使用。

（5）↕：垂直移位。

（6）Y：输入插座（被测信号输入端）。

（7）V/div（V/格）：垂直输入灵敏度选择开关。从 0.02V/div 至 10V/div 共分九档。

它表示屏幕的坐标刻度上一个纵格所代表的幅值大小。例：当将"V/div"置于"0.05"档时，表示屏幕上一个纵格代表 0.05V；当置于"10"档时，表示一个纵格代表 10V。

当此开关置于"⊓"档时，表示输入校正信号（50Hz，100mV 之方波），供仪器检查、校准用。

（8）微调（VERNIER）：用以连续改变垂直放大器的增益。右旋到底为"校准"（CAL）位置，增益最大。

（9）AC、⊥、DC：Y 轴输入耦合方式选择

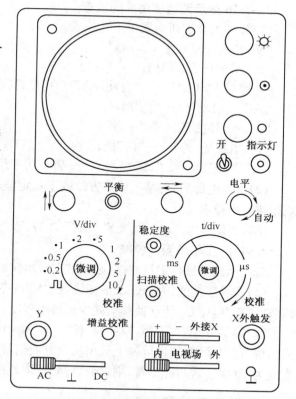

图 10-18　ST-16 型示波器面板示意图

开关。置"AC"时，输入端处于交流耦合状态，被测信号中的直流分量被隔断，适于观察各种交流信号；置"DC"时，输入端处于直流耦合状态，适于观察各种缓慢变化的信号和含有直流分量的信号；置"⊥"时，输入端接地，便于确定输入端为零电位时，光迹在屏幕上的基准位置。

（10）平衡（BAL）：使 Y 轴输入级电路中的直流电平保持平衡状态的调节装置。

（11）增益校准（GAIN CAL）：用以校准垂直输入灵敏度。

（12）⇄：水平移位。

（13）t/div（t/格）：时基扫描选择开关。从 0.1μs/div 至 10ms/div，按 1—2—5 进位分 16 档。

（14）微调：用以连续调节时基扫描速度。

（15）扫描校准（SWP CAL）：水平放大器增益的校准装置。

（16）电平（LEVEL）：触发电平。当屏幕上所显出的波形不稳时，可由右至左按逆时针方向缓慢地旋转此钮，直至出现稳定波形。

（17）稳定度（STABILITY）：用以改变扫描电路的工作状态（一般应处于待触发状态）。

（18）+、—、外接 X（+、—、EXT X）：触发信号极性开关。

"+"：观察正脉冲前沿。

"—"：观察负脉冲前沿。

"外接 X"：面板上的"X 外触发"插座成为水平信号输入端。

（19）内、电视场、外（INT、TV、EXT）：触发信号源选择开关。一般使用"内"触发。

（20）X 外触发（EXT、X、TRIG）：水平信号的输入端。

3. ST-16 型示波器使用前的检查

(1)各开关及旋钮应置于下述位置：

"V/div"——"⊓"档；

"t/div"——"2ms"档；

"电平(LEVEL)"——"自动(AUTO)"位置(右旋到底)；

"AC、⊥、DC"——"⊥"档；

"＋、－、外接 X"——"＋"档；

"内、电视场、外"——"内"档；

"☼"、"⊙"、"○"、"⇄"、"↿⇂"——置于居中位置。

(2)接通电源后，屏幕上应有方波或不稳定波形显示。若波形不稳，可逆时针调节"电平"旋钮使波形稳定。

此时再调节"☼"、"⊙"、"○"、"⇄"、"↿⇂"及"t/div"各旋钮，其功能应正常。

4. ST-16 型示波器的校准

若用示波器进行定量测试，必须首先对示波器进行"校准"。方法是：

(1)若屏幕上的扫描线(水平亮线)随"V/div"开关和"微调"旋钮的转动而上下移动，则应调节"平衡"电位器，使这种移动减少到最小程度。

(2)"V/div"置"⊓"档，"t/div"置"2ms"档，其上的"微调"旋钮均置"校准"位置(右旋到底)，调节"电平"旋钮使屏幕上显出稳定方波信号。此时方波的垂直幅值应正好为 5 格，周期宽度为 10 格。若与此不符，则需分别调节"增益校准"和"扫描校准"旋钮，以达到上述要求。

三、数字示波器

数字示波器是利用数据采集、A/D 转换、软件编程等一系列技术制造出来的高性能示波器。数字示波器一般支持多级菜单，能提供给用户多种选择、多种分析功能。还有一些数字示波器具有存储功能，可以实现对波形的保存和处理。对于 300MHz 带宽之内的示波器，目前国内品牌的示波器在性能上已经可以和国外品牌媲美，且具有明显的性价比优势。

下面以美国泰克公司生产的 TDS1002 型数字示波器为例，介绍数字示波器面板上按钮的名称和功能及其使用方法。图 10-19 所示为 TDS1002 型数字示波器屏幕和面板。图 10-20 和图 10-21 所示分别是 TDS1002 数字示波器面板放大的上下部分。

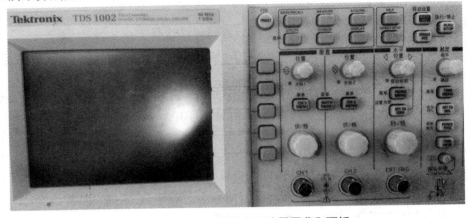

图 10-19　TDS1002 数字示波器屏幕和面板

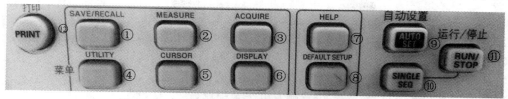

图 10-20   TDS1002 数字示波器面板放大的上半部分

图 10-21   TDS1002 数字示波器面板放大的下半部分

1. TDS1002 型数字示波器的按钮名称和功能

①SAVE/RECALL(存储/调出):存储或取回波形到内存或软盘。

②MESSURE(测量):执行自动化的波形测量。

③ACQUIRE(采样):采样设置。

④UTILITY(工具):激活系统工具功能,诸如选择语言。

⑤CURSOR(光标):激活光标,测量波形参数。

⑥DISPLAY(显示):改变波形外观和显示屏。

⑦HELP(帮助):激活帮助系统。

⑧DEFAULT SETUP(默认设置):恢复出厂设置。

⑨AUTO SET(自动设置):自动设置垂直、水平和触发器控制器用于可用的显示。

⑩SINGLE SEQ(单序):一次单脉冲捕获设置,触发参数至正确位置。

⑪运行/停止(RUN/STOP):停止和重新启动捕获。

⑫打印(PRINT):打印机设置。

⑬位置(VERTICAL POSITION):通过调节光标1,调节所选波形的垂直位置。

⑭菜单(CH1 MENU):通道1菜单,显示/关闭通道1波形。

⑮伏/格(VOLTS/DIV):垂直刻度,调整所选波形的垂直刻度系数。

⑯菜单(MATH MENU):运算菜单,显示所选运算类型、波形。

⑰水平位置(HORIZONTAL POSITION):调节相对于已捕获波形的触发点位置。

⑱菜单(HORIZONTAL MENU):水平视窗菜单,调节水平视窗及释抑电平。

⑲SET TO ZERO：设置相对于已捕获波形的触发点到中点。

⑳秒/格（SEC/DIV）：水平刻度，调整所选波形的水平刻度系数。

㉑触发电平（TRIGGER LEVEL）：调节触发电平。

㉒菜单（TRIG MENU）：触发菜单，调节触发功能。

㉓设为 50%（SET TO 50%）：设置触发电平至中点。

㉔强制触发（FORCE TRIG）：强制进行一次立即触发事件。

㉕TRIG VIEW（触发线）：显示垂直触发点位置。

㉖探头补偿（PROBE CHECK）：调节探头补偿。

㉗屏幕按钮：根据屏幕显示，调节对应的选项。

㉘外部触发（EXT TRIG）：使用 TekProbe 界面进行外部触发输入。

2. TDS1002 型数字示波器使用方法

在使用数字示波器前，首先要对其进行功能检查，步骤如下：

（1）打开电源，等待确认所有自检通过。

（2）将示波器探头连接至 PROBE COMP 连接器。TDS1002 型数字示波器使用 P2220 型探头，其外形及结构如图 10-22(a)所示。

（3）按下自动设置（AUTO SET）按钮，在显示屏上会显示一个方形波（约 5V、1kHz）。

（4）调整垂直刻度（VOLT/DIV）按钮，改变每格电压值，调整水平刻度（SEC/DIV）按钮，改变每格对应时间值，按运行/停止（RUN/STOP）钮切换动态、静态波形。

下面主要介绍探头的使用方法及注意事项。首先将探头连接到数字示波器的 CH1 通道，将信号输入端连接到被测信号终端，将被测电路公共端连接到接地端，显示屏上为 CH 通道。按下自动设置（AUTO SET）按钮，按下 CH1 MENU（CH1 菜单）钮，然后在显示的菜单中点击"探头"，再点击"电压"，最后点击"衰减"选项并选择"10×"。在 P2220 探头上将衰减倍率调节设定到"10×"，检查所显示波形的形状。如果波形过补偿或补偿不足，应调整探头。波形过补偿或补偿不足，如图 10-22(b)所示。

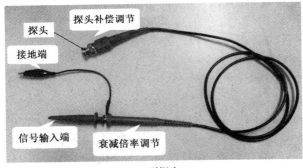

（a）P2200型探头

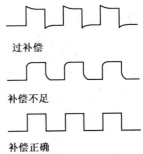

（b）在线探头检测波形

图 10-22　P2220 型探头及补偿波形

第四节　信号发生器

一、信号发生器的分类与正弦信号发生器指标

信号发生器是电子电路实验中常用测量仪器之一。信号发生器是测量用信号的发生装

置。在电子电路测量中,需要各种各样的信号源。根据测量要求不同,信号发生器大致可分为三大类:正弦信号发生器、函数(波形)信号发生器和脉冲信号发生器。由于正弦信号发生器具有波形不受线性电路或系统影响的独特特点,因此正弦信号发生器在线性系统中具有特殊的意义。

1. 正弦信号发生器的分类

按信号发生器发出的频段分,有超低频信号发生器,0.001~1000Hz;低频信号发生器,1Hz~1MHz;视频信号发生器,20Hz~10MHz;高频信号发生器,30kHz~30MHz;超高频信号发生器,4MHz~300MHz。

按信号发生器发出信号的性能分,可分为普通信号发生器和标准信号发生器。标准信号发生器要求提供信号的频率和电压更准确,有良好的波形和适当的调制。

2. 正弦信号发生器的主要指标

(1)频率指标。

①有效频度范围。指输出信号的各项技术指标都能得到保证时的输出频率范围。在这一范围内频率要连续可调。

②频率准确度。指输出信号频率实际值对其频率标称值的相对偏差。普通信号发生器的频率准确度一般在±1%~±5%的范围内,而标准信号发生器的频率准确度一般优于0.1%~1%。

③频率稳定度。指在一定时间间隔内,信号发生器频率准确度的变化情况。由于使用要求的不同,各种信号发生器频率的稳定度也不一样。一般信号发生器频率稳定度只能做到10^{-4}量级左右。目前在信号发生器中因广泛采用锁相频率合成技术,所以采用该技术的信号发生器可把频率稳定度提高2~3个量级。

(2)输出指标。

①输出电平范围。它表征信号发生器所能提供的最小和最大输出电平的可调范围。标准高频信号发生器的输出电压为 $0.1\mu V$~1V。

②输出稳定度。有两个含义:一个指输出对时间的稳定度;另一个指在有效频率范围内调节频率时,输出电平的变化情况。

③输出阻抗。信号发生器的输出阻抗视类型不同而异。低频信号发生器的输出阻抗常见的有 50Ω、75Ω、150Ω、600Ω 和 $5k\Omega$ 等;高频或超高频信号发生器一般为 50Ω 或 75Ω。

(3)调制指标。

①调制频率。很多信号发生器既有内调制信号,又可外接输入调制信号。内调制信号的频率一般是固定的,有 400Hz 和 1000Hz 两种。

②寄生调制。当信号发生器工作在未调制状态时,在输出正弦波中,有残余的调幅调频,或调幅时有残余的调频,或调频时有残余的调幅,统称为寄生调制。作为信号源,这些寄生调制应尽可能小。

③非线性失真。一般信号发生器的非线性失真应小于1%,某些用于特殊测量系统的信号发生器则要求该项指标优于 0.1%。

二、XD1 型低频信号发生器

1. XD1 型低频信号发生器面板键钮和开关

XD1 型低频信号发生器的面板如图 10-23 所示。其上各键钮和开关的功能如下:

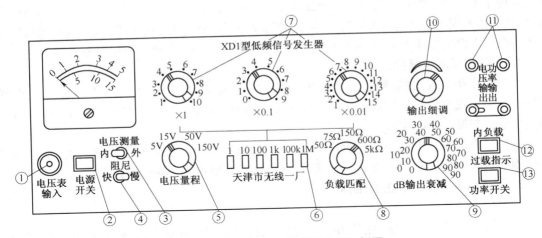

图 10-23　XD1 型低频信号发生器面板图

①为"电压表输入"插孔。当电压表用作外测量时,由此插孔接输入电压信号。

②为"电源开关"按键。按进时,电源接通,方框中间指示灯亮。再按一下,按键弹出,指示灯灭,电源关断。

③为"电压测量"开关。当将开关扳到"内"位置时,电压表用作内测量;当将开关扳到"外"位置时,电压表用作外测量。

④为"阻尼"开关。为减小表针在低频抖动而设置。当将开关置于"快"位置时,为电路未接通阻尼电容器;当将开关置于"慢"位置时,为接通阻尼电容器。

⑤为"电压量程"转换开关。当电压表作内测量时,应将旋钮指向"5V"档位置;当电压表作外测量时,可根据测量需要,将旋钮分别指向"15V"、"50V"、"150V"档。

⑥为频率选择按键。分六挡:"1"、"10"、"100"、"1k"、"100k"、"1M"。用于频率选择和粗调。

⑦为频率选择旋钮。包括"×1"、"×0.1"、"×0.01"三个旋钮,用于频率选择细调,与频率选择按键配合使用。根据所需要的频率,可先按下相应的按键,然后再用三个频率选择旋钮,按十进制的原则细调到所需频率。例如,要使信号源的频率为 1390Hz,则应先按下按键"1k",再将"×1"旋钮置"1"、"×0.1"旋钮置"3","×0.01"旋钮置"9"。

⑧为"负载匹配"旋钮。当功率输出时,调此旋钮,其指示值表示输出与负载匹配。

⑨为"dB 输出衰减"旋钮。用于调节输出幅度,步进 10dB 衰减,也对应电压倍数。

⑩为"输出细调"旋钮。此旋钮用于微调输出幅度。顺时针方向调整旋钮,输出幅度增大,逆时针方向调整旋钮,输出幅度减小。

⑪为输出端接线柱。有"电压输出"与"功率输出"两组接线柱。根据测量的需要,选择不同的接线柱。

⑫为"内负载"按键。当使用功率输出时,按键按下表示接通内部负载。

⑬为"功率输出"、"过载指示"按键。该键为复合式按键,过载指示灯装在"功率开关"键内。按下"功率开关"键后,功率输入端接入信号。当信号过载时指示灯即点亮。

2. XD1 型低频信号发生器的正确使用

（1）开机前，应将"输出细调"旋钮旋至最小。开机后，等"过载指示"灯熄灭后，再逐渐加大输出幅度。若想使输出频率有足够的稳定度，接通电源（指示灯亮）后需预热 30min 左右再使用。

（2）频率的选择。根据所需要的频率，可先按下相应的频率选择按键，然后用三个频率选择旋钮，细调到所需的频率。

（3）输出调整。仪器有"电压输出"和"功率输出"两组端钮。这两种输出共用一个输出衰减旋钮，做每步 10dB 的衰减。使用时应注意，在同一衰减位置上，电压衰减与功率衰减的分贝数是不相等的，面板上已用不同的颜色区别表示。"输出细调"是连续调节的。在实际操作中，"输出衰减"与"输出微调"常常需配合使用，才能在输出端上得到所需的输出幅度。

（4）电压输出的使用。从电压输出可以得到较好的非线性失真数（$<0.1\%$）、较小的输出电压（$200\mu V$）和小电压下比较好的信噪比。电压最大输出为 5V，其输出阻抗是随输出衰减的分贝数变化的。为了保持衰减的准确性及输出波形失真最小（主要是在电压衰减 0dB 时），电压输出端钮上的外接负载应大于 $5k\Omega$。

（5）功率输出的使用。当使用功率输出时，应先将"功率开关"按下，并将功率输入端的信号接通。

为使阻抗匹配，功率输出共设有 50、75、150、600Ω 及 $5k\Omega$ 五种负载值。欲得到最大输出功率，应选择以上五种负载之一，以求匹配。若做不到，一般也应使实际使用的负载值大于所选用的数值。否则，失真将增大。当负载接以高阻抗，并要求信号发生器工作在频段两端，即频率接近 10Hz 或几百 kHz 时，为了使输出具有足够的幅度，应将"内负载"按键按下，接通内负载。否则，输出幅度会减小。

开机后过载保护指示灯亮，但 5 ～ 6s 后熄灭，表示功率输出进入工作状态。当输出旋钮开得过大或负载阻抗值太小时，过载保护指示灯点亮，指示过载。工作中，若过载指示灯再亮，则表示过载。保护动作数秒钟后自动恢复。若此时过载，则指示灯闪亮。在高频下，有时因输入幅度过大，过载指示灯甚至一直亮。此时应减小输入幅度或减轻负载，使其恢复。

若经调整负载，过载指示灯仍不正常，就不要继续开机，应进行检修，以免烧坏功率管。当不使用功率输出时，应把功率开关按键按起，以免功率保护电路的动作影响电压输出。

（6）对称输出。当使用功率输出时信号发生器可以不接地。此时，只要将"功率输出"端钮与地的连接片取下即可对称输出。

（7）选择工作频段应注意：在 10Hz～700kHz（$5k\Omega$ 负载档在 10kHz～200kHz）范围的功率输出，符合技术条件的规定；在 5～10Hz 和 700kHz～1MHz（或 $5k\Omega$ 负载档在 200kHz～1MHz）范围虽有输出，但功率减小；5Hz 以下，输入被切断，没有功率输出。

（8）电压表可用于"内测量"和"外测量"。当用于外测量时，需将"电压测量"开关置于"外"，被测信号由输入电缆输入。

三、XD2 型低频信号发生器

1. XD2 型低频信号发生器的组成

XD2 型信号发生器是一种多用途的低频信号发生器。它能产生 1Hz～1MHz 的正弦波电压,最大输出电压为5V,最大衰减量为90db。图10-24所示是其电原理方框图,面板结构如图10-25所示。

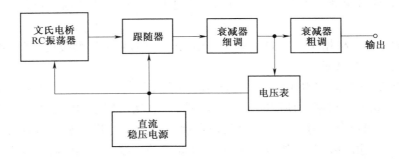

图 10-24　XD2 型信号发生器电原理方框图

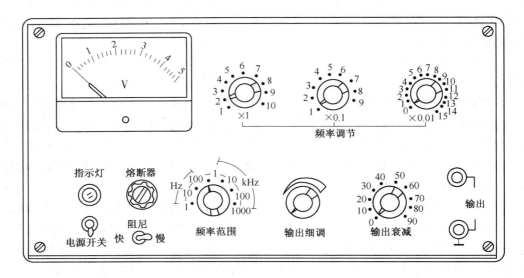

图 10-25　XD2 型信号发生器面板图

2. XD2 型信号发生器的正确使用

(1)使用前准备。

①电源线接入 220V、50Hz 交流电源。

②为达到足够的稳定度,需预热 30min 后使用。

(2)频率选择。信号的频率由"频率范围"和"频率调节"两个旋钮来调节。首先将"频率范围"旋钮指向所需的频段,然后依次旋动"频率调节"的"×1","×0.1"、"×0.01"三个旋钮,使它们分别置于所需的数字上(三位有效数字)。

(3)输出电压的调节。输出电压的大小是通过"输出细调"和"输出衰减"来调节的。

电压表的示数是未经衰减的信号电压值,它的大小由"输出细调"进行调节。当要输出小于 0.2V 的小信号时,则需通过"输出衰减"来获得。

"输出衰减"上的示数表示衰减的倍数,其单位是"dB"(分贝)。分贝数与衰减倍数间的对应关系见表 10-6。

表 10-6　　分贝数与衰减倍数间的对应关系

衰减分贝数(dB)	电压衰减倍数	衰减分贝数(dB)	电压衰减倍数
0	1	50	316
10	3.16	60	1000
20	10	70	3160
30	31.6	80	10000
40	100	90	31600

（4）举例。

例：调出 853Hz、40mV 的正弦信号。

调节方法是：

①因 853Hz 在 100Hz～1kHz 之间，所以应先将"频率范围"旋至"100Hz～1kHz"档，然后将"频率调节"的"×1"旋钮置于"8"，"×0.1"旋钮置于"5"，"×0.01"旋钮置于"3"。

②先调节"输出细调"旋钮，使电压表示数为 4V。再调节"输出衰减"旋钮置于 40（dB），即将电压衰减 100 倍。此时，即可在输出端获得 853Hz、40mV 的正弦信号。

四、高频信号发生器

1. 高频信号发生器的组成

高频信号发生器是用来产生高频信号（包括调制信号）的仪器。它能提供在频率和幅度上都经过校准的从 1V 到几分之一微伏的信号电压，并能提供等幅波或调制波（调幅或调频），广泛应用于研制、调制和检修各种无线电收音机、通信机、电视接收机以及测量电场强度等场合。这类信号发生器通常也称为标准信号发生器。

高频信号发生器按调制类型分为调幅和调频两种。

高频信号发生器电原理方框图如图 10-26 所示。主要包括主振级、调制级、输出级、内调制振荡器、监测器和电源（图中未绘出）等部分。

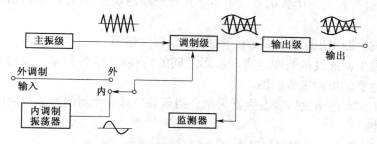

图 10-26　高频信号发生器电原理方框图

主振级产生具有一定工作频率范围的正弦信号。这个信号被送至调制级作为幅度调制的载波。内调制振荡器产生调制级所需的音频正弦调制信号。调制级将内调制振荡器或外调制输入的音频信号经调制（亦可以不调制）和放大后，送到输出级。输出级可对高频输出信号进行步进或连续调节，以获得所需的输出电平，其输出阻抗应满足要求。监测器用以监测输出信号的载波幅度和调制系数；电源供给各部分所需要的电压和电流。

2. 高频信号发生器的正确使用

(1)等幅波输出。

①将"调幅选择"开关置于等幅位置。

②将波段开关扳至所需的波段,转动"频率调节"旋钮至所需要的频率附近,然后调节"频率细调"旋钮,达到所需频率。

③转动"载波调节"旋钮,使电压表指示在红线"1"刻度上。

这时,从 $0 \sim 0.1V$ 插座输出的信号电压,等于"输出微调"旋钮的示数和"输出倍乘"开关示数的乘积,单位为 μV。例如,当"输出微调"旋钮的示数为 6、"输出倍乘"开关在 10 的位置时,其输出电压为 $6 \times 10 = 60(\mu V)$。

如果使用带有分压器的输出电缆,且从 $0 \sim 0.1V$ 插孔输出,这时,输出电压将衰减 10 倍,其实际输出电压为 $6 \mu V$。

当需要的信号电压值大于 0.1V 时,可从 $0 \sim 1V$ 插孔输出。这时,先旋动"载波调节"旋钮,使电压表指在红线"1"上。输出信号的电压值按"输出微调"旋钮刻度值乘 0.1 读数。当"输出微调"旋钮指示在 10 时,其输出电压即为 1V。

(2)调幅波输出。

①当使用内调制时,将"调幅选择"开关扳至 400Hz 或 1000Hz,按输出等幅信号的方法选择载波频率。先转动"载波调节"旋钮,使电压表指在红线"1"处。然后调节"调幅度"旋钮,使调幅度表指示出所需的调幅度。一般调节指示在 30% 处。同时利用"输出微调"旋钮和"输出倍乘"开关,调节输出调幅波电压。计算方法与输出等幅信号相同。

②当使用外调制时,首先要选择合适的音频信号发生器作为调幅信号源,输出功率在 0.5W 以上,能在 $20k\Omega$ 负载上输出大于 100V 的电压。然后将"调幅选择"开关扳到等幅位置,将音频信号发生器输出接到外调幅输入插孔,其他工作程序与内调制类同。

五、函数信号发生器

函数信号发生器是一种多波形的信号源。它能产生正弦波、方波、三角波、锯齿波及脉冲波等多种波形的信号,有的函数信号发生器还具有调制的功能,可以产生调幅、调频、调相及脉宽调制等信号。

函数信号发生器可以用于科研、生产、测试、仪器维修等。

函数信号发生器通过函数变换实现波形之间的转换,产生各种输出波形。图 10-27 所示为函数信号发生器的电原理方框图。

下面以 YB1635 型函数信号发生器为例介绍函数信号发生器的性能和使用方法。

1. 使用特性

(1)频率范围:0.2Hz~2MHz。

(2)输出波形种类:正弦波、方波、三角波、斜波、单次波、TTL、外调频。

(3)短路自动保护。

2. 技术指标

(1)电压输出。

①频率范围:0.2Hz~2MHz。

②频率调整率:0.1~1。

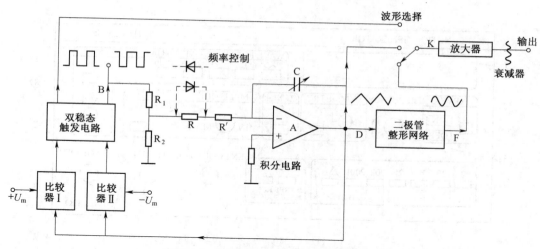

图 10-27　函数信号发生器电原理方框图

③输出阻抗：50Ω。

④调频电压范围：0～10V。

⑤调频频率：0.2～100Hz。

⑥输出电压幅度：20V_{P-P}(开路)；≥10V_{P-P}(50Ω)。

⑦方波上升时间：≤100ns。

⑧TTL 输出幅度：≥3V；输出阻抗：600Ω。

（2）频率计数。

①测量精度：±1%。

②时基频率：10MHz。

③闸门时间：10s,1s,0.1s,0.01s。

④测频范围：0.1Hz～10MHz。

3. 使用注意事项

①功率输出、电压输出、TTL 输出要避免短路或有信号输入。

②VCF 输入电压不可高于 10V。

③电源熔断器规格为 0.75A。

4. 面板操作说明

YB1635 型函数信号发生器面板如图 10-28 所示。面板上各开关、旋钮的功能如下：

①电源开关(POWER)：按下电源开关按键为开，按键弹出为关。

②显示窗口：指示输出信号频率。当"外测"开关按入时，显示外测信号频率。

③调节频率旋钮(FREQUENCY)。频率调整率为 0.1～1。

④对称性(SYMMETRY)开关和对称性调节旋钮：将对称性开关按入，对称性指示灯亮；调节对称性调节旋钮，可改变波形的对称性。

⑤波形选择开关(WAVE FORM)：包括三只按键，分别为三角波、方波和正弦波。按下对应波形的某一键，可选择需要的波形。三只键都未按下，无信号输出，此时为直流电平。

⑥衰减开关(ATTE)：为电压输出衰减开关。共有两个按键，分别为"20dB"和"40dB"。

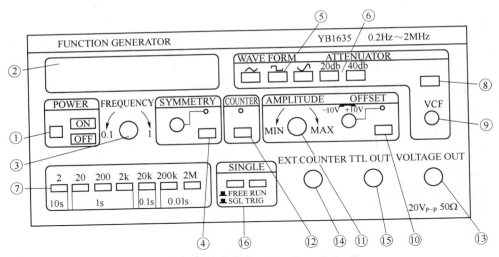

图 10-28　YB1635 型函数信号发生器面板

按下其中一只按键,其输出电压衰减为 20dB 或 40dB。若两个按键同时按下,其衰减为 60dB。

⑦频率范围选择开关(兼频率计数闸门开关):共有七只按键供选择,根据需要的频率,按下其中一键。

⑧功率输出开关(POWER OUT)(无)。

⑨功率输出端(无)。

⑩直流偏置(OFFSET):按入直流偏置开关,直流偏置指示灯亮,此时调节直流偏置调节旋钮,可改变直流电平。

⑪幅度调节旋钮(AMPLITUDE):顺时针方向调节此旋钮,增大"电压输出"、"功率输出"的输出幅度;逆时针方向调节此旋钮,减小"电压输出"、"功率输出"的输出幅度。

⑫外测开关(COUNTER):按入此开关,显示窗显示外测信号频率。外测量信号由外测量输入(EXT. COUNTER)端口输入。

⑬电压输出(VOLTAGE OUT):电压由此端口输出。

⑭外测量输入(EXT. COUNTER):外测量信号输入端口。

⑮TTL 输出(TTL OUT):由此端口输出 TTL 信号。

⑯单次开关(SINGLE):"SGL"开关按入,单次指示灯亮,仪器处于单次状态。每按一次"TRIG"键,输出端口输出一个单次波形。

第五节　交流毫伏表

交流毫伏表是一种用来测量正弦电压有效值的电子仪表,可对一般放大器等电子设备进行测量。毫伏表的类型较多,下面以 DF2170A 型交流毫伏表为例,介绍交流毫伏表的主要特性及使用方法。

一、DF2170A 型交流毫伏表的技术数据

(1)电压测量范围:$30\mu V \sim 300V$。分 0.3mV,1mV,3mV,10mV,30mV,100mV,300mV,

1V,3V,10V,30V,100V 共 12 档。

（2）电平测量范围－70dB～＋50dB。分－70dB，－60dB，－50dB，－40dB，－30dB，－20dB，－10dB,0dB,＋10dB,＋20dB,＋30dB,＋40dB 共 12 档。

（3）频率范围：5Hz～2MHz。

二、DF2170A 型交流毫伏表的使用

1. 前面板各部分的名称

图 10-29 所示为 DF2170A 型交流毫伏表前面板示意图，其各个部分的名称如下：

①表头。

②量程指示。

③同步异步/CH1、CH2 指示。

④同步异步/CH1、CH2 选择按键。

⑤量程调节钮。

⑥电源开关。

⑦通道输入端。

2. 使用说明

（1）将仪器水平放置。接通电源，按下电源开关，各档位发光二极管全亮，自左至右依次检测。检测完毕停止于 300V，并自动将量程置于 300V 档。

（2）按动面板上的同步/异步选择按键，选择同步/异步工作方式。"SYNC"灯亮为同步工作方式。"ASYN"灯亮为异步工作方式。当为异步工作方式时，CH1、CH2 的量程由任一通道控制开关控制，使两通道具有相同的测量量程。

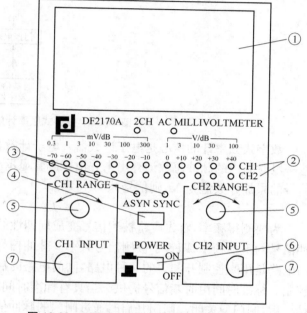

图 10-29　DF2170A 型交流毫伏表前面板示意图

（3）选择 CH1（或 CH2）通道后，调 CH1（或 CH2）的量程调节钮，CH1（或 CH2）的指示灯相应亮起，表头中的黑（或红）指针随着摆动，使指针稳定在易于读数的位置，根据所选择的量程在表头中准确读数。

3. 使用注意事项

（1）所测交流电压中的直流分量不得大于 100V。

（2）接通电源或输入量程转换时，由于电容器的充放电过程，指针有所晃动，需待指针稳定后再读取读数。

第六节　频　率　计

在电子技术中，频率是一个重要参数。频率计是用于测量频率的仪器。按频率计结构的不同，频率计可以分为指针式和数字式两种。由于数字式频率计具有精确度高、测频范围宽、便于实现测量过程自动化等优点，所以数字式频率计已成为目前测量频率的主要仪器。一般

来讲,频率计除了测频率外,还能测时间(周期)以及同频信号相位差。

一、数字式频率计的基本原理

数字式频率计是一种用电子学方法测出一定时间间隔内输入的脉冲数目,并以数字形式显示测量结果的电子仪器。数字式频率计的电原理方框图如图 10-30 所示。

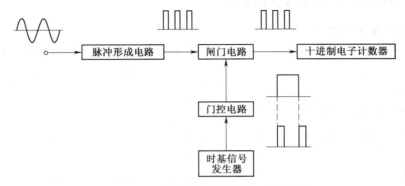

图 10-30　数字式频率计电原理方框图

数字式频率计的核心是电子计数器。电子计数器可以对脉冲数目进行累加运算,能把任意一段时间内的脉冲总数计算出来并由数码管显示出来。如果在某个时间间隔 t 内对周期性信号的累加计数值为 N,则信号频率 f 为:

$$f = N/t$$

为要测得频率,首先应将被测信号变成周期性的脉冲信号,然后计算出在标准时间内其脉冲信号的重复频率,即等于被测信号频率。脉冲信号形成后将它加到闸门电路的输入端。闸门电路是用来控制开和关的一种电路,闸门电路的启闭时间受在时基信号作用下的门控电路控制。标准时间由时基信号提供。当具有标准时间的闸门脉冲到达时闸门便开启,闸门脉冲结束后,闸门便关闭。闸门开启时通过闸门的脉冲信号被送到电子计数器进行计数,由装在面板上的数码管显示出来。例如,时基信号的作用时间为 1s,闸门电路将打开 1s,若在这段时间内通过闸门电路的脉冲信号为 1000 个,则被观测信号的频率就是 1000Hz。

二、数字式频率计的使用

下面以 GFC－8010H 型数字式频率计为例,介绍数字式频率计面板各部名称及功能。GFC-8010H 型数字式频率计面板如图 10-31 所示。其各部分名称及功能如下:

①INPUT ——信号输入接线端,BNC 型接口。

②ATT ——输入灵敏度(衰减)按钮。有 1/1 和 1/10 两个选项。其中:1/1 为输入信号被直接输入放大器;1/10 为输入信号衰减 10 倍后输入放大器。

③LPF ——当输入频率很低时,将此键打到 ON 位置,电路将插入输入信道一个 100kHz 的低通滤波器,从而使频率计正常工作。

④ FREQ/PRID ——频率测量或周期测量选择键。按下"FREQ"键为频率测量,按下"PRID"键为周期测量。

⑤ GATE TIME SEL ——闸门启闭时间选择键。共有 0.1、1、10 三个按键,可分别选择 10s、1s 或 0.1s 的闸门时间。

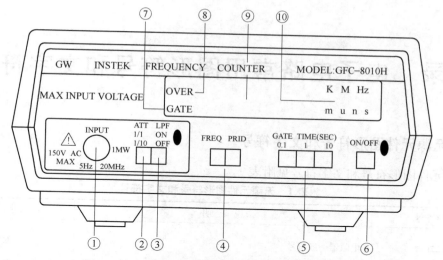

图 10-31　GFC-1080H 型数字式频率计前面板示意图

⑥ ON/OFF ——电源开关键。

⑦ GATE ——显示设定的闸门时间。根据设定的闸门时间,LED 灯每间隔 10s、1s、0.1s 闪烁一次。

⑧ OVER ——当 OVER 指示灯亮时,表示一个或多个有效数字无法显示。

⑨ DISPLAYED(LED)——显示频率数值。频率值以 8 位数字显示。

⑩ EXPONENT AND UNITS(LED)——测量值单位和指数指示灯。测量值单位为 s 和 Hz;测量值指数如下:

$K=10^3, M=10^6; m=10^{-3}, u=10^{-6}; n=10^{-9}$

附录 电子电路常用图形符号和文字符号

一、无源元件图形符号和文字符号

无源元件图形符号和文字符号见附表1。

附表1 无源元件图形符号和文字符号

图形符号	说　明	文字符号
	电阻器一般符号	R
	可变(调)电阻器	R
	滑动触点电位器	RP
	带开关滑动触点电位器	RP
	压敏电阻器(U 可用 V 代替)	RV
	热敏电阻器(θ 可用 $t°$ 代替)	RT
	磁敏电阻器	RM
	光敏电阻器	—
	熔断电阻器	RF
	滑线式变阻器	R
	两个固定抽头的电阻器	R
	加热元件	—
	电容器一般符号	C
	穿心电容器	C

续附表 1

图形符号	说　明	文字符号
	极性电容器	C
	可变(调)电容器	C
	微调电容器	C
	热敏极性电容器	C
	压敏极性电容器	C
	双联同调可变电容器	C
	差动可变电容器	C
	电感器、线圈、绕组、扼流圈	L
	带磁心或铁心的电感器	L
	带磁心有间隙的电感器	L
	带磁心连续可调的电感器	L
	有两个抽头的电感器(可增加或减少抽头数目)	L
	可变电感器	L
	双绕组变压器	T
	示出瞬时电压极性标记的双绕组变压器	T
	电流互感器　脉冲变压器	TA
	绕组间有屏蔽的双绕组单相变压器	T
	在一个绕组上有中心点抽头的变压器	T
	耦合可变的变压器	T
	单相自耦变压器	T
	可调压的单相自耦变压器	T

二、天线、指示灯等图形符号和文字符号

天线、指示灯等图形符号和文字符号见附表2。

附表2　天线、指示灯等图形符号和文字符号

图形符号	说　　明	文字符号
	天线一般符号	W
	环形（框形）天线	W
	磁棒天线（如铁氧体天线，如不引起混淆，可省去天线一般符号）	W
	偶极子天线	WD*
	折叠偶极子天线	WD*
	无线电台一般符号	—
	原电池或蓄电池	GB
	原电池组或蓄电池组	GB
	灯和信号灯一般符号	H
	闪光型信号灯	HL
	电铃	HA
	电警笛、报警器	HA
	蜂鸣器	HA
	传声器（话筒）一般符号	BM*
	扬声器一般符号	BL*
	扬声—传声器	B

续附表 2

图形符号	说 明	文字符号
	唱针式立体声头	B
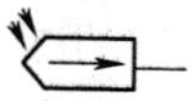	单音光敏播放头	B
	单声道录放磁头	B
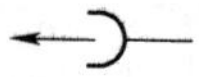	单声道录音磁头	B
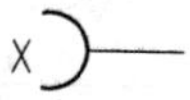	消磁磁头	B
	双声道录放磁头	B
	具有两个电极的压电晶体	B
	具有三个电极的压电晶体	B

注:以上表中带"＊"的双字母符号,是根据国家标准 GB/T 7159 中的"补充文字符号的原则"补充的。

三、半导体器件图形符号和文字符号

半导体器件图形符号和文字符号见附表 3。

附表 3 半导体器件图形符号和文字符号

图形符号	说 明	文字符号
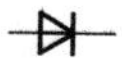	半导体二极管一般符号	VD＊
	温度效应二极管(θ 可用 $t°$ 代替)	VD＊
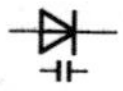	变容二极管	VD＊
	单向击穿二极管(稳压二极管)	VD＊
	隧道二极管	VD＊
	双向击穿二极管	VD＊
	光电二极管	VD＊

续附表3

图形符号	说　　明	文字符号
	发光二极管	VD*
	磁敏二极管	VD*
	具有 P 型基极单结型二极管	V
	具有 N 型基极单结型二极管	V
	反向阻断晶闸管（N 型控制极、阳极侧受控）	VS*
	反向阻断晶闸管（P 型控制极、阴极侧受控）	VS*
	光控晶闸管	VS*
	三端双向晶闸管	VS*
	PNP、NPN 型晶体管	V
	NPN 型晶体管，集电极接外壳	V
	PNP 型、NPN 型光敏晶体管	V
	热电偶（示出极性符号）	B
	N 型沟道结型场效应管	V
	P 沟道结型场效应管	V
	耗尽型、单栅、N 沟道绝缘栅场效应管	V
	耗尽型、单栅、P 沟道绝缘栅场效应管	V
	增强型、单栅、P 沟道绝缘栅场效应管（衬底无引出线）	V
	增强型、单栅、N 沟道绝缘栅场效应管（衬底无引出线）	V

注：以上表中带"＊"的双字母符号，是根据国家标准 GB/T 7159 中的"补充文字符号的原则"补充的。

四、放大器、整流器等图形符号和文字符号

放大器、整流器等图形符号和文字符号见附表4。

附表4 放大器、整流器等图形符号和文字符号

图形符号	说 明	文字符号
	放大器一般符号	A
	运算放大器一般符号	N
	整流器	UR*
	桥式全波整流器	UR*
	逆变器	UR*
	整流器/逆变器	U
	调频器、鉴频器	U
	调相器、鉴相器	U
	调制器、解调器或鉴别器一般符号	U
	调幅器、解调器	U
	检波器	—
	振荡器一般符号	G
	音频振荡器	G
	超音频、载频、射频振荡器	G
	多谐振荡器	G

续附表 4

图形符号	说　明	文字符号
	音叉振荡器	G
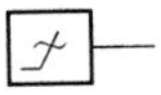	压控振荡器	G
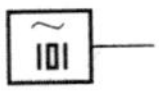	晶体振荡器	G
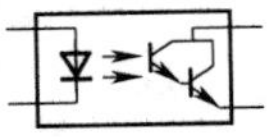	达林顿型光耦合器	—
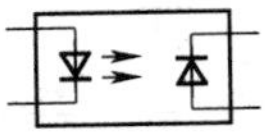	光电二极管型光耦合器	—
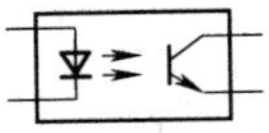	光耦合器　光隔离器 （示出发光二极管和光电半导体管）	—
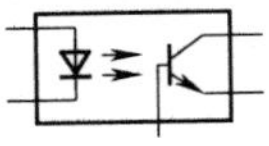	光电三极管型光耦合器	—
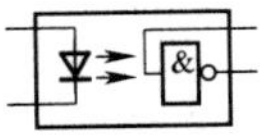	集成电路光耦合器	—

注：以上表中带"＊"的双字母符号，是根据国家标准 GB/T 7159 中的"补充文字符号的原则"补充的。

五、数字电路图形符号和文字符号

数字电路图形符号和文字符号见附表5。

附表 5　数字电路图形符号和文字符号

图形符号	说　明	文字符号
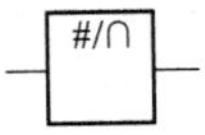	数—模转换器一般符号	N
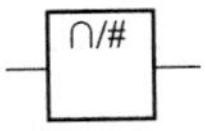	模—数转换器一般符号	N

续附表 5

图形符号	说　明	文字符号
Σ	加法器,通用符号	D
P−Q	减法器,通用符号	D
π	乘法器,通用符号	D
≥1	"或"单元(或门)通用符号	D
&	"与"单元(与门)通用符号	D
1	非门　反相器	D
&	3 输入与非门	D
≥1	3 输入或非门	D
=1	异或单元	D
S R	RS 触发器　RS 锁存器	D
ROM*	只读存储器	D

六、滤波器、仪表等图形符号和文字符号

滤波器、仪表等图形符号和文字符号见附表 6。

附表6 滤波器、仪表等图形符号和文字符号

图形符号	说　明	文字符号
✱	电机一般符号，符号内星号必须用下述字母来代替； G　发电机，M　电动机， MS　同步电动机，SM　伺服电机， GS　同步发电机	G
	滤波器一般符号	Z
	高通滤波器	Z
	低通滤波器	Z
	带通滤波器	Z
	带阻滤波器	Z
	高频预加重装置	—
	高频去加重装置	—
	压缩器	Z
	扩展器	Z
	均衡器	Z
dB	可变衰减器	—
V	电压表	PV
	示波器	P
	检流计	P
θ	温度计、高温计	P
n	转速表	P

续附表 6

图形符号	说　明	文字符号
	熔断器一般符号	FU
	避雷器	F
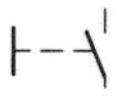	手动开关的一般符号	S
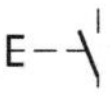	按钮开关(不闭锁)	SB
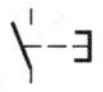	拉拔开关(不闭锁)	S
	旋钮开关、旋转开关(闭锁)	S
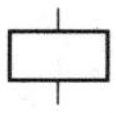	继电器一般符号	K

注:以上表中带"＊"的双字母符号,是根据国家标准 GB/T7159 中的"补充文字符号的原则"补充的。

七、半导体器件新旧电路图形符号对照表

半导体器件新旧电路图形符号对照见附表 7。

附表 7　半导体器件新旧电路图形符号对照表

名称	新符号(GB/T4728)	名称	旧符号(GB312)
半导体二极管一般符号		半导体二极管、半导体整流器	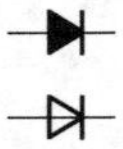
发光二极管		发光二极管	
变容二极管	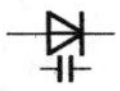	变容二极管	
单向击穿二极管(稳压二极管)		稳压二极管	
光电二极管		光电二极管	
光电池		光电池	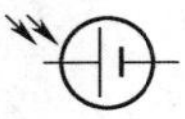
光敏电阻		光敏电阻	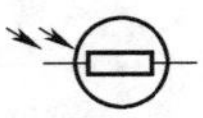

续附表 7

名称	新符号(GB/T4728)	名称	旧符号(GB312)
反向阻断晶闸管		半导体可控硅	
双向晶闸管		双向可控硅	
具有 N 型基极单结型半导体管		双基极二极管	
N 沟道结型场效应管		—	—
PNP 型晶体管		p-n-p 型半导体管	
NPN 型晶体管		n-p-n 型半导体管	